江苏省海岸线时空动态变化遥感监测技术、方法与应用

张 东　崔丹丹　吕 林　编著

海洋出版社

2018年·北京

内容简介

　　本书系统总结和介绍了江苏省近年来综合利用多源遥感技术、潮汐数值模拟技术、潮汐调和计算技术和GIS空间分析技术，开展沿海大陆岸线岸滩冲淤动态变化遥感监测的学术成果。全书共10章，主要分为技术方法和应用两部分。技术方法部分重点介绍了对不同海岸类型的海岸线进行遥感提取与推算的原理与方法，以及岸线岸滩动态变化的分析方法；应用部分重点介绍了江苏省历史岸线、现状岸线不同时空尺度的动态变化特征，并对海岸线变化趋势进行了预测。

　　本书可供海岸带管理人员、研究人员以及专业技术人员参考，也可供高等院校海洋、GIS相关专业的教师与学生学习交流。

图书在版编目（CIP）数据

江苏省海岸线时空动态变化遥感监测技术、方法与应用 / 张东，崔丹丹，吕林编著. — 北京：海洋出版社，2018.12
ISBN 978-7-5210-0219-5

Ⅰ. ①江… Ⅱ. ①张… ②崔… ③吕… Ⅲ. ①遥感技术 – 应用 – 海岸线 – 监测 – 研究 – 江苏 Ⅳ.
①P737.172

中国版本图书馆CIP数据核字(2018)第236126号

责任编辑：杨传霞　　林峰竹
责任印制：赵麟苏

海洋出版社 出版发行
http://www.oceanpress.com.cn
北京市海淀区大慧寺路 8 号　　邮编：100081
北京朝阳印刷厂有限责任公司印刷　　新华书店北京发行所经销
2018年12月第1版　　2018年12月第1次印刷
开本：889 mm×1194 mm　　1 / 16　　印张：14.75
字数：368千字　　定价：128.00元

发行部：62132549　　邮购部：68038093　　总编室：62114335
海洋版图书印、装错误可随时退换

前　言

在地球上，海岸带是一个特殊的地带。它处于陆地和海洋相交的边缘，在这里可能是基岩、沙滩、泥滩等直接与海洋相接，可能是滩地上发育的红树林、柽柳、芦苇、碱蓬、米草等与海洋相连，也可能是珊瑚礁、牡蛎礁等生物性构造体与海洋相依。不同的沉积、生物分布造就了不同的海岸带类型，形成了丰富多彩的自然岸线，发育了多样化的滨海湿地生态系统。海岸带是多变的。在自然的状态下，海平面变化、风暴潮侵蚀、水动力作用、供沙条件变化等会引起海岸带的地形地貌变化，但是更快、更剧烈的变化来自于人类活动的干扰。在全国海洋大开发背景下，不断有岸段变成了大型港口交通枢纽、工业园区、滨海旅游区和围海养殖区，大量自然岸线被开发利用，变成了人工岸线；同时也有人工岸线在长期的岸滩变迁和植被扩张作用下，又逐渐恢复了原有的生态功能，变成了自然岸线。总体来说，海岸带变化的结果使得岸滩的空间资源得到了极大拓展。

江苏省是一个海洋大省，海岸带资源很丰富，也很特殊。特殊之处在于全省90% 以上的海岸属于粉砂淤泥质平原海岸，面积占到全国淤泥质海岸的 1/4 以上，仅有少量的砂质海岸和基岩海岸，分布在江苏省北部的海州湾岸段。众所周知，淤泥质海岸的特点是具有空间易变性，部分岸段产生冲刷，另一部分岸段产生淤积。岸滩淤蚀变化来源于沿岸波流共同作用下的泥沙调整。1855 年黄河北归，黄河的来沙断绝；2009 年长江三峡工程竣工，长江下泄的泥沙大幅减少，经长江河口北上的泥沙更少。这些都对江苏省沿海滩涂的泥沙供给产生了结构性的影响。对于江苏省沿海的潮滩有两个通常的认识，一是认为江苏省的滩涂一直在向海淤长；二是认为以射阳河口为界，河口以北的废黄河三角洲以冲刷为主，河口以南的辐射沙脊群海岸以淤长为主。实际上从目前的监测结果来看，江苏省的滩涂并不是无限淤长的，并且原有的淤蚀转换节点有明显的南移趋势。那么，在泥沙调整以及人类对海岸带开发的影响下，江苏省的海岸带到底在发生着怎样的改变？在快速开发下，潮滩的空间资源存量如何变化？岸滩的冲淤速率、冲淤强度如何？自然岸线资源占用情况如何？海岸带变化带来的一系列问题都是海洋管理人员、海洋科学研究人员所迫切想了解的，因为其答案对于江苏省海岸带资源的可持续开发利用和保护至关重要。

了解海岸带的变化，海岸线是一个合适的指标。遥感技术的出现，为海岸线提取提供了重要的技术支撑。基于遥感技术得到的海岸线，是在 GIS 技术和海洋分析技术支持下，从多时相的遥感影像中提取和推算出来的，因此它不等同于海洋行政主管部门现实使用的管理岸线或测绘部门 GPS 修测的海岸线。由于遥感影像具有高时间分辨率、高空间分辨率的特点，因此可以得到大范围的海岸线信息，这些信息特别适用于海岸线的宏观变化规律分析，为进一步分析海岸带的冲淤演变特征提供了基础依据。但是从目前的研究来看，也存在较多的问题，焦点之一在于海岸线认定的标准不统一。有的以遥感影像成像时刻的瞬时水边线作为海岸线，有的以人工海堤作为海岸线，有的以耐盐植被带的分界线作为海岸线，还有的以某一深度的等深线作为海岸线，认定方法不一而足。这样带来的问题是海岸线结果不唯一，分析结论之间没有可比性，数据之间没有延续性。此外，在海岸线遥感提取或推算过程中还存在较多的技术问题，例如线性对象的精确提取、沿海潮位控制站点布设、潮汐过程精确模拟、潮位特征线推算、岸线岸滩动态变化分析、岸线变化预测等。因此，在遥感技术的支持下，开展海岸线遥感提取与推算，也还有很多的问题需要深入研究。

本专著的目标是在提出海岸线分类体系、建立海岸线遥感提取标识的基础上，通过对上述技术问题的解决，形成适合江苏省海岸线遥感提取与岸线岸滩动态变化分析的完整方法体系，从而提取出不同时相的海岸线，为了解江苏省海岸线的现状，分析历史海岸线的时空动态变化提供技术与数据支撑。希望其出版可以为从事海岸带动态变化遥感监测研究的学者提供研究实践经验和启发。

本专著研究工作的开展得到了国家自然科学基金面上项目"南黄海辐射沙洲陆岸岸滩时空演变特征与机制遥感研究"（41771447）的大力资助以及江苏省地理信息资源开发与利用协同创新中心的资助。该工作是项目组成员的集体劳动成果，主要的参与者有：张东、谢伟军、崔丹丹、吕林、朱瑞、沈永明、汪闰、张卓、刘鑫、周静、时海东、韩飞、方仁建、陈玮彤、康敏、施顺杰、沙宏杰、刘兴兴、倪鹏等。全书由张东、崔丹丹、吕林统稿。

由于编写时间有限、涉及内容广，错误与不足之处在所难免，恳请广大读者批评指正。

作　者
2018 年 4 月

目 次

第 1 章　绪论 ·· 1

1.1　引言 ··· 1
1.2　海岸线的界定 ··· 2
    1.2.1　海岸线的定义 ·· 2
    1.2.2　海岸线的分类体系 ··· 3
    1.2.3　基于遥感技术的海岸线划定方法 ··· 6
1.3　江苏省岸线岸滩基本背景 ··· 6
    1.3.1　地理位置与区域概述 ··· 6
    1.3.2　自然环境状况 ·· 7
    1.3.3　自然资源概况 ·· 9
1.4　江苏省岸线岸滩变化面临的主要问题 ·· 10
    1.4.1　海平面上升 ··· 10
    1.4.2　风暴潮灾害 ··· 10
    1.4.3　供沙条件变化 ·· 11
    1.4.4　滩涂围垦开发利用 ·· 12
1.5　本章小结 ·· 12

第 2 章　岸线岸滩动态变化遥感研究概述 ·· 14

2.1　岸线岸滩监测常用遥感数据源 ·· 14
2.2　海岸线遥感提取技术发展现状 ·· 14
    2.2.1　水边线遥感提取研究 ·· 15
    2.2.2　海岸线卫星遥感提取研究 ·· 20
2.3　岸线岸滩动态变化遥感监测应用现状 ·· 23
    2.3.1　国外应用现状 ·· 24
    2.3.2　国内应用现状 ·· 25
2.4　江苏省岸线岸滩动态变化研究进展 ·· 27
2.5　研究不足与解决思路 ·· 30
    2.5.1　研究不足 ··· 30
    2.5.2　解决思路 ··· 31
2.6　本章小结 ·· 33

第 3 章　　基础数据与处理 ·· 38

3.1　卫星遥感影像数据 ·· 38
　　3.1.1　卫星遥感影像数据收集 ······························· 38
　　3.1.2　影像几何精校正处理 ··································· 38
　　3.1.3　影像增强处理 ·· 40
3.2　潮位观测数据 ·· 40
　　3.2.1　潮位观测数据收集 ······································ 40
　　3.2.2　潮位过程模拟 ·· 42
　　3.2.3　潮汐观测数据处理 ······································ 45
3.3　岸滩断面地形数据 ··· 45
　　3.3.1　岸滩断面地形数据收集 ······························· 45
　　3.3.2　岸滩平均坡度计算 ······································ 48
3.4　遥感解译结果验证数据 ·· 49
3.5　本章小结 ·· 49

第 4 章　　海岸线遥感判别标志 ·· 50

4.1　自然岸线遥感判别标志 ·· 50
4.2　人工岸线遥感判别标志 ·· 54
4.3　本章小结 ·· 57

第 5 章　　潮汐过程模拟与潮位插值处理方法 ························· 58

5.1　江苏省近海潮波数值模拟 ··· 59
　　5.1.1　潮波数值模拟概述 ······································ 59
　　5.1.2　潮波运动基本理论 ······································ 61
　　5.1.3　潮波模型在江苏省近海的模拟与应用 ·············· 70
5.2　控制站点潮汐调和计算 ·· 74
　　5.2.1　潮汐调和计算原理 ······································ 74
　　5.2.2　T_Tide 模型潮汐调和计算 ····························· 76
　　5.2.3　影像成像时刻控制站点潮位计算 ···················· 77
5.3　潮位订正 ·· 79
5.4　潮汐分带插值校正 ··· 82
5.5　本章小结 ·· 83

第 6 章　　岸线岸滩信息遥感提取与动态变化分析方法 ··········· 84

6.1　概述 ··· 84

6.2　瞬时水边线遥感提取方法 ·····85
　　6.2.1　海洋水体遥感提取 ·····86
　　6.2.2　海洋水体边缘特征提取 ·····96
　　6.2.3　边缘提取结果矢量化 ·····103
　　6.2.4　瞬时水边线遥感提取成果 ·····103
6.3　人工岸线遥感提取方法 ·····105
6.4　植被岸线遥感提取方法 ·····113
6.5　海岸线遥感推算方法 ·····114
　　6.5.1　水边线分割与离散 ·····115
　　6.5.2　水边线离散点潮位插值计算 ·····119
　　6.5.3　岸滩剖面平均坡度计算 ·····119
　　6.5.4　潮位特征线推算 ·····120
　　6.5.5　海岸线合成 ·····126
6.6　岸线岸滩动态变化分析方法 ·····127
　　6.6.1　海岸线变迁分析 ·····127
　　6.6.2　岸滩冲淤变化分析 ·····132
6.7　本章小结 ·····135

第7章　江苏省历史岸线岸滩时空动态变化 ·····137

7.1　海岸线长度变化 ·····137
　　7.1.1　江苏省海岸线长度变化 ·····137
　　7.1.2　沿海三市海岸线长度变化 ·····138
　　7.1.3　海岸线变化的空间表现 ·····140
7.2　自然岸线时空变化 ·····143
　　7.2.1　连云港市自然岸线时空变化 ·····143
　　7.2.2　盐城市自然岸线时空变化 ·····143
　　7.2.3　南通市自然岸线时空变化 ·····144
7.3　海岸线变迁动态 ·····145
　　7.3.1　江苏省海岸线变迁动态 ·····145
　　7.3.2　连云港市海岸线变迁动态 ·····147
　　7.3.3　盐城市海岸线变迁动态 ·····151
　　7.3.4　南通市海岸线变迁动态 ·····155
7.4　岸滩变化动态 ·····159
　　7.4.1　岸滩平均坡度变化 ·····159
　　7.4.2　平均大潮低潮线变化 ·····163
　　7.4.3　潮间带面积变化 ·····165
　　7.4.4　潮间带宽度变化 ·····166
　　7.4.5　人工岸线建设面积变化 ·····167

7.4.6　人工岸线建设面积与陆地面积变化对比 ················· 169

7.5　岸线岸滩总体变化特征 ···················· 169

7.6　本章小结 ···················· 170

第8章　江苏省现状岸线岸滩时空动态变化 ················· 171

8.1　海岸线分布与组成 ···················· 171

　　8.1.1　海岸线分布 ···················· 171

　　8.1.2　海岸线组成 ···················· 174

8.2　海岸线变迁动态 ···················· 175

　　8.2.1　江苏省及沿海三市海岸线变迁特征 ················· 175

　　8.2.2　沿海市、县、区海岸线变迁特征 ················· 176

8.3　岸滩冲淤变化 ···················· 182

　　8.3.1　潮间带面积变化 ···················· 182

　　8.3.2　潮间带宽度变化 ···················· 184

　　8.3.3　潮间带体积及冲淤厚度变化 ················· 185

　　8.3.4　潮间带典型断面平均坡度变化 ················· 188

8.4　植被岸线变化 ···················· 198

　　8.4.1　江苏省及沿海三市植被岸线变化 ················· 198

　　8.4.2　沿海市、县、区植被岸线变化 ················· 199

8.5　本章小结 ···················· 214

第9章　海岸线变化趋势预测 ················· 215

9.1　海岸线变化趋势预测方法 ···················· 216

　　9.1.1　灰色系统理论 ···················· 216

　　9.1.2　灰色系统预测模型 ···················· 216

9.2　海岸线变化预测模型应用 ···················· 218

　　9.2.1　预测流程 ···················· 218

　　9.2.2　预测结果检验 ···················· 219

　　9.2.3　盐城湿地珍禽国家级自然保护区海岸线变化预测 ········· 219

9.3　本章小结 ···················· 224

第10章　岸线岸滩资源保护对策 ················· 225

10.1　管理建议 ···················· 225

10.2　技术展望 ···················· 226

第1章 绪论

1.1 引言

海岸线是陆地与海洋的分界线，处于陆地、海洋和大气交互作用的地区，是地球上最重要的地表特征之一（Noujas et al., 2016）。海岸带是陆地与海洋衔接并相互作用的地带，凭借其自身丰富的自然资源和优越的地理位置，海岸带成为人类活动和开发的重要区域。然而海岸带是不稳定的，强烈的海陆相互作用、高强度的人类开发使得海岸带成为全球自然环境和生态最为脆弱的地域之一。海岸带不稳定的明显标志就是海岸线的变化及与之相关的陆地面积增减（严海兵等，2009）。作为表征海岸带时空动态变化的重要地理指标，海岸线的变迁及其相应的岸滩淤蚀变化引起了人类的重点关注。海岸线的位置主要由潮汐作用所决定，也受到海岸坡度、岸滩物质组成、波浪以及入海河流泥沙作用等因素的影响。同时海岸侵蚀或淤长、海平面上升等自然变化和滩涂围垦、围填海建设、海砂开采等人为因素的作用，都会导致海岸线的扩张或收缩。因此，可以将海岸线看作一条近似于平均大潮高潮面与海岸带相交的界线，这条界线的摆动，特别是其摆动方向、摆动幅度和摆动速度，在一定程度上代表了海岸带的变化强度和变化趋势。

近年来，海岸线的变化被认为是沿海地区最剧烈的变化之一（Boak et al., 2005）。它的变化可以分为两种，一种是短期变化，取决于天文和气象因素，通常变化周期小于一年，在不同能量的波浪作用下，泥沙产生向岸或者离岸的搬运，形成岸滩剖面的周期性变形（Pugh, 2004）。另一种是长期变化，主要由近岸波流共同作用引起，表现为沿岸沉积物的形状和体积变化引起的岸滩冲刷或淤积。近岸水体携带的泥沙在沿岸流的输运下，在不同的地方堆积，形成海岸的淤进或蚀退（Pardo-Pascual et al., 2012）。这两种海岸地形变化的监测对于海岸带管理来说都是很重要的，前一种变化揭示了短期的岸滩变化幅度，后一种变化可以预测岸滩长期、确定的变化趋势。了解海岸线的长期和短期变化特征，掌握岸滩的冲淤演变规律，有助于实现海岸带的有效保护和合理开发利用。

海岸线的演变是自然因素和人类活动综合作用的结果。由于海洋动力环境的改变以及泥沙供给关系的变化，淤泥质海岸总体上发生着缓慢而持续的淤进或蚀退，但是对于局部海岸来说，这种岸滩冲淤变化又可能是快速而强烈的。因此，全面、快速、准确地测绘海岸线的位置，监测海岸带的动态变化，了解海岸带的空间资源分布与变化特征，预测其变化趋势，对实现海岸带的有效开发利用与保护，保障沿海居民的生产生活安全具有十分重要的现实意义，同时也是实现海岸带科学管理和海洋可持续发展的重要基础。

江苏省是中国的海洋大省，海岸带空间资源丰富。江苏省沿海分布着宽阔的潮滩，不仅面积大，而且分布广，逐年淤长的潮滩资源是江苏省海洋资源的特色和优势。20世纪80年代以来，江苏省充分利用潮滩资源优势，积极拓展发展空间，海洋经济发展迅速。据统计，1950—2008年间江苏省沿海地区滩涂匡围总面积达400多万亩[①]，形成了200多个垦区，围垦利用方式从早期的盐业、农林业逐渐发展为当前的围海养殖和临港工业，海洋经济效益大幅提高。2010年以来，江苏省进一步探索滩涂围垦开发新机制，实施边滩围垦、沙洲围垦和大型垦区的低

---

① 1万亩 = 666.667 hm²。

滩部分围垦，用于农业、生态、建设用地开发，据遥感监测，2010—2014 年共匡围滩涂 83.4 万亩。大规模潮滩围垦为江苏省提供了大量的土地资源，有效缓解了沿海地区耕地资源量锐减、环境恶化、资源短缺等问题，但是不尽合理的开发和利用使得潮滩资源及湿地生态环境受到极大破坏。以江苏苏北为例，分布在废黄河三角洲的潮滩侵蚀速率逐渐加快，岸滩持续后退，长江三角洲北缘吕四附近岸段的潮滩正在不断消失（徐敏等，2012）。近年来，传统意义上射阳河口以南的淤长型海岸也开始监测到部分岸段出现侵蚀后退的现象，可见江苏省沿海大规模的开发活动已经开始对沿海地区的水动力环境、沉积动力环境和生态环境造成影响。

海岸线是指示海岸带动态变化的最佳因子，但是对于淤泥质海岸岸滩来说，岸滩宽平，滩面泥泞难行，潮位变化大，岸滩冲淤变化复杂，海岸线的确定存在较大的难度。传统的海岸线提取方法主要分为实地测量法和摄影测量法。实地测量法主要是利用经纬仪、全站仪、DGPS 等测绘仪器测量海岸线拐点坐标，然后连接成线，生成的海岸线精度高，但是生产效率不高，不易于大范围探测和应用推广。近年来，摄影和遥感技术快速发展，成为海岸线提取的新手段。摄影测量法一般是通过对固定翼飞机、无人机搭载的摄影仪器拍摄的航片进行人工解译，调绘海岸线。与实地测量法相比，摄影测量法效率有所提高，但是更新速度仍然较慢。

卫星遥感具有数据获取方便、全天候观测、重复观测时间短、覆盖面广、经济高效等优点，弥补了传统海岸线测量方法的不足。尤其是进入 21 世纪以来，国产高分辨率卫星遥感数据的大量出现，多源、多分辨率、多时相遥感影像的使用，大大提高了海岸带信息提取的精度、准确性和时效性。国内外研究学者针对不同卫星遥感影像的应用，提出了多种海岸线遥感解译方法，如早期的人工目视解译法，后期的阈值分割法、边缘检测法、区域生长提取法、神经网络法和面向对象提取法等计算机自动解译方法，各种方法被尝试用于开展海岸线遥感提取及岸线变迁研究。由此可见，随着卫星对地观测技术的快速发展，进一步丰富和完善现有的海岸线遥感提取技术方法，形成基于遥感技术的海岸线提取技术体系，以此为基础，开展岸线资源调查及潮滩冲淤动态监测，将逐渐成为岸线岸滩资源调查与变化监测的重要技术支撑，并将在海洋环境保护和海岸带开发管理中发挥重要作用。

1.2　海岸线的界定

海岸线分类是海岸带开发、保护和海洋资源综合管理的基础依据。由于海岸环境因素复杂，在海岸发育过程中，除了受波浪、潮汐、海流等动力因素影响以外，海平面变化、地壳运动、地质构造、岩石性质、沉积物特性、入海河流及生物作用等都对海岸带的形态塑造发挥着重要作用（姚晓静等，2013）。到目前为止，还没有统一公认的海岸线类型划分系统，缺乏对海岸线分类的具体规范与标准。

1.2.1　海岸线的定义

长期以来，基于实地测量法的常规观测一直是获取海岸线的主要途径。海岸线是划分海洋与陆地管理区域的基准线。根据中华人民共和国国家标准——《海洋学术语——海洋地质学》（GB/T 18190—2000）、《中国海图图式》（GB 12319—1998）、《国家基本比例尺地图图式》（GB/T 20257.1—2007），国家海洋局的 908 专项调查技术规程——《海岸线修测技术规程》《海岸带调查技术规程》《海岛海岸带卫星遥感调查技术规程》等规定，地理意义上"海岸线是海陆分界线，在我国系指多年大潮平均高潮位时的海陆界线"。在测绘部门，海岸线定义为"大潮高潮位时海陆分界的痕迹线"。在该定义下，自然海岸的海岸线以下部分经常被海水淹没，海岸线以上主要形式为陆地，仅偶尔少数大潮时有海水上侵（林桂兰等，2008）。在海岸实地，海岸线痕迹在绝大多数高潮能到达并在高潮憩流阶段水面保持一定时间稳定的地方最为明显，界线上带状散布着贝壳碎片或植被枯枝败茎等，且能保存较好，容易辨认，其位置如图1.1所示。

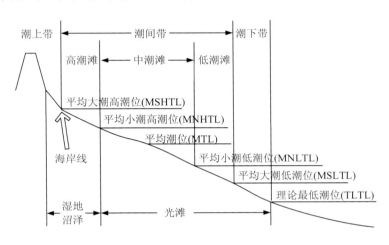

图 1.1 海岸线与海岸带分带

1.2.2 海岸线的分类体系

根据定义，海岸线是一条近似于平均大潮高潮面与岸滩相交的界线，海岸线位置主要由潮汐作用所决定（林桂兰等，2008）。在现实的岸滩中，由于进行海岸带开发和海岸防护，修建了大量的人工海堤，海水在潮汐作用下，有可能在沙滩上冲，形成滩肩；或在淤高的高潮滩漫滩，在滩面上形成淤渣线；也可能逼近海堤，被海堤阻挡，在堤身上留下水浸的痕迹。因此海岸线由自然岸线和人工岸线共同构成。

1.2.2.1 自然岸线的分类

自然岸线定义为：由海陆相互作用形成，保持自然海岸属性特征，岸滩形态结构未受到人类活动明显影响的海岸线。自然岸线在空间形态上一般具有形态曲折、走向自然等特点。对自然岸线的分类，国内的研究结果相对一致，即与自然海岸的类型相对应。例如：908专项的海岛海岸带卫星遥感调查任务将自然岸线分为基岩岸线、砂质岸线、粉砂淤泥质岸线和生物岸线；夏东兴等（2009）按砂质海岸（海滩）、粉砂淤泥质海岸（潮滩）、基岩海岸（岩石海滩）、河口海岸区分，将自然岸线分为砂质岸线、粉砂淤泥质岸线、基岩岸线和河口岸线；索安宁等（2015）根据海岸线所在潮间带的底质特征与海岸线空间形态，将海岸线分为基岩海岸线、砂质海岸线、淤泥质海岸线、生物海岸线和河口海岸线。综合以上的研究成果，狭义的自然岸线类型包括：基岩岸线、砂质岸线、粉砂淤泥质岸线、生物岸线（植被岸线）和河口岸线。其中基岩岸线、砂质岸线的位置相对固定，粉砂淤泥质岸线、生物岸线受岸滩冲淤、植被进退、人工围垦等的影响，岸线位置变化较大。河口岸线特指河海分界，岸线两侧全是水域的岸线。

自然岸滩一般来说是人类拓展利用海岸带空间资源的重要区域。依据自然岸滩的特点，开发形成了滨海旅游区、港口码头、围海养殖区等。针对目前的海岸带开发利用现状和对自然岸线的保护需求，有专家学者提出，广义的自然岸线除了包含狭义的自然岸线类型以外，还应包括自然恢复或整治修复后具有自然海岸形态结构和生态功能的海岸线，主要有 4 种，分别是自然恢复的自然岸线、整治修复的人工海滩岸线、整治修复的海岸湿地岸线和海洋保护区内具有生态功能的岸线。

1.2.2.2 人工岸线的分类

为了有效开发海洋，采用围海、填海等方式沿海岸带修建码头、堤坝、盐田、养殖池等人工建筑；或者为了海岸防护，沿岸修建了海堤、护岸，给海岸线增加了人工的痕迹，形成了人工岸线。人工岸线定义为：在海岸带最靠近岸滩的向海一侧，有人为建设痕迹，由人工地物形成的线状分界线。人工岸线是人类根据海洋开发利用的需要修筑形成的海、陆空间分界线，在空间形态上具有走向平直、滩坡陡峭等特点，潮水在人工岸线处一般只有垂直方向的涨落，没有水平方向的进退。人工岸线的建设虽然对沿海地区海洋经济的发展具有极大的保障和推动作用，但是也使得海岸自然潮滩空间被大幅压缩，甚至完全缺失，导致海岸带生态系统结构受损，潮滩湿地功能衰减。

针对人工岸线的分类，杨玉娣等（2007）研究认为，一般码头岸壁、岸防工程和填海工程的护岸（堤）外壁都可作为人工岸线，但一般围海养殖塘等则作为海域处理，难题是对防潮大堤与海水养殖相结合区域的岸线位置存在不同划分意见。一般倾向于对防潮大堤内作为陆地开发，如种植业、建筑业、工厂或只有零星少量养殖，则以防潮大堤外侧为岸线；若堤内主要开展以海水为条件的鱼、虾、贝类、藻类养殖，则作为海域处理。另外，一般一端连陆的防浪坝、连岛坝、丁坝等不作为岸线处理。林桂兰等（2008）在海岸线修测中，将人工岸线分为码头、沿海道路和海堤（护岸堤）三类，码头包括顺岸式码头、突堤式码头、引桥式码头、栈桥式码头、趸船码头、道头以及船坞；海堤主要有直立式、斜坡式和混合型三种。庄翠蓉（2009）根据厦门市的海岸地貌特征，将人工岸线主要分为码头、船坞和海堤（护岸）三类。夏东兴等（2009）总结了现代海岸线的划线实践，给出了人工岸线的划定原则和判定方法，认为：①凡具有永久性的海岸构筑物，且构筑物所形成的岸线包络足够多的陆地土地，此海岸构筑物形成的岸线即视为人工海岸线，因此港口码头岸线、大规模的围垦堤坝和永久性石砌护岸视为人工岸线；②盐田区晒盐要引入海水，堤坝相对稳固，盐田岸线作为人工岸线对待；③作为养殖和其他用途的滩涂围堤及设施，一般港口窄而长的防浪、防沙堤或观光堤坝形成的岸线不划定为人工岸线；④滩涂、养殖池的开发设施，其堤坝即便具有坚固性，但海水能通过天然纳潮维持运营，应以一般滩涂开发看待，其堤坝不视为人工岸线。孙伟富等（2011）参照 908 专项中海岛海岸带卫星遥感调查对海岸线的划分，认为人工岸线是人工建筑物形成的岸线，建筑物一般包括防潮堤、防波堤、码头、突堤、养殖区和盐田等。姚晓静等（2013）综合海南岛海岸开发现状，将人工岸线类型分为建设围堤、码头岸线、农田围堤、养殖围堤四类。马小峰等（2015）参照已有技术规程中关于海陆分界线划分的原则，同时结合海岸带遥感调查和现场实测海岸线工作的经验，将常见的人工岸线分为养殖场、盐田和港口码头三类。毋亭等（2016）在综合众多研究的基础上，将人工岸线根据用途的差异分为丁坝与突堤、港口码头、养殖与盐田围堤、交通围堤、防潮堤等。可以看到，人工岸线通常是依据地域特点或岸线用途进行划分，暂时还没有统一公认的人工岸线划分体系。

综合分析江苏省海岸开发现状和他人研究成果，将江苏省的人工岸线分为 5 种类型，分别为盐养围堤岸线、港口码头岸线、建设围堤岸线、道路海堤岸线和河流河堤岸线。这 5 种岸线类型与已有研究成果的对比如表 1.1 所示。需要说明的有两点：一是突堤、丁坝等作为一种海岸建筑物，具有细长的形态，但是沿建筑物轴线方向的两侧不与陆地相接，并不形成有效人工岸线；二是人工岸线的不同类型只是对人工岸线的细分，对人工岸线提取没有影响。

表 1.1 人工岸线类型划分对应关系

江苏省人工岸线类型	他人文献研究总结类型
盐养围堤岸线	盐田围堤、养殖围堤
港口码头岸线	港口码头、码头岸线、船坞
建设围堤岸线	建设围堤、海堤
道路海堤岸线	交通围堤（沿海道路、海堤）、防潮堤、护岸堤
河流河堤岸线	—
—	突堤、丁坝

"—"表示本书总结的类型与他人文献研究中总结的类型无对应关系。

1.2.2.3 海岸线二级分类体系

针对不同的海岸物质组成、岸线形态和岸线功能，将江苏省的海岸线首先划分为自然岸线和人工岸线 2 个一级类，进一步对自然岸线和人工岸线进行细分，分别划分为 9 个自然岸线二级类和 5 个人工岸线二级类，形成江苏省的海岸线二级分类体系，对应的海岸线组成与描述见表 1.2 所示。

表 1.2 江苏省海岸线分类系统

一级类		二级类	描述
海岸线	自然岸线	基岩岸线	潮间带底质以基岩为主，岸线曲折度大
		砂质岸线	潮间带底质主要为砂砾，岸线相对平直
		淤泥质岸线	潮间带底质基本为粉砂淤泥，岸滩宽平，岸线相对平直
		生物岸线	由芦苇、碱蓬、米草等植被边缘形成的岸线
		河口岸线	分布于河流入海口，河流与海洋的分界线
		自然恢复的自然岸线	由于沿岸泥沙运动或陆地来沙输入，在海堤等人工岸线外侧的岸滩逐渐淤长，基本恢复原来自然岸滩剖面形态和生态功能的岸线
		整治修复的人工海滩岸线	在人工海堤或受损的海滩基础上，通过人工补沙、构筑物清理平整、植被种植等手段恢复和重建自然海滩形成的岸线
		整治修复的海岸湿地岸线	在人工海堤外侧通过保育互花米草、芦苇、碱蓬等湿地植被和促淤保滩、生态护岸等人工措施，形成新的次生岸滩或海岸湿地；或通过堤坝拆除、退堤还海等恢复和重建了自然海岸形态结构与生态功能形成的岸线
		海洋保护区生态功能岸线	海洋特别保护区、自然保护区、地质公园、湿地公园等保护区范围内历史存在的围海堤坝等岸线，经保护区建设管理，恢复重建了海岸生态功能形成的岸线
	人工岸线	盐养围堤岸线	由盐田围堤或滩涂围垦海养殖围堤所构成的人工堤坝岸线，围堤建设一般以低标准土堤为主，岸线曲折度大
		港口码头岸线	位于港口区域顺岸布置的永久性海岸构筑物形成的岸线
		建设围堤岸线	用于城镇或海上休闲娱乐场所建设的挡水护岸构筑物形成的岸线
		道路海堤岸线	临海修建的可通车高标准达标海堤岸线，一般岸线顺直，海堤较宽，堤顶高程高，海水不会越过海堤对堤内侧保护区域产生破坏
		河流河堤岸线	入海河流河道两侧大致平行分布的河堤岸线

1.2.3　基于遥感技术的海岸线划定方法

卫星遥感技术的应用，为海岸线的测定提供了一种新的技术途径。利用遥感技术提取海岸线，是以海岸线的定义为依据，利用遥感图像解译方法，从卫星遥感影像上确定出海岸线的位置，其本质是一种从二维图像上确定海岸线的方法。这种技术方法的优点是减少了大量的野外实地调查工作，能够实现大范围海岸线数据的快速更新，具有广阔的应用前景。

根据海岸线的科学定义，海岸线是"多年大潮平均高潮位时的海陆界线"，因此潮位是确定海岸线位置的重要依据。根据海岸线二级分类体系，按照潮位变化影响的不同，基于遥感技术的海岸线的提取可分为直接提取和间接提取。

1）可直接提取的海岸线

在基岩海岸和砂质海岸，岸滩坡度陡峭，潮位在海岸上以垂直方向的涨落为主，水平方向的进退很少，可通过遥感提取基岩海岸水边线或砂质海岸淤渣线的方法，直接得到基岩岸线和砂质岸线等自然岸线。在生物海岸，植被与光滩之间有明显的色调差异；在有人工岸线分布的岸段，人工岸线具有明显的线性地物特征以及光谱反射差异，可以通过遥感图像识别方法，直接提取出植被岸线和人工岸线。需要注意的是，人工岸线并不一定就是海岸线，需要根据潮位涨落情况来综合判断。

2）可间接提取的海岸线

在粉砂淤泥质海岸，岸滩具有自然冲淤变化特性，滩面宽广平坦，潮位变化对海岸线的位置确定影响非常大。同时在人类开发活动的影响下，高标准达标海堤、低标准围海养殖围堤不断向海推进，有人工海堤的岸段，平均大潮高潮上涨的潮水被人工海堤阻挡，无法深入岸滩上部；没有人工海堤或人工海堤远离海洋的岸段，上涨的潮水沿自然岸坡上溯，形成杂物或者贝壳堆积的自然痕迹线。这种情况下，可以采用间接提取的方法来确定淤泥质岸线的位置，其关键在于首先利用图像解译技术从遥感影像上提取出反映水陆分界的水边线，然后根据潮汐调和计算，综合利用多时相遥感水边线隐含的潮位信息和岸滩剖面的位置及坡度信息，推算出平均大潮高潮线的位置。在此基础上，淤泥质海岸的海岸线演变成为现有的人工岸线与平均大潮高潮线的结合：当推算的平均大潮高潮线在人工岸线的向海一侧，取平均大潮高潮线作为海岸线（淤泥质岸线）；当推算的平均大潮高潮线在人工岸线的向陆一侧，取人工岸线作为海岸线，从而实现淤泥质海岸的海岸线间接提取。

总而言之，这种基于遥感技术划定的海岸线，不同于已有的达标海堤岸线、海洋行政主管部门现实使用的管理岸线或者测绘部门 GPS 修测的海岸线，它是根据海岸带类型的不同和海域使用的差异，由遥感直接提取和间接提取得到的海岸线组合而成，同时也是自然岸线和人工岸线的组合。本研究中所使用的海岸线数据均为基于遥感技术提取获得，其提取结果主要适用于海岸线的动态变化监测和岸线岸滩宏观变化趋势分析，可为了解江苏省海岸带冲淤变化提供参考依据。

1.3　江苏省岸线岸滩基本背景

1.3.1　地理位置与区域概述

江苏省地处江淮下游、黄海之滨，是我国重要的沿海省份之一。江苏海域位于31°37′—

35°08′N，绝大部分属南黄海，仅有长江口以东、启东圆陀角至韩国济州岛一线以南海域属东海。根据国家公布的领海基线量算，江苏海域内水面积 $2.77 \times 10^4 \, km^2$，领海面积 $0.98 \times 10^4 \, km^2$，合计 $3.75 \times 10^4 \, km^2$（江苏省 908 专项办公室，2012）。

江苏省沿海地区水系纵横交错，内陆一侧的边界河是新沭河、盐河、响水河、通榆河和老通扬运河。新沭河以北为独流入海诸河，主要有绣针河、龙王河、兴庄河、沙汪河等；沂北地区的入海河流有淮沭新河、排淡河、大浦河、烧香河、五图河等；沂南地区的主要入海河道为灌河和南潮河，淮河水系为淮河入海水道，里下河地区为射阳河、黄沙港、新洋港和斗龙港；沿海垦区以单独排水为主的河流，北部有运粮河、运煤河等，南部有四卯西河、王港河、川东河、东台河、梁垛河、三仓河、北凌河等。这些入海河流带来了大量径流和泥沙，缓慢改变入海河口地区的自然与生态环境，对江苏省的海岸线、岸滩形态产生重要影响（周崴等，2009）。

按行政区域划分，江苏省有海岸线的地级市有 3 个，从北往南依次为连云港市、盐城市和南通市，下辖沿海市（县、区）14 个，其中连云港市下辖赣榆县、连云区、灌云县和灌南县，盐城市下辖响水县、滨海县、射阳县、大丰市和东台市，南通市下辖海安县、如东县、通州区、海门市和启东市。其中，赣榆县于 2014 年 5 月撤县设区，改为赣榆区；大丰市于 2015 年 8 月撤销县级市，改为大丰区；南通市整合如东县、通州区、海门市的部分沿海地区统一开发建设，于 2015 年 5 月成立通州湾示范区。

1.3.2 自然环境状况

1.3.2.1 地质地貌概况

江苏省海域在地质构造上位于新生代太平洋构造带的西缘，主体构造与南黄海大陆架总体走向一致，走向北北东（NNE）。海岸地貌由陆向海依次为海岸平原、潮间带和近海海底平原，中部辐射沙脊群为世界独特的地貌奇观。从地貌特征来看，江苏省的海岸类型分为粉砂淤泥质海岸、砂质海岸和基岩海岸三类，以粉砂淤泥质海岸为主，岸线长度占全省海岸线的 90% 以上。北部海州湾内以兴庄河口为界，兴庄河口北侧以砂质海岸为主，兴庄河口南侧至西墅为淤泥质海积平原，海州湾南翼为云台山变质岩山地，是江苏省沿海仅有的基岩海岸。废黄河三角洲海岸为粉砂淤泥质海岸，由于处于冲刷环境中，当前的潮间带坡度较陡且狭窄，部分岸段潮滩宽度仅在 1 km 左右（彭修强等，2014）。辐射沙洲陆岸岸段发育有最宽广的潮滩，岸线由北向南又可分为：射阳河口至梁垛河口的辐射沙洲北翼岸段，该段海岸岸线平直，近南北向延伸，尤其以四卯西河口往南，受岸外辐射沙脊群掩护，潮滩坡度平缓、潮沟密布（王建，2012）；梁垛河口至方塘河口的辐射沙洲内缘区，太平洋前进潮波系统和南黄海旋转潮波系统在岸外水域相遇，使得该段海岸拥有最为复杂的潮沟系统和强潮（张忍顺等，1988）；方塘河口至东安闸的辐射沙洲中部地区，属于海积平原，滩涂资源丰富，近年来布局有多个大型的围填海工程；东安闸至遥望港的腰沙地区，即辐射沙洲半岛式浅滩，总体呈东西向分布，西侧与岸相连，潮滩和深槽均相对稳定；遥望港至连兴河口的辐射沙洲南翼地区，潮滩宽度开始变窄（徐敏等，2012）。

据 20 世纪 80 年代江苏省海岸带综合调查，扁担河口至射阳河口属于废黄河口南翼，为由侵蚀转向稳定的过渡地带；射阳河口至川东港口受废黄河口向南沿岸流及环向流作用，不

断得到泥沙补给，处于淤长环境中（任美锷，1986；陈君等，2007）。但是，近三四十年来，江苏省海岸的侵蚀岸段已不限于北部废黄河三角洲海岸，有扩大到南部滨海平原的趋势（张忍顺等，2002）。

1.3.2.2　水文动力概况

1）潮流

从宏观动力条件看，江苏省海岸受两大潮波系统的共同控制，其一是自南向北传播的东海前进潮波，该潮波的近岸部分直接影响江苏海岸的南部；其二是东海前进潮波经山东半岛南岸反射后形成的南黄海旋转潮波，该旋转潮波无潮点位于废黄河三角洲岸外。两大潮波系统在江苏中部的弶港外海域发生潮波的辐聚和辐散，形成了平原海岸两碰水的潮流格局，潮差大、潮流强。受海岸地形的影响，江苏海岸的潮流场分布在不同的岸段有着显著的差异。其中，连云港外海、辐射沙脊群外侧海域和近岸浅滩区以旋转流为主，其他区域为往复流。灌河口以北的连云港海域，大潮最大流速一般不超过 0.8 m/s；灌河口至斗龙港口之间的岸段，由于靠近南黄海旋转潮波无潮点，潮流流速较大，大潮涨落潮最大流速可达 1.4 m/s 左右，流向与岸线走向基本一致，以往复流为主；斗龙港口以南的辐射沙脊群海域，由于受到局部地形影响，潮汐通道中的潮流明显增强，以往复流为主，潮流主轴向与水道走向一致。在辐射沙脊群北翼的西洋水道、南翼的烂沙洋和小庙洪水道中，大潮涨落潮最大流速可达 2.0 m/s 以上，西洋深槽中曾测到 4.9 m/s 的激流；南部长江口海域海洋动力相对较弱，近岸海域为往复流，但受长江径流影响明显。潮流流速大小总体在辐射沙脊群海域最强，废黄河口外次之，海州湾海域流速相对较小。

2）潮汐

江苏省沿海潮汐类型主要为正规半日潮，但是浅海分潮显著，向岸边浅水区潮汐过程线有明显的变形，因此在射阳河口、梁垛河口、新洋河口、弶港等地浅海分潮振幅较大的海区，潮汐类型为不正规半日潮。北部海区除无潮点附近为不正规日潮外，其余多属不正规半日潮，小部分区域为正规半日潮。南部海区受东海传来的前进潮波影响，多为正规半日潮型。从潮差大小来看，靠近南黄海旋转潮波无潮点的废黄河三角洲海岸平均潮差最小，一般在 2 m 左右，向北逐渐增大，到连云港附近约 3.4 m；向南也逐渐增大，到两大潮波系统辐聚中心的弶港和小洋口一带达到最大，平均潮差超过 4 m；再向南则随着远离辐聚中心区，平均潮差逐渐减小，至长江口附近约 2.7 m。实测最大潮差出现在小洋口外，达 9.28 m。

3）波浪

江苏省近海海浪主要是以风浪为主的混合浪。受季风和台风的影响，江苏省近海盛行偏北向浪。以斗龙港为界，南部沿海的偏北向浪频率超过 60%，主波向为 NE 向；北部沿海的偏北向浪频率达 68%，主波向也为 NE 向。全省有效波高大于 2 m 的出现频率为 5%，且由海向岸增大。由于江苏省近岸南部和北部的沙洲分布差异较大，海岸走向和地貌形态不尽相同，波浪分布和变化规律差异明显。从多年统计资料的平均有效波高对比来看，江苏省海岸的波浪强度具有明显的季节性特征，平均有效波高以秋季最大，其次为春季、夏季。江苏省沿海北部海域开敞，海岸掩护条件较差，波浪从外海传入到近岸后仍具有相当的能量，从而造成海底掀沙和对海岸的侵蚀；在中南部海区，由于岸外分布有连绵起伏的辐射沙脊群，波浪向岸传播过程中几经破碎，能量大大消耗，加上近岸宽阔平缓的潮间带滩涂的消能，波浪作用明显弱于北部海岸。

4）含沙量

江苏省沿海水体含沙量高于南北两侧海域，夏季平均含沙量大于 0.1 kg/m³，冬季平均含沙量高达 0.3 kg/m³。含沙量的平面分布规律为：近岸含沙量高，在废黄河口附近和以弶港为中心的辐射沙脊群中心海域形成两个高值区，向外海含沙量逐渐降低。含沙量等值线大致与等深线平行，与海岸走向一致（任美锷，1986；江苏省 908 专项办公室，2012）。在辐射沙脊群北部海域，大潮水体含沙量夏季在 0.15 kg/m³ 以上，冬季在 0.4 kg/m³ 以上，而靠近岸边，水动力作用强，岸边松散沉积物丰富，海水垂线平均含沙量可高达 1.0 ~ 2.5 kg/m³（新洋河口—王港河口岸段）。弶港附近海域，水动力作用特强，大潮水体含沙量为 1.05 ~ 3.0 kg/m³。辐射沙脊群南部海域含沙量小于北部海域，大潮水体含沙量在小洋口外为 0.4 ~ 1.3 kg/m³，向南逐渐减小，至吕四小庙洪水道附近降低至 0.2 ~ 0.7 kg/m³。受风浪的季节性变化影响，悬沙浓度季节变化明显，冬季比夏季高数倍至数十倍。

1.3.3 自然资源概况

江苏省沿海滩涂辽阔，湿地资源极为丰富，拥有目前亚洲最大的淤泥质海岸湿地。根据《全国湿地资源调查技术规程（试行）》及 2009 年江苏省湿地资源调查成果，江苏省有滨海湿地 10 623.38 km²，主要包括近海与海岸湿地和人工湿地两个二级类（姚志刚等，2014）。海岸滩涂是江苏省海岸最重要的自然资源之一，也是海岸湿地的重要组成部分。江苏省海岸带地貌分为陆地地貌、人工地貌和潮间带地貌。陆地地貌面积为 2 314.39 km²，人工地貌面积 1 423.70 km²，潮间带地貌面积 3 115.65 km²。根据江苏省潮间带特征，潮间带类型主要为粉砂淤泥质滩。根据地貌特征与植被特征进一步细分为低潮位粉砂 - 细砂滩、中潮位粉砂 - 淤泥混合滩、盐蒿滩、丛草滩等。潮间带类型以低潮位粉砂 - 细砂滩为主，面积为 2 078.56 km²，占潮间带总面积的 66.71%；其次是中潮位粉砂 - 淤泥混合滩，面积为 565.14 km²，占潮间带总面积的 18.14%。两者主要分布于中部海积平原海岸和长江三角洲海岸，面积合计 2 647.53 km²，占潮间带总面积的 84.85%（王建，2012）。

在加快江苏省沿海地区发展的国家战略大背景下，为了加强对滨海湿地资源的保护，于 2010 年实施的《江苏沿海滩涂围垦开发利用规划纲要》提出滩涂匡围空间布局要尊重滩涂演变自然规律，"在珍禽自然保护区的核心区和缓冲区及麋鹿保护区向海一侧不进行围垦，原则上不在河口治导线范围内布局围区；边滩匡围采用齿轮状布局，增加海岸线长度，有效地保护海洋生态"；于 2014 年实施的《江苏省生态红线区域保护规划》将临洪河口、如东沿海、启东沿海、小洋口与海州湾国家海洋公园、大丰麋鹿与盐城沿海珍禽自然保护区等滨海部分重要湿地纳入省生态红线区域予以保护。迄今滨海湿地区域内已建自然保护区 3 个［盐城湿地珍禽国家级自然保护区、大丰麋鹿国家级自然保护区、启东长江口（北支）湿地自然保护区］，国家级海洋特别保护区 1 个（江苏海门蛎蚜山牡蛎礁国家级海洋特别保护区），国家海洋公园 3 个（连云港海州湾国家级海洋公园、小洋口国家级海洋公园和海门蛎蚜山国家级海洋公园），滨海湿地保护小区 8 个，保护以近海与海岸湿地生态系统为主的国土和海洋面积共约 37.8 × 10⁴ hm²。

江苏省海岸带空间资源的开发利用以渔业用海、交通运输用海、造地工程用海和特殊用海

（主要是保护区用海）为主，这些空间资源开发利用方式通过围海筑堤、修建人工设施等改变岸线的类型，影响海岸带地貌形态和底质分布，是引起江苏省岸线岸滩变化的主要人为因素。

1.4 江苏省岸线岸滩变化面临的主要问题

江苏省沿海因为其地质、地貌和气候特征，岸线岸滩的动态变化容易受海洋地质灾害（海平面上升、海岸侵蚀、海岸坍塌等）、海洋气候灾害（台风、风暴潮、寒潮等）、供沙条件改变等自然因素的影响，同时近年来也受到海岸带开发活动（滩涂围垦、填海造地等）的重要影响。随着沿海经济社会发展以及全球气候变化，江苏省沿海致灾因子也活动频繁，成为江苏省岸线岸滩资源开发、利用和保护所面临的主要问题。

1.4.1 海平面上升

海平面上升对海岸带的灾害性影响主要是损失潮滩湿地资源，加剧风暴潮和海岸侵蚀等对海堤的危害，加重沿海低洼地的洪涝灾害等，并且也会影响沿海港口码头、海堤涵闸等各种海岸工程和基础设施功能的正常发挥。江苏省是全国相对海平面上升最明显的地区之一。据国家海洋局发布的 2006—2015 年中国海平面公报数据统计，江苏省沿岸海平面平均上升速率为 3.11 mm/a。预计在未来的 30 年，海平面平均上升速率为 2.67 ~ 5.5 mm/a。海面升降是岸线动态变化的重要因素，在相当程度上控制着海岸发育的方向，将引起海面动力带的迁移。其效应除了淹没部分潮滩上部的泥质沉积外，还将导致平均潮位以上的潮滩淤积速率减少，平均潮位以下的滩面趋于蚀低，最终滩面的总体坡度因潮上带的不断淤高和潮下带的不断蚀低而逐渐变陡（杨桂山等，1997）。

海平面上升损失潮滩湿地主要是由淹没和加剧的岸滩侵蚀所引起。淹没是海平面上升最直接的后果之一，江苏省沿海发育的潮滩坡度普遍仅 1‰左右，当海平面上升 1 cm，受淹没的潮滩宽度就将近 10 m。同时，相对海平面的上升也会造成原先淤长的潮滩停止淤长或使淤长速度减缓，造成潮滩的潜在损失。此外，海平面上升也将造成潮滩与湿地生态系统的逆向演替，引起潮滩质量退化和湿地损失。在海平面持续上升的情况下，海岸带潮沟系统的侵蚀基准面抬高，将可能发生如下效应：①潮沟中、下游被淤高；②潮沟源头由于有较充分的水流作用，其溯源侵蚀加快，潮沟加快扩展（Wang et al., 1999）。

苏北滨海平原由于地势低平，岸线突出和陆源泥沙减少等原因，随着海平面上升，海岸侵蚀加剧或扩大（季子修等，1993）。江苏省海岸侵蚀表现为岸线后退和滩面刷低两种形式，前者主要发生在废黄河三角洲两侧，如灌河口—翻身河口、扁担河口—射阳河口等；后者在江苏省沿海各岸段均有发生，如射阳河口—斗龙港口，又分高潮滩刷低和低潮滩刷低等不同情况。侵蚀结果使潮滩的宽度变窄，高程降低，坡度加大。在各种海岸侵蚀因素中，海平面上升的影响占有相当大的比重。

1.4.2 风暴潮灾害

在影响江苏省沿海的海洋气候灾害中，以台风引起的风暴潮灾害为主。江苏省海岸平直、沿海陆地低平，潮间带宽缓，这样的地域条件有利于风暴潮灾害的发生（陆丽云等，2002）。

风暴潮的主要动力特点是大风、增减水及台风浪，致使江苏省沿海滩涂和辐射沙脊群发生剧烈的冲淤演变。江苏沿海的极端增水或特大潮位大多是由于以下 3 种原因引起的：一是台风风暴潮的近岸增水效应，二是冬季风暴，三是极优天文条件下的大潮汛。据统计，江苏省沿岸的台风增水以位于辐射沙脊群顶部附近的小洋口为最大，达 3.81 m。

风暴潮伴随着巨大的海浪，是造成岸滩突发性蚀退的主要动力，会对沿岸工程、工业设施、沿岸道路和海堤等造成严重的破坏。例如：1997 年"9711"号台风引起的风暴潮使江苏省江海堤防损毁达 331 km，损坏护坡 808 处，决口 27 处；1981 年"8114"号台风使海州湾北部的砂质海岸后退 110 m。另外，风暴潮灾害危害海岸带并向陆地纵深发展，使大量低标准的养殖用海围堤被冲毁，岸线后退，对沿海渔业造成严重的破坏，使沿海地区的围海养殖用海遭受巨大的损失。

1.4.3 供沙条件变化

江苏省粉砂淤泥质海岸沉积物来源主要有以下 3 个部分：①长江径流入海携带的泥沙；②废黄河三角洲侵蚀物质；③辐射沙脊区侵蚀的物质。近现代以来，受黄河的北归、长江中上游建坝以及南水北调等诸多自然、工程因素的影响，江苏省沿海供沙条件产生了较大变化，岸线岸滩的冲淤变化特征随之改变。

长江的输沙量一部分堆积在河口，入海部分主要向东南部和南部扩散（秦蕴珊等，1982），因此所携带的沉积物也主要向东南和南部搬运。即使在 1998 年长江大洪水期，悬沙扩散的范围有所扩大，其向东北方向扩散的趋势也并不明显（高抒等，1999）。近 50 年来由于人类活动，尤其是长江流域建坝对沉积物的阻挡作用，长江入海的水沙通量发生巨大变化（Gao et al., 2008）。大通水文站的观测结果表明，长江径流量在 1950—2004 年没有下降的趋势，但是输沙量下降趋势明显。1995—2004 年的年均输沙量为 2.90×10^8 t/a，比 Milliman 等（1985）报道的数据 4.86×10^8 t/a 要小很多。由于输沙量的下降，径流水体的平均悬沙浓度也相应下降。长江物质的输运已经不是江苏海岸堆积的主要沙源。

1128—1855 年，黄河在江苏省北部入海，丰富的泥沙造就了苏北广阔的滨海平原。1855 年黄河北归后，江苏省海岸的供沙条件发生突变，海岸进入淤蚀调整时期，侵蚀的范围不断扩大（任美锷，1986）。废黄河三角洲的侵蚀有 4 种地貌表现：①河口迅速后退；②河口海岸潮下带滩面侵蚀加剧；③河口区两侧三角洲前缘岸线后退；④水下三角洲夷平（张忍顺等，2002）。黄河北归已有 160 多年，废黄河三角洲的侵蚀速率逐渐减慢，海岸线渐趋顺直。已有研究表明，−15 m 以深的海底部分冲刷已接近相对平衡状态，−5 m 以浅的近岸浅滩的侵蚀由于护岸工程的加强而减缓，−15 ~ −5 m 的水下斜坡是目前废黄河三角洲侵蚀最强烈的部分（虞志英等，2002）。废黄河三角洲向苏北浅滩供沙的作用变得越来越弱。

辐射沙脊群目前是苏北潮滩淤长的重要物源。据王颖等（1990）估算，苏北潮滩的物源中，每年有 76% 是来自岸外沙脊区的海底侵蚀产物。沙脊之间的深槽中水动力较强，净冲刷作用使得辐射沙脊群的沉积物不断被淘洗出来，并在涨潮流占优的动力条件下成为苏北潮滩的物源。辐射沙脊群沉积物向岸输运的方式对潮滩上部的泥质沉积的增长起到重要作用，在悬移质供应充足的情况下，高平潮时会有更多的淤泥沉积到潮滩上部。但是从辐射沙脊区目前的水动力条件来看，表层沉积物的粗化现象明显，悬沙浓度降低，反映出物质供应能力不足的迹象。随着岸外沉积物粗化程度进一步加大，屏蔽效应会变得越来越显著，会阻止源区沉积物的起动（蒋东辉等，2003），因此岸外辐射沙脊群向陆岸潮滩继续供沙的能力将大幅减弱。这一点已由近 30 年来对江苏省中部潮滩地貌及物质组成的观测所证实。

据朱大奎等（1986）测算，由于黄河北归和长江南移，江苏省沿岸河流搬运入海的泥沙总量仅占潮滩堆积泥沙的 15% 左右，废黄河三角洲和吕四附近的海蚀物质，约占潮滩总堆积量的 35%，其余约 50% 的泥沙来源于海底，特别是辐射沙脊区。因此，向岸运动的海底泥沙是江苏省潮滩保持淤长的主要泥沙来源。

1.4.4　滩涂围垦开发利用

江苏省沿海滩涂开发历史悠久，围垦是滩涂资源的主要开发利用方式。近年来，大规模的围垦活动成为岸滩变化的重要因素，并对滩涂的淤蚀速度产生直接或间接影响。围垦后滩涂恢复到原有状况的时间长短取决于滩涂自然淤积速率和围垦的起围高程，一般来说，起围高程越低，恢复年限越长（王艳红等，2006）。从目前的围垦状况来看，现实的围垦速率远快于滩涂的自然淤积速率，起围高程在逐年降低。此外，有研究表明江苏省一些淤长型岸段的中低潮滩已经开始由淤积变为侵蚀，岸滩剖面平均坡度变陡。这对于滩涂匡围后的恢复年限，甚至是否还能通过自身调整恢复至围垦前的状态都会产生影响（王建，2012）。

1.5　本章小结

本章首先重点阐述了海岸线定义，给出了适用于江苏省沿海实际的海岸线二级分类体系，并阐明了基于遥感技术的海岸线划定方法，为本研究中应用到的海岸线给出明确的界定。然后针对江苏省岸线岸滩变化遥感监测的需求，介绍了江苏省沿海的自然环境状况和自然资源概况，并从海平面上升、风暴潮灾害、供沙条件、围垦开发的角度介绍了江苏省岸线岸滩变化的主要问题，为全面了解江苏省沿海的岸线岸滩现状提供参考。

参考文献

陈君，王义刚，张忍顺，等，2007. 江苏岸外辐射沙脊群东沙稳定性研究 [J]. 海洋工程，25(1):105–113.

高抒，程鹏，汪亚平，等，1999. 长江口外海域 1998 年夏季悬沙浓度特征 [J]. 海洋通报，18(6):44–50.

季子修，蒋自巽，朱季文，等，1993. 海平面上升对长江三角洲和苏北滨海平原海岸侵蚀的可能影响 [J]. 地理学报，48(6): 516–526.

蒋东辉，高抒，2003. 海洋环境沉积物输运研究进展 [J]. 地球科学进展，18(1):100–108.

江苏省 908 专项办公室，2012. 江苏近海海洋综合调查与评价总报告 [M]. 北京：科学出版社.

林桂兰，郑勇玲，2008. 海岸线修测的若干技术问题探讨 [J]. 海洋开发与管理，25(7): 61–67.

陆丽云，陈君，张忍顺，2002. 江苏沿海的风暴潮灾害及其防御对策 [J]. 灾害学，17(1): 26–33.

马小峰，邹亚荣，刘善伟，2015. 基于分形维数理论的海岸线遥感分类与变迁研究 [J]. 海洋开发与管理，32(1): 30–33.

毋亭，侯西勇，2016. 国内外海岸线变化研究综述 [J]. 生态学报，36(4): 1170–1182.

彭修强，夏非，张永战，2014. 苏北废黄河三角洲海岸线动态演变分析 [J]. 海洋通报，33(6):630– 636.

秦蕴珊，郑铁民，1982. 东海大陆架沉积分布特征的初步研究 [M]. 北京：科学出版社.

任美锷，1986. 江苏海岸带和海涂资源综合调查报告 [M]. 北京：海洋出版社.

孙伟富，马毅，张杰，等，2011. 不同类型海岸线遥感解译标志建立和提取方法研究 [J]. 测绘通报，(3): 41-44.

索安宁，曹可，马红伟，等，2015. 海岸线分类体系探讨 [J]. 地理科学，35(7): 933-937.

王建，2012. 江苏省海岸滩涂及其利用潜力 [M]. 北京：海洋出版社.

王艳红，温永宁，王建，等，2006. 海岸滩涂围垦的适宜速度研究——以江苏淤泥质海岸为例 [J]. 海洋通报，25(2): 15-20.

王颖，朱大奎，1990. 中国的潮滩 [J]. 第四纪研究，(4): 291-300.

夏东兴，段焱，吴桑云，2009. 现代海岸线划定方法研究 [J]. 海洋学研究，27(增刊): 28-33.

徐敏，李培英，陆培东，2012. 淤长型潮滩适宜围填规模研究——以江苏省为例 [M]. 北京：科学出版社.

严海兵，李秉柏，陈敏东，2009. 遥感技术提取海岸线的研究进展 [J]. 地域研究与开发，28(1): 101-105.

杨桂山，施雅风，季子修，等，1997. 江苏沿海地区的相对海平面上升及其灾害性影响研究 [J]. 自然灾害学报，6(1): 90-98.

杨玉娣，边淑华，2007. 海岸线及其划定方法探讨 [J]. 海洋开发与管理，24(6): 34-35.

姚晓静，高义，杜云艳，等，2013. 基于遥感技术的近30a海南岛海岸线时空变化 [J]. 自然资源学报，28(1): 114-125.

姚志刚，陈玉清，袁芳，等，2014. 江苏省滨海湿地现状、问题及保护对策 [J]. 林业科技开发，28(4): 10-14.

虞志英，张国安，金缪，等，2002. 波流共同作用下废黄河河口水下三角洲地形演变预测模式 [J]. 海洋与湖沼，33(6): 583-590.

张忍顺，陈家记，1988. 弶港辐射沙洲内缘区海岸发育及近期演变 [J]. 海洋通报，7(1):42-48.

张忍顺，陆丽云，王艳红，2002. 江苏海岸侵蚀过程及其趋势 [J]. 地理研究，21(4):469-478.

周崴，王国祥，刘金娥，等，2009. 江苏省主要入海河口水质评价与分析 [J]. 水资源保护，25(4): 16-19.

朱大奎，柯贤坤，高抒，1986. 江苏海岸潮滩沉积的研究 [J]. 黄渤海海洋，4(3):19-27.

庄翠蓉，2009. 厦门海岸线遥感动态监测研究 [J]. 海洋地质动态，25(4): 13-17.

Boak E H, Turner I L, 2005. Shoreline definition and detection: A review [J]. Journal Coast of Research, 21(4): 688-703.

Gao S, Wang Y P, 2008. Changes in material fluxes from the Changjiang River and their implications on the adjoining continental shelf ecosystem [J]. Continental Shelf Research, 28: 1490-1500.

Milliman J D, Sheng H T, Yang Z S, et al., 1985. Transport and deposition of river sediment in the Changjiang Estuary and adjacent continental shelf [J]. Continental Shelf Research, 4: 37-45.

Noujas V, Thomas K V, Badarees K O, 2016.Shoreline management plan for a mudbank dominated coast [J]. Ocean Engineering, 112:47-65.

Pugh D, 2004. Changing sea levels: effects of tides, weather and climate [M]. Cambridge: Cambridge University Press: 280.

Pardo-Pascual J E, Almonacid-Caballer J, Ruiz L A, et al., 2012. Automatic extraction of shorelines from Landsat TM and ETM+ multi-temporal images with subpixel precision[J]. Remote Sensing of Environment, 123(6):1-11.

Wang Y P, Zhang R S, Gao S, 1999. Geomorphic and hydrodynamic responses in salt marsh-tidal creek systems, Jiangsu, China [J]. Chinese Science Bulletin, 44(6):544-549.

第2章 岸线岸滩动态变化遥感研究概述

　　海岸线是海洋与陆地的分界线。快速而准确地测量海岸线，以此分析岸线岸滩的动态变化，对于海岸带的科学管理和持续利用具有十分重要的意义。遥感技术因其获取信息快，更新周期短，具有动态监测的特点，且不受地表、海况、天气、地理环境等条件限制，成为海岸线数据更新、岸线岸滩动态变化监测的有力工具（张明等，2008）。近年来，诸多国内外学者基于多源、多时相、多空间分辨率遥感数据，将遥感技术和 GIS 空间分析技术相结合，应用于海岸线遥感监测及岸线岸滩动态变化分析，取得了大量的研究成果，为海岸带空间资源的开发、利用与保护提供了重要的基础地理数据和分析依据。

2.1　岸线岸滩监测常用遥感数据源

　　用于岸线岸滩变化遥感监测的数据源主要有多光谱数据和合成孔径雷达数据，运载平台主要有卫星、航天飞机、航空飞机和无人机等。20 世纪 70 年代以来，Landsat 卫星影像、MODIS 卫星影像等中、低空间分辨率遥感影像数据一直是进行空间大范围岸线岸滩动态变化监测的主要数据源。进入 20 世纪 90 年代，以 SPOT 卫星影像等为代表的高空间分辨率遥感影像数据的应用，进一步丰富和拓展了海岸带重点岸段变化监测的业务需求。到了 2010 年以后，国产高空间分辨率卫星遥感数据大量出现，无人机遥感数据逐渐普及，其以灵活的成像时间、高清晰度的海岸带地物识别优势，逐渐成为我国开展岸线岸滩资源动态变化监测的主要遥感数据源。

　　从监测范围来看，江苏省的海岸最窄处在北部连云港市的连云区，以基岩海岸和人工海岸为主，岸滩平均宽度不到 1 km；最宽处在中部盐城市的东台市，主要是粉砂淤泥质海岸，岸滩平均宽度接近 10 km。因此，根据海岸带陆地的空间范围，江苏省的岸线岸滩遥感监测以中、高分辨率卫星遥感影像为主，以无人机遥感数据为辅，具体使用到的卫星遥感数据有：陆地卫星 Landsat 数据、HJ-1 号卫星数据、SPOT 卫星数据、RapidEye 卫星数据、ZY-3 号卫星数据、GF-1 号和 GF-2 号卫星数据。无人机遥感数据主要采用测绘型无人机，通过集成量测型数码相机、机载飞控系统、地面监控通信系统和云台等设备，获得高分辨率航空遥感影像（崔丹丹等，2013）。

2.2　海岸线遥感提取技术发展现状

　　关于海岸线的遥感提取，早期受限于遥感影像资料分辨率等条件的影响，基本都直接将从遥感影像提取得到的瞬时水边线作为海岸线（于彩霞等，2014）。实际上，瞬时水边线受潮汐等因素的影响，并不是真正意义上的海岸线（Li et al., 2010），需要将水边线通过潮位信息校正至平均大潮高潮面的水陆分界线以获得真正的海岸线。因此，海岸线遥感提取研究主要有水边线遥感提取、海岸线遥感提取与推算两大方向，其中水边线遥感提取是海岸线遥感提取的重要基础。

2.2.1 水边线遥感提取研究

通常情况下，遥感探测的是地物的电磁辐射能力，传感器通过记录地物的相对辐射强度，形成遥感影像。在海岸带遥感影像上，根据不同电磁波段的反射率差异以及空间分布特征，水体相对于陆地而言表现为更均一的大范围图斑，同时纹理特征也比陆地更加细腻。因此，从海岸带遥感影像上提取水边线，实质上是一个图像分割的过程。在水体信息增强处理的基础上，首先利用各种数字图像处理技术对遥感图像进行解译，获得水体或陆地图斑；然后通过边缘检测技术，提取水体图斑边缘，经过局部修正处理后，得到连续的水陆分界线。

2.2.1.1 多光谱图像水边线提取

多光谱影像的水边线提取方法，除了早期的目视解译和多光谱分类外，常用方法有阈值分割法、区域生长提取法、边缘检测法、数学形态学法、小波变换分析法、神经网络分类法等（申家双等，2009；于彩霞等，2014；李雪红等，2016）。

1）阈值分割法

阈值分割法又称密度分割法，是一种广泛使用的图像分割技术，它是根据灰度值将一幅数字图像分割成不同的区域，从而实现对水体的分离。如将分割后的图像记为 $G(x, y)$，则可表示为：

$$G(x, y) = k \qquad k = 1, 2, 3, \cdots, n \qquad (T_{k-1} < f(x, y) \leqslant T_k) \qquad (2.1)$$

式中：T_0，T_1，T_2，$\cdots$，T_k 是一系列分割阈值，k 为赋予分割后图像各区域的不同标号，n 为图像分割的区域数量。

阈值分割法实现简单，处理速度快，计算量小，性能较稳定，适用于要分割的地物与背景有强烈对比度的图像，主要用于可见光波段和红外波段的地物信息提取。在海陆背景对比明显的情况下，海岸带遥感影像直方图通常表现为较好的双峰形式，取直方图谷底作为阈值，可以将水体和陆地分割成两部分，然后将水陆边界连接起来，就可以得到水边线（张明等，2008）。

利用阈值分割法，Ryu 等（2002）在深刻了解潮滩光谱特征的基础上，对韩国 Gomso 湾淤泥质海岸使用不同波段的 Landsat TM 影像进行波段运算，选择出合适的阈值，去除海水中悬浮泥沙对海岸线解译的影响，把单纯的淤泥质海岸与浑浊的海水分开，进行水边线提取。但在近岸海水比较浑浊的情况下，由于水体和潮滩的光谱差异较小，阈值难以确定，水体提取误差较大。该研究同时指出水边线的提取不仅受到波段组合的影响，还受到潮滩坡度等的影响。瞿继双等（2003）针对传统的阈值分割法对沿海岸线的物体阴影、散射特性很弱的植被、很暗的人工设施、受噪声影响较大的海湾水域往往缺乏足够辨识能力的情况，提出了一种基于多阈值的形态学分割方法，将阈值检测后的区域划分为内陆、外海和沿海 3 种孤立区域，然后根据区域距离和最小路径的定义，利用形态学算子对沿海岸线的孤立区域进行处理，以提高海岸线检测的精确度，降低误检率。王琳等（2005）计算了厦门海域遥感影像的改进的归一化差值水体指数（Modified Normalized Difference Water Index，MNDWI），根据水体的 MNDWI 值为正且数值较高，而非水体的 MNDWI 值较低的原理，选取合适的阈值，成功提取了厦门岛及其邻域 3 个时相的水边线，总精度均在 90% 以上。张永继等（2005）综合考虑 IKONOS 高分辨率影像的光谱信息和空间信息，提出了一种基于邻域相关性分析和二维类间方差最大阈值法的快速提取海岸线的方法，利用所要获取目标的邻域相关性，对遥感影像进

行阈值分割、孤立区域去除和边缘检测，实现了高精度水边线的自动提取。樊彦国等（2009）分别采用阈值分割、高通滤波和缨帽变换方法，对遥感影像中的人工海岸、已开发的淤泥质海岸和未开发的淤泥质海岸进行增强处理，提取了黄河三角洲地区黄河口段和刁口段海岸的海岸线，取得了较好的效果。

2）区域生长提取法

区域生长提取法又称种子点增长法，通常是在需要分割的区域内给定一个典型的海域种子点作为生长的起点（可以是单个像素，也可以是某个小区域），然后以该点为中心进行扩张，将种子点周围邻域中与种子像素有相同或相似性质的像素（根据某种事先确定的生长或相似准则来判定）合并到种子像素所在的区域中，得到所有与该点连通且性质相似的像素点，最后对包含这些像素点的连通区域进行轮廓跟踪，得到水边线。区域生长提取法的关键在于选择合适的区域生长准则，常用的生长准则有基于区域的灰度差、基于区域内灰度分布统计性质以及基于区域形状等。

陈忠等（2005）提出了一种基于区域生长结合多种特征的多尺度分割算法，首先利用图像梯度信息选取种子点，然后综合高分辨率遥感图像中地物的局部光谱信息和全局形状信息构建区域生长准则，进行区域生长。通过迭代这两个过程，直到所有区域的平均面积大于设定的尺度面积参数，则停止生长。实验结果表明该算法能获得不同尺度下的分割结果且分割效率高，分割效果好。翟辉琴（2005）针对遥感影像上水域纹理比较细腻、灰度比较均匀的特点，提出了单一型链接区域生长和质心型链接区域生长相结合的区域生长技术，得到局部均匀性和整体均匀性都比较好的区域，实现了面状水体的提取，然后通过矢量跟踪得到水体边界。谢明鸿等（2007）采用基于灰度值的区域生长算法，利用像素值统计信息自动定位一个初始种子点区域，并计算初始均值 M 与初始阈值 T，然后不断更新 M 和 T 进行海域点增长，得到连通海域；通过对连通海域进行轮廓边界跟踪，得到水边线的具体位置。张继领等（2015）提出了一种基于边缘引导约束的海岸线提取方法，选择利用梯度算子卷积运算得到的梯度影像作为处理对象，通过边缘像素点和灰度差阈值引导种子点进行生长，提取包括滩涂在内的水域或其他地物，然后通过轮廓跟踪提取生长区域的边界，得到海岸线的准确位置。詹雅婷等（2017）以 HJ-1B/IRS 传感器影像为处理对象，构建了水边线提取的光谱角度–距离相似度模型，以多光谱像元归一化辐射值为向量元素，采用迭代方式分析水体样本像元与周边八邻域相邻像元的角度–距离相似性，通过相似性约束对水体样本进行区域生长，以获取水陆分界线。该模型与传统的边缘检测算子相比，具有提取水边线结果纯净、后续处理少的优点。

综上可知，区域生长算法的优势在于通常能够将图像中具有相同特征的连通区域分割出来，提供很好的图像分割结果和区域边界信息，并且生长过程中的生长准则可以由多个准则组合、自由指定，因此利用区域生长算法检测水边线，结果比较精确和稳定。但是该算法存在以下不足：①计算代价大，图像噪声和灰度不均一都可能导致空洞和过分割；②抗噪性能较差，如果图像中存在阴影，往往区域生长效果不是很好，种子点附近个别像元灰度值的突变极易造成水边线的偏移，同时在图像局部方差比较大的情况下水边线提取效果也会变差；③阈值较难选择，阈值选择得当与否将直接影响到区域的大小，即均匀性。针对遥感影像的多峰直方图采用近邻函数准则聚类来求取阈值是一种可选方案。

3）边缘检测法

图像的边缘对应着图像灰度的不连续性，是图像局部灰度变化最显著的部分。边缘检测法是通过检测图像中每个像素与其直接邻域的状态，根据边界上像元点邻域的像元灰度值变化较大的原理，判断该像素是否处于边界上。因此，边缘检测法的主要思想是先在图像中检测出水陆边界的边缘点，然后再按一定策略连接相邻边缘点，形成水陆边界轮廓线。图像边缘检测的方式很多，大多采用基于方向导数掩模求卷积的方法，通过一定的边缘算子搜索图像灰度值发生阶跃变化的位置来实现水边线提取，常用的边缘检测算子有微分边缘算子和各种形态学算子，如 Prewitt、Kirch、LoG、Laplace-Gauss、Sobel、Roberts 及 Canny 等（段瑞玲等，2005）。由于边缘检测法通常利用的是图像灰度梯度变化信息，不需要考虑岸线背景差异，因此获得的水边线位置一般较为准确。

利用边缘检测法，韩震等（2005）以 Landsat 影像数据和合成孔径雷达（ERS-2 SAR）数据为信息源，分别采用 Laplace-Gauss 算子、Roberts 算子和 Sobel 算子提取了悬浮泥沙含量较高的长江口九段沙淤泥质滩涂水边线信息，认为提取效果最好的是 Sobel 算子，其次为 Roberts 算子，Laplace-Gauss 算子提取的水边线最不清晰，同时指出水体的高悬沙量特性对水边线信息的遥感提取有相当大的影响。荆浩等（2006）借鉴主动轮廓的思想，设计出一种轮廓逼近方法，先用 Roberts 算子提取海岸区域图像的梯度，进行自动阈值分割；进而用轮廓跟踪法得到水边线的粗略位置，最终根据遥感图像的梯度强度对粗略的水边线进行调整，得到精确的水边线。马小峰等（2007a）首先借助数字图像处理技术对不同类型海岸的图像进行针对性预处理，然后分别使用多种算子对图像进行边缘检测试验，发现 Canny 算子对阶梯型边缘检测有最好的效果，而卫星图像中的水陆分界线基本都是阶梯型边缘，因此 Canny 算子可作为卫星图像中海岸线自动提取的基本算法。王李娟等（2010）利用 Landsat ETM+ 遥感影像数据，分别运用 Sobel 算子和改进的归一化差值水体指数法（MNDWI）对黄河三角洲人工海岸和淤泥质海岸进行海岸线提取研究，对比了这两种算法的准确度，认为 Sobel 算子提取的海岸线准确度更高，在淤泥质海岸岸线提取中表现得更为明显。

一般的边缘检测法都是基于灰度图像，而彩色图像颜色更丰富，能够提供更多的边缘信息，因此可以利用颜色梯度提取边缘。张朝阳等（2005）探讨了基于色差的 Canny 算子自适应边缘提取算法进行海岸线遥感提取，结果表明该方法同时兼顾了梯度幅值计算中边缘定位准确和抑制噪声的要求，边缘信息定位精度高，且能够剔除假边缘信息，在海岸线提取中取得了很好的效果。该方法对影像上目标较少、特征简单的边缘提取效果较好，但是对于地物复杂、边缘特征或线特征破碎的遥感影像，存在对噪声过于敏感以及不能充分顾及局部边缘特征信息的缺陷。

实际上，不同的边缘检测算子对不同类型的海岸线具有不同的提取效果。对于人工海岸、基岩海岸、砂质海岸等遥感解译标志明显、阶梯形边缘清晰的水陆分界线，边缘检测法提取效果较好，应用也比较成熟，基本能够实现计算机自动提取。而对于淤泥质海岸，由于水陆边界相对模糊，在图像上呈现比较复杂的边缘，自动提取技术不理想。同时，常用的边缘算子算法虽然简单、快速，但是易受遥感影像上噪声点的影响，检测的边缘容易中断，通常需要进行后续的边缘加工处理，以得到完整、连续的水边线。

4）数学形态学法

数学形态学（Mathematical Morphology）方法是一种基于集合论的非线性图像处理理论，在图像处理、模式识别和计算机视觉等领域具有广泛的运用。其最基本的数学理论基础是积分几何和随机集论。作为一种数字图像分析的方法，数学形态学法从几何形状和集合的角度

来分析图像，把图像看成是点的集合，通过一个选定的图像"探针"集合，即结构元素，如线形、圆形、矩形、三角形等，对目标物体集合进行开闭运算、腐蚀、膨胀、击中、薄化、厚化等集合运算和操作，在图像中不断地移动结构元素，以突出所需信息，实现对海岸线的提取（申家双等，2009）。

在水边线遥感提取中，王宇等（2003）利用数学形态学对某一类特定目标进行减弱或加强的特性，提出了一种利用灰度形态变换原理进行海岸线检测的算法，首先利用开－闭形态滤波器降低输入图像的噪声，然后将二值图像的边缘提取算法推广到灰度图像中加以应用，对 Landsat-7 近红外图像进行了水边线提取。张明明等（2003）根据数学形态学知识选取极低点，然后以极低点为中心，通过八邻域膨胀得到分割区域，实现了从遥感影像水系图提取流域边界，达到了较好的效果。张晓贤等（2011）提出了基于数学形态学的图像矢量化方法，首先应用基于 4 结构元素模板的图像边缘检测算法，得到较为完善的边缘检测图像；然后应用基于 8 结构元素模板的形态序贯同伦骨架抽取算法，保留边缘骨架上细线的端点和孤立的端点；最后应用动态变步长保精度跟踪矢量化方法，实现图像边缘矢量化，取得了良好的效果。

数学形态学算法反映的是一幅图像中像素点之间的逻辑关系，因此能够通过有针对性地选择结构元素和变换方式，对特定目标进行变换，描述和定义图像中的各种几何参数与特征，突出所需信息，而且该运算具有并行性，计算简便，并行快速，能实现海岸线提取的快速完成。

5）小波变换方法

由于遥感图像中海水与陆地的灰度值差异，把海水和陆地的灰度值转化为数字信号后，在海陆交界处会有明显的奇异性（不连续性）。利用小波技术对这种数字信号进行分析，沿由海向陆的方向计算图像的奇异点，并把它们依次连接起来，就可以确定出海岸线的位置（马小峰等，2007b）。由于小波变换具有平移和伸缩的不变性，能够将一个信号分解成对空间和尺度的独立贡献，同时又不丢失原始信号的信息，因此基于小波分析的边缘检测算法能够克服传统算法对图像的质量要求，很好地保证所得提取边缘的精度。

鉴于小波变换后的奇异点不都是海岸线上的点，冯兰娣等（2002）使用高斯函数的一阶导数作为小波变换函数的核函数，在对黄河三角洲的 Landsat 近红外遥感图像作小波变换后，通过滤除小波变换模式的极值点，得到图像水边线的候选边缘点，然后再经过滤波得到图像的边缘。该研究表明基于小波变换的检测提取要优于经典边缘检测算子的提取。庄翠蓉（2009）根据不同海岸类型的地貌特点，采用不同的海岸线解译方法，完成了厦门地区海岸线提取及岸线变迁原因分析，认为人工海岸、基岩海岸、砂质海岸和红土海岸的海岸线解译标志明显，可采用 Roberts 算子和 Sobel 算子进行边缘检测，实现计算机自动提取；而淤泥质海岸在遥感影像上呈现复杂的边缘，没有合适的线性特征自动提取方法，可尝试采用小波多尺度边缘检测方法，基于灰度形态学（Grayscale Morphology）特征实现潮滩水边线的提取。郭衍游等（2009）选取 2005 年的 Landsat TM 遥感影像数据，利用 harr 小波变换方法对影像进行增强处理，然后用目视解译法确定水陆分界线的位置，提取了连云港海岸线，并用 GPS 对海岸线进行了实地观测，检验了该方法的有效性。

小波变换具有时频局部化和多尺度性，时频局部化使小波变换具有可调的时频窗口来逼近信号的细节部分；多尺度特性能使边缘信号与噪声信号逐步分离开来。由于融合了图像的局部特性与多尺度特性，保证了海岸线提取的连续性，因此小波变换方法在遥感影像海岸线解译的精度方面有所提高（杜涛等，1999；丁亚杰，2011）。但是当沿岸海域有导流堤、排污口等干扰时，高细节区会形成碎边缘片段，水边线难以连续。这时采用形态学方式，将碎区域合并后再进行多尺度边缘检测，可以在保持空间位置大致不变的情况下解决水边线提取过程中的不连续问题。

6）神经网络分类法

神经网络分类法是对人类神经系统一阶近似的数学模型，被广泛用于解决各类非线性问题。人工神经网络遥感分类是利用人工神经网络技术的并行分布式知识处理手段，实现对影像的视觉识别和并行推理。目前应用广泛的神经网络包括自适应共振神经网络（Adaptive Resonance Theory，ART）、双向联想记忆神经网络（Bidirectional Associative Memory，BAM）、自组织特征映射神经网络（Self-Organizing Feature Maps，SOFM）、多层感知分类器（Multi-Layer Perceptron，MLC）、后向反馈神经网络（Back Propagation，BP）、模糊神经网络（Fuzzy Neural Networks，FNN）等。这些算法的区别在于神经网络各层间拓扑关系和学习算法的不同（修丽娜等，2003）。神经网络多采用多层拓扑结构，给定误差精度后，通过多次迭代训练，直到误差稳定，即可用于解决实际问题。该算法的优点是误差能进行后向反馈并具有快速学习功能。

Ryan 等（1991）把神经网络应用到海岸线的提取上，首先对图像进行标准化处理，把图像分块输入到分类器中，完成陆地与海洋的粗分类；然后将水陆边界转化为海岸带条带，利用包容过滤器和设定阈值来确定海岸线，最终用连接算法把散乱的岸线连接起来，得到完整的海岸线。杨虎等（2001）利用 1995 年、1997 年和 2000 年的 Landsat TM 数据、ERS-1 和 RADARSAT 数据，首先通过数据融合处理，改善融合图像的线性结构和构造纹理；然后利用 Sobel 边缘检测算子提取海岸线，利用主成分分析结合 MLC 快速学习神经网络算法（FL）实现土地覆盖分类，对黄河口沙咀海岸线的侵蚀进度和地表覆盖状况进行了动态分析。朱小鸽（2002）将 1973 年、1992 年和 1998 年 3 个时相的 Landsat 卫星影像的近红外波段作为输入，以水体、1973 年以前的陆地、1992 年以前的陆地和 1992—1998 年增长的陆地为输出，经过神经网络的数次训练并反复调整训练区、隐含层及隐含结点数，提取出各个时相的水边线，对我国珠江口、香港和澳门地区的海岸线在近十几年的变化进行检测，并计算了增长的陆地面积，海岸带地物分类精度达到了 90%。

相对于传统的遥感技术海岸线提取方法，神经网络分类法能够对图像信息进行多级、并行和分布式加工和处理，因而具有高度的容错能力和自行发展的适应功能，并能够在运用图像本身特征的基础上，利用以往分类过程中积累的经验，在目标图像信息的引导下，自行修改自身的结构及其识别分类方式，从而获得更准确的结果。因此，对于地物类型相对复杂的海岸，神经网络分类方法提取海岸线具有较好的效果。

2.2.1.2　面向对象的水边线提取

面向对象法是一种新兴的遥感图像解译方法，主要针对高分辨率卫星遥感影像进行水边线提取。该方法通过对影像的分割，使同质像元组成大小不同的地物对象，突破了传统遥感影像分类方法以像元为基本分类和处理单元的局限性，以含有更多语义信息的多个相邻像元组成的斑块对象为处理单元，可以实现较高层次的遥感图像分类和目标地物提取。面向对象的分类方法不仅可以利用影像的光谱值、光谱均值、光谱方差等光谱特征，而且可以利用影

像的斑块面积、形状、矩形度、光滑度、紧凑度、纹理、空间邻接性等空间特征，共同参与图像的分割和分类，并利用多尺度分割来控制斑块对象的大小和数量，实现对不同地物形态的逼近，分类结果避免了斑点噪声，具有良好的整体性，对海洋水体的提取具有良好的分类精度和提取效率。相较于其他以像元为基础进行分类的方法，面向对象方法更为方便，所需时间较少，效率更高，在大范围、海量影像分类中优势明显。

　　贾明明等（2013）以1983—2011年的 Landsat TM 遥感数据和 HJ-1A 遥感数据为基础，采用面向对象的图像分割与分类方法，结合 GIS 空间分析和地图代数功能，提取了杭州湾的海岸线，通过多源遥感数据的地学空间分析，对杭州湾南北两岸共400.3 km的岸线进行了变迁研究，分析了其变迁的位置、长度以及增加和减少的陆地面积。吴小娟等（2015）采用面向对象方法，利用 GF-2 号高分辨率卫星遥感影像在深圳大鹏半岛对海岸线进行了提取应用，并对入海河流河口处的海陆分界线划分进行了初步研究。通过将海岸线提取结果与GF-2 号卫星遥感影像叠加进行验证，认为面向对象方法提取的海岸线结果可靠，且所耗时间短，效率较高。王鹏等（2016）提出了一种半自动的面向对象海岸线提取方法，首先利用商用软件 eCognition 的 MRS 多尺度分割算法进行图像初始分割，通过人机交互的方式进行海、陆人工标记；然后利用区域内的光谱直方图为特征，度量区域间分割对象的相似性，通过迭代合并，逐步将未标记对象合并到已标记对象，最后利用面向对象的监督分类方法，实现水陆分离，同时检测出海岸线。这套算法应用于青岛地区 GF-2 影像数据，分别提取了人工海岸和潮滩海岸，结果表明面向对象的海岸线提取方法具有非参数、通用性强、精度高的特点。

2.2.2　海岸线卫星遥感提取研究

　　当遥感影像比例尺较小，空间分辨率较低时，在基岩海岸、砂质海岸等岸滩较短、坡度较陡的海岸地段，干出滩垂直于海岸线方向的宽度接近或低于影像的空间分辨率时，海岸线的位置可以用水边线的位置替代，此时海岸线的提取即是水边线的提取（申家双等，2009；陈正华等，2011）。当干出滩的宽度远远大于影像分辨率时，比如粉砂淤泥质海岸，潮间带宽度往往有数千米至数十千米，此时干出滩与陆地在影像上有明显的差别，需要在水边线提取的基础上，结合潮位计算和几何关系，推算真正意义上的海岸线，即平均大潮高潮线。目前常用的推算方法有两种：一种是根据遥感瞬时水边线与成像时刻的潮位数据，利用时空插值模型来校正水边线，获得海岸线；另一种是基于多时相水边线构建潮滩 DEM，根据当地平均大潮高潮面与 DEM 的横切，追踪得到海岸线。

2.2.2.1　基于潮位校正的海岸线提取

　　潮位校正方法提取海岸线的关键在于给瞬时水边线赋予遥感影像成像时刻的高程信息。利用此方法提取海岸线的前提是假设地形起伏可忽略不计，通常适用于淤泥质海岸。因为很小的潮差就会导致水边线的平面位置相差甚远，所以利用遥感影像提取海岸线时，必须考虑潮位的影响，对水边线进行潮位校正（申家双等，2009）。潮位校正一般是利用至少两景影像的水边线及其成像时刻的潮位来推算岸滩坡度，并结合平均大潮高潮位的潮位高度，计算出水边线至高潮线的水平距离，从而确定出海岸线的位置，其原理如图2.1所示。

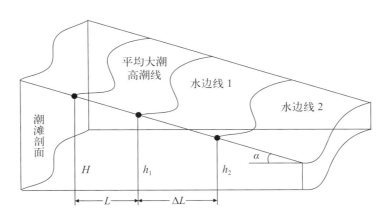

图 2.1   海岸线位置计算原理示意图

首先提取两景影像的水边线,在给定的潮滩剖面上,计算出两条水边线之间的距离,同时确定两条水边线的潮位高度 h_1、h_2,则该剖面的岸滩坡度可以用下式推算:

$$\tan\alpha = \frac{h_1 - h_2}{\Delta L} \tag{2.2}$$

然后结合推算的平均大潮高潮位 H,计算出平均大潮高潮线距水边线的水平距离 L(假定以水边线 1 为参考),推算出该剖面上平均大潮高潮点的位置:

$$L = \frac{H - h_1}{\tan\alpha} \tag{2.3}$$

最后沿海岸线走向方向设置一系列剖面,利用上述的地形坡度 – 距离推算方法,推算出各剖面对应的平均大潮高潮点位置,依次光滑连接形成海岸线。

根据潮位校正原理,黄海军等(1994)使用 3 个年代阶段的 Landsat TM 影像对黄河三角洲地区的海岸线变化进行了动态分析,并考虑了季节和卫星过境时刻潮位的影响,根据影像中水边线的位置和潮位高度计算出海岸的坡度,再利用平均大潮高潮的潮位对某一潮位时图像的水边线进行校正得出海岸线位置,提高了结果的精确度。马小峰等(2007a)首先通过边缘检测法完成卫星图像中水边线的自动提取,然后利用已有的潮位数据与时间进行拟合分析,得到卫星过境时刻的潮位高度,最终根据潮位校正原理得到真正意义上的海岸线位置,实现了海岸线的遥感推算。刘艳霞等(2012)针对潮滩环境中潮汐和坡度变化对海岸线变化监测的影响,提出了一种通过两景影像计算潮滩坡降进而准确获得海岸线的方法,以岸线变化较剧烈的黄河三角洲南部甜水沟口至小清河口的粉砂淤泥质潮滩为例进行应用研究,并利用坡降值估算了潮滩体积。根据遥感影像、实测固定断面数据和水深测量数据的综合分析结果,估算坡降的最小相对误差可达 0.2%,均方根误差小于实测坡降一个数量级,表明选择合适的潮位数据来估算潮滩坡降是可行的。张旭凯等(2013)提出了一种结合海岸类型和潮位校正的海岸线遥感提取方法,利用 SPOT4 高分辨率卫星影像提取瞬时水边线,并根据潮位数据计算潮滩坡降,准确获取了秦皇岛市沿海砂质海岸、基岩海岸、人工海岸和淤泥质海岸的海岸线。根据同时期海岸线实地 GPS 测量数据对遥感提取的海岸线进行精度验证,结果表明,不同类型海岸的海岸线距离误差平均值为 2.78 ~ 5.42 m,标准差为 0.58 ~ 1.52 m。其中经过潮位校正的砂质岸线与实地测量点距离偏差的平均值和标准差都较小,海岸线提取精度较高且提取结果较稳定;相对而言,淤泥质海岸的海岸线提取位置距离偏差最大,提取精度最低。陈玮形等（2017）针对淤泥质海岸潮间带坡度平缓的特点，从多站点潮位插值校正的水边线离散点潮位赋值和岸滩平均坡度计算两个方面对水边线方法进行了改进和完善，并结合潮间带实测坡度资料校正，实现了江苏省中部扁担河口至川东港岸段海岸线的遥感推算及变迁遥感监测研究。

总体来说，通过潮位校正提取海岸线是基于地形横向起伏可以忽略不计的假设，且需有详尽的潮位观测资料，因此主要适用于淤泥质海岸的海岸线推算。此外，瞬时水边线潮高的精确度以及影像的空间分辨率对海岸线提取结果也有较大影响。

2.2.2.2 基于潮间带 DEM 和潮位推算的海岸线提取

淤泥质潮滩通常是指平均大潮高潮线和平均大潮低潮线之间的地带，也称潮间带。作为陆海相互作用的敏感地带，潮滩滩面泥泞，潮沟密布，冲淤变化频繁，是常规地形测量的困难地区。基于潮间带数字高程模型（Digital Elevation Model，DEM）和潮位推算提取海岸线是一种可行的方法，其提取流程如图 2.2 所示。

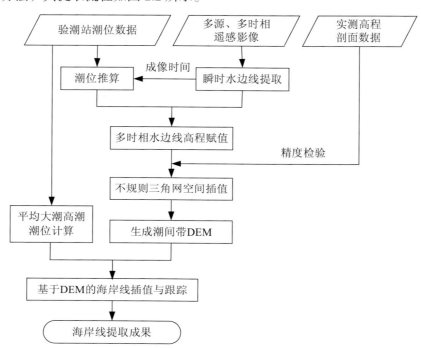

图 2.2　基于潮间带 DEM 和潮位推算的海岸线提取流程

基于潮间带 DEM 和潮位推算的海岸线提取模型的基本假定是：在一定空间范围内，水边线不受潮位变形影响，水边线的位置可以认为是干出滩上高程一致的点连接而成的等高线。在上述假设条件下，利用由多时相的遥感影像提取的水边线信息，结合验潮站潮位数据（或数值模型模拟的潮位数据）推算出影像成像时刻的水边线高程值，而一系列不同潮位条件下获得的遥感水边线即可形成一系列不同高程的等高线；利用这些等高线和海图的零米线通过空间插值，得到潮间带 DEM；最后根据潮汐模型计算当地平均大潮高潮面的高程，以此高程参考面与 DEM 横切（可用等值线自动跟踪方法），得到海岸线。

Mason 等（1995，1997，1998）首先提出水边线法（Waterline Method）的概念，假设水边线是一条等高线，通过叠加不同潮汐条件下的水边线来生成潮滩数字高程模型。Chen 等

（1998）尝试利用多时相卫星影像检测潮滩水边线的变化，并用 SPOT 数据构建了台湾沿岸潮滩 DEM，估算了海岸线的侵蚀情况。Ryu 等（2008）在充分考虑潮滩环境要素如潮汐条件、潮滩出露时间、滩面表层残留水、近岸水体含沙量等的基础上，利用多时相 Landsat TM 卫星影像数据和断面高程实测数据，提取了韩国 Gomso 海湾的多时相水边线，构建了潮滩 DEM，DEM 高程均方根误差为 10.9 cm。利用构建的两个 DEM 进行空间对比，定量分析了岸滩的动态变化，结果表明卫星遥感是潮滩长期形态变化估计的有效手段。

在国内，郑宗生等（2007）选择崇明东滩为试验区，依据长江口 1999—2004 年多时相遥感影像光谱特征，对不同潮情影像采用不同波段提取水边线，同时以四条实测高程剖面中的两条作为控制剖面，对具有高程信息的水边线采用不规则三角网方法构建了 DEM，并利用剩余的两条实测剖面检验了所构建 DEM 的精度，其均方根误差分别为 0.4 m 和 0.7 m。研究结果表明，该方法在一定程度上克服了潮汐资料缺乏的缺点，提高了遥感影像提取水边线对潮滩高程反演的精度。沈芳等（2008）讨论了采用多时相卫星影像提取潮滩水边线并以此构建潮滩 DEM 的方法，采用 GIS 技术对提取的水边线赋予卫星过境时的瞬时潮位值，然后通过不规则三角网插值生成潮滩 DEM，反演淤泥质潮滩地形。为了消除数学模拟的异常，在构建 DEM 之前，通过人工编辑来适当减轻由于潮滩上狭长潮沟的存在而造成的水边线交叉或叠合影响，提高了生成 DEM 的合理性。刘善伟等（2011）以 SPOT5 融合影像为例，针对纯遥感手段提取海岸线的不足，提出结合精细 DEM 数据提取海岸线的方法，并对所提取的海岸线利用基于砂质岸线解译标志提取的海岸线进行了精度验证，结果表明，在青岛地区的基岩岸线和砂质岸线提取实验中，遥感海岸线的绝对定位精度优于 5 m，满足 1：10 000 比例尺的制图精度要求。吴迪（2013）采用多源多时相遥感影像，在研究中首先构建了多算法水边线提取适配模型，实现了潮滩弱边界序列水边线的快速高效提取；然后应用近海高精度潮位网格推算水边点高程，解算到水边点高程空间结构模型中；在此基础上深入分析水边点高程的水文异常情况，基于地学理解对水边点高程值进行定性定量评价，剔除水边点高程异常值，构建出可信度高的渤海湾淤泥质潮滩数字地形模型。该 DEM 模型可有效进行大范围潮滩的动态监测及历史重建，为困难的潮滩地形测绘提供定量化解决方案。倪绍起等（2013）提出一种利用机载 LiDAR 数据的点云进行三角网内插并与潮汐推算模型相结合的方法，用于砂质岸线和基岩岸线的提取。

可以看到，基于潮间带 DEM 和潮位推算方法提取海岸线的关键在于潮滩 DEM 的高精度构建。首先，要有足够多时相的水边线，并且各水边线的平面位置相对比较离散，提取的水边线离散点能够满足空间插值形成 DEM 的数据需求；其次，用于提取水边线的最早一期和最晚一期影像的时间间隔应该相对较近，在短时间段内潮间带的地形不至于发生明显冲淤变化；最后，一般来说，平均大潮高潮线的水位会高于大部分水边线的水位，单纯利用遥感数据提取水边线构造 DEM 的高程，可能会低于平均大潮高潮面，需要借助其他手段得到潮上带部分的高程，参与 DEM 的插值，因此对于水边线所涵盖范围以外构建的 DEM 部分可能存在误差。

2.3 岸线岸滩动态变化遥感监测应用现状

海岸线不仅标识了沿海地区的水陆分界线，而且蕴含着丰富的环境信息，其变化直接影响潮间带滩涂资源量及海岸带环境，将引起海岸带多种资源与生态过程的改变，影响沿海居

民的生存发展（徐进勇等，2013）。海岸带不稳定的明显标志就是海岸线形状与长度变化及与之相关的陆地淤蚀（严海兵等，2009）。因此，海岸线的变化、岸滩的侵蚀与淤长近年来一直是全世界广为关注和研究的问题之一。利用遥感技术提取海岸线，结合 GIS 技术分析岸线岸滩的动态变化，研究其驱动因素，对海域使用和管理具有十分重要的意义，也对了解海岸带生态环境变化乃至全球变化具有重要意义。

2.3.1 国外应用现状

众多国际组织和各国政府开展了丰富的海岸研究工作。1972 年，国际地理学会成立了"海洋侵蚀动态工作组"，对海岸侵蚀进行国际合作研究（沈焕庭等，2006）。在全球气候变化背景下，国际地圈生物圈计划（IGBP）将海岸带陆海相互作用（LOICZ）作为其核心计划之一，其研究的重心就是居于界面位置的海岸带（栗云召等，2012）。遥感技术相对成熟以后，美国几乎所有较大规模的近岸海区资源调查和开发规划均采用了遥感数据和常规数据相结合的方法，且调查结果多共享给有关部门使用。例如：美国国家海洋和大气管理局（NOAA）的 C-CUP（Coastal Change Analysis Program）利用 Landsat TM、SPOT 等遥感影像和航空像片作数据源，实时监测美国海岸湿地的变化。

国外学者对海岸线变迁分析的研究开展较早，主要研究成果有：Rao 等（1985）以喀拉拉邦海岸为例，探讨了 Landsat 影像和航空影像在评估和监测岸线变化时的可用性。Blodget 等（1991）利用 1972—1987 年的 Landsat MSS 影像监测了埃及尼罗河三角洲罗塞塔海角岸线的变化，并以 1972 年的海岸线为基准，进行了海岸带冲淤变化制图。Chen 等（1998）提出了一种利用卫星影像和潮汐测量数据监测岸线变化的方法，根据多时相 SPOT 影像提取出水边线，结合潮位校正形成等高线，构建了 DTM（Digital Terrain Model），然后用历史时期卫星影像提取的海岸线和由 DTM 追踪的同期海岸线进行对比分析，试验区的面积误差为 7.6% ~ 12.5%。

进入 21 世纪以来，Fromard 等（2004）利用遥感影像和现场数据研究了法国 Sinnamary 河口 50 年来的海岸变化及与红树林恢复和补给过程的关系。Ekercin（2007）利用 1975—2001 年的 Landsat MSS、TM 和 ETM+ 影像，监测了土耳其爱琴海海岸的岸线变化。Kuleli（2010）由 1972 年的 Landsat MSS 数据、1987 年的 Landsat TM 数据和 2002 年的 Landsat ETM+ 数据自动提取出土耳其东南部地中海海岸的岸线，利用美国地质调查局（USGS）的数字岸线分析系统 DSAS（Digital Shoreline Analysis System）定量分析了海岸线变化。Sener 等（2010）利用 Landsat MSS、TM、ETM+ 和 ASTER 卫星数据监测了土耳其西南部 Aksehir 湖和 Eber 湖的岸线变化，从地质、水文等方面分析了岸线变化的原因。Mujabar 等（2013）利用 Landsat 卫星和印度 IRS 卫星影像数据提取岸线，用 DSAS 软件提供的端点变化速率 EPR（End Point Rate）、线性回归率 LRR（Linear Regression Rate）、最小中位数平方回归率 LMS（Least Median of Square）和折剪率 JKR（Jackknifing Rate）等指标，分析了印度 Kanyakumari 和 Tuticorin 之间的海岸淤蚀变化。Rahman 等（2011）利用 Landsat 卫星影像提取的海岸线，分析了 Sundarbans 地区岸线的变迁速率及其变化方向。Nebel 等（2012）利用历史地形图数据、航空影像、高分辨率卫星影像数据和 GPS 测量数据，结合 ArcMAP 和 DSAS 软件，对 Cedar 岛 1852—2007 年的岸线变化进行了分析。Ghosh 等（2015）通过 1989—2010 年的 Landsat TM 影像监测了孟加拉国南部哈提亚岛（hatiya）岸线的变化，分析了海岸的侵蚀和淤积状况。

2.3.2 国内应用现状

1949 年之前，我国自主对近海及海岸地形地貌的调查研究基本处于空白状态。20 世纪 20 年代，日本、英国、苏联等国为编制航海图和水路志，对我国海域进行了调查（刘忠臣等，2005）。1949 年之后，随着国家经济建设和国防建设的需要，对海岸线的调查随之不断深化与发展，在已组织的全国性海洋综合调查中有关海岸线的调查主要包括（孙伟富，2010）：①全国海岸带和海涂资源综合调查，其首次调查是 1960 年，第二次调查是 1966—1970 年，第三次调查是 1980—1986 年；②全国海岛资源调查中的海岸线调查，在 1988—1995 年的"全国海岛资源综合调查和开发试验"中，对我国海岛岸线情况进行了调查；③我国近海海洋综合调查与评价专项中的海岸线调查（2003 年的 908 专项），对 2006 年前后的全国海岸线进行了一次系统调查。

国内学者利用遥感技术开展全国沿海典型地理单元及行政区域的海岸线变迁研究工作起始于 20 世纪 80 年代。主要成果有：施纪青（1987）应用 1984 年 4 月杭州湾彩色红外像片和多时相卫片，经光学图像处理后，用目视解译法提取海岸线，分析了 1975—1984 年杭州湾的岸线、滩地、潮沟和沙洲的演变。冯小铭等（1992）根据 20 世纪 50—80 年代三轮航空照片和卫星影像的解译，结合野外实地考证，分析了南通地区江海岸线近 40 年的变迁，从江海岸的形成背景、地质构造、边界条件、江海岸动力、水文泥沙运动以及人类工程等方面分析了岸线岸滩动态变化差异的原因。黄增等（1996）应用遥感手段结合 GIS 技术，定量评价了秦皇岛海岸侵淤时空演变，并对变化规律和影响因素进行了分析。

夏真等（2000）探讨了以多时相遥感数据为基础开展海岸变迁研究的方法和技术路线，并以大亚湾区域为例，分析了其在 1973 年、1986 年、1995 年和 1997 年 4 个时相间的海岸特征、岸线变迁程度及其与海岸类型、人为活动的关系。常军等（2004）以 1976 年以来的多时相遥感影像为主要数据源，运用平均高潮线法由分类处理后的时间序列影像提取出黄河三角洲的海岸线，分析了黄河河口、钓口河口地区海岸线的演变过程与规律。王琳等（2005）利用 1989—2000 年的 Landsat TM/ETM+ 影像，通过岸线信息提取和变化检测等技术手段，研究了福建省厦门市的岸线变化情况，认为城市用地扩张和养殖业发展是海域面积减少的主要原因，并且面积减少速率有加快的趋势。黄鹄等（2006）利用不同时段的遥感影像、地形图和历史航空相片为数据源，采用建立遥感解译标志的方法，通过目视解译获取了海岸线时空变化资料，分析了广西不同时间段的海岸线变化长度、变化幅度以及岸线形态特征等。袁西龙等（2007）利用卫星遥感影像和实测水深资料，重点分析研究了 1976 年以来黄河三角洲刁口段、新河口段的海岸线冲淤变化规律及过程，并利用岸滩增长面积、岸线位置等分析数据建立自回归模型，预测了河口海岸线的演变趋势。薛允传等（2009）收集了 1976—2000 年现代黄河三角洲的 Landsat 卫星影像，采用平均高潮线法解译出 25 年来的海岸线，分析了现代黄河三角洲地区的岸线长度变化和迁移特征，研究结果对于认识现代黄河三角洲的时空发育规律具有一定的意义。

陈正华等（2011）以 20 世纪 70 年代的地形图为底图，利用 1986 年、1995 年的 Landsat TM 影像数据、2005 年 Aster 影像数据和 2009 年 HJ–1 号影像数据进行目视解译，对浙江省大陆海岸线多年来的变迁进行连续监测，获取了每个时期发生变化岸段、陆地增加面积和分数维情况，分析了海岸线变迁特征和岸线复杂程度变化趋势。栗云召等（2012）采用光谱分

类的方法，利用计算机自动提取结合人工修正，以平均高潮线为岸线，对黄河三角洲的岸线进行提取，得到不同年份黄河三角洲的岸线长度和面积变化数据，分析了岸滩的淤蚀变化和相对淤蚀强度，认为黄河的入海流路、水沙量、降水量等是影响三角洲岸线变化的重要因素，而人工堤坝能够在一定程度上维持海岸线的稳定。李琳等（2012）以鸭绿江口西水道海岸为研究区域，分别利用 1976—2010 年的 Landsat MSS/TM 遥感影像、CBERS-02B 影像和 HJ-1 号影像提取鸭绿江口西水道的岸线，开展了国际河口的海岸线动态监测和变迁研究，分析了 34 年间中方一侧和朝方一侧的岸线变迁情况，研究成果为维护中朝边境地区的国防安全，监测国际河口的国土流失、主流改道和边界稳定状况提供了依据。姚晓静等（2013）基于遥感与 GIS 技术，提取了海南岛 1980 年、1990 年、2000 年、2010 年 4 个时期的海岸线，对其 30 年来的时空变化特征进行了系统分析，结果表明海南岛的海岸线变化主要受人为因素影响，变化比较剧烈的岸段多分布在地势较为平缓的南部地区，以海水养殖、工业用地、城镇与港口建设用地等方式占用海域，海岸线长度显著增加。刘雪等（2013）利用 Landsat 影像获得了长江口南北两岸 1987—2010 年的岸线演变信息，发现近 20 多年来，长江口南北两岸岸线总长度和高潮线以上的陆地面积均有不同程度的增加，其中以海门市南部海岸、崇明岛北岸和东岸、浦东新区东部岸段、长兴岛北部和横沙岛东部岸段变化最为明显，并以不同的速度向海淤进，而造成岸线变化的主要原因是长江输沙、港口建设和围填海工程建设。徐进勇等（2013）分析了中国北方辽宁省、河北省、天津市和山东省 2000 年、2005 年、2008 年、2010 年、2011 年与 2012 年共 6 期大陆海岸线的长度与形态的变化，探讨了海岸线长度变化与分形维数变化之间的关系，结合海岸线变迁范围内的土地利用变化阐述了导致海岸线动态变化的原因，认为人类工程建设是中国北方海岸线变化最主要的影响因素，占前三位的是港口建设、渔业设施建设以及盐场建设。与人类活动影响相比，自然变化如河口淤积与侵蚀等对海岸线的影响较小。李秀梅等（2013）选用 2000 年、2005 年和 2010 年 3 期 Landsat TM/ETM+ 数据，通过人机交互解译方法和 GIS 空间分析技术，完成了渤海湾海岸线的提取和沿岸部分区域的土地分类，分析了渤海湾海岸线变迁规律，揭示了该区域土地利用变化的幅度、速度和区域差异，认为引起变化的主要驱动因素是人类经济活动带来的过度开发。孙晓宇等（2014）利用多期遥感数据，以两年为时间步长提取了 2000—2010 年各时期渤海湾的海岸线空间位置、长度以及结构信息，以岸线长度和陆地面积增长为数量指标对海岸线的时空变迁过程进行了定量分析，发现研究期内渤海湾岸线变化显著，陆地面积增加近千平方千米，增加的岸线几乎全部为人工岸线，自然岸线变化微弱。海岸线变迁的主要驱动力表现为前期的围垦养殖以及中后期的工业园区和港口建设。陈晓英等（2015）以 Landsat MSS/TM/ETM+ 影像和 OLI 影像为主要数据源，采用人机交互的方式提取 1973—2013 年的 4 期三门湾大陆岸线，获得了岸线长度以及陆地变化面积等信息，以县级市为单位分段分析了海岸线时空变化特征，并结合研究区新增土地利用类型的解译结果，系统分析了三门湾地区的多样化海岸开发方式。

在岸线岸滩变化分析和海岸线变化趋势预测方面，吕京福等（2003）以山东日照地区为例，详细分析了端点法、平均速率法、线性回归法和多元回归法计算海岸线变化速率的特点及其影响因素。认为对于线性均变海岸，可根据从简有效的原则选择计算方法；振荡性和过渡性海岸应综合使用各种计算方法，尽量以多元回归法取代线性回归法来反映岸线变化规律。计算过程中使用的数据总量、取样频度、总采样时间长度、数据精度等均会影响到海岸线变化统计结果的精度。李行等（2010）利用面向对象的方法，选取 1987—2006 年的 6 景 TM 卫星影像数据提取了上海崇明东滩岸线，提出基于地形梯度的正交断面方法对岸线演变进行分析，并构建了基于图形学的分析预测模型，预测了 2010 年和 2015 年的岸线位置。孙才志等（2010）以 10 期 Landsat 影像数据和 CBERS 影像数据为数据源，通过人机交互解译方式提取辽宁省海岸线，对其进行了定性和定量分析，并建立了海岸线与自然、经济和社会因素的灰色关联模型，探究了海岸线变化驱动因素。赵宗泽等（2013）以 Landsat MSS/TM/ETM+ 影像为数据源，利用目视解译方法提取了 1983 年、1993 年、2001 年和 2010 年湄洲湾 4 期海岸线，利用基线法和面积法分析了海岸线的变迁情况，计算了反映岸线曲折度的岸线曲率。结果表明，近 30 年来湄洲湾海岸线整体一直处于向海增长态势，海岸线长度整体增加，曲折度增大，海湾面积减少，围填海养殖、港口建设是岸线变化的主要因素。孙丽娥（2013）利用 Landsat 影像数据、CBERS 影像数据和 HJ-1 号影像数据提取了 1987 年、1995 年、2003/2004 年、2012 年的浙江省大陆海岸线，统计了岸线位置、长度和类型等基本信息，采用基线法和面积法定量分析了浙江省嘉兴市、杭州市、绍兴市、宁波市、台州市和温州市的岸线变迁速率及陆地面积变化，认为人类活动中沿海工业区建设，港口、码头、造船厂建设及沿海养殖是浙江省大陆岸线变迁的主要因素，入海泥沙、沿岸地形、海岸地质地貌、海水动力因素等是岸线变迁的自然驱动因素。

2.4 江苏省岸线岸滩动态变化研究进展

江苏省拥有宽阔平坦的粉砂淤泥质海岸，在人类活动和自然因素的共同作用下，近年来江苏省大陆海岸的岸线岸滩发生着明显的变化。国内学者利用历史资料、现场数据和遥感影像数据对江苏省海岸变化做了大量研究。历史地形图、海图等历史资料以及现场实测数据是研究海岸变化的重要资料来源，特别是研究陆地观测卫星发射之前的海岸变化。

郭瑞祥（1980）系统研究了历史时期江苏省海岸演变和现代地貌特征，认为江苏省海岸自新石器时期到现在几经"沧桑"交替，海岸轮廓线、海岸动态和沉积物质经常改变，江苏省北部、中部海岸变化主要是黄河尾闾南北摆荡所造成的，南部为长江淤积而成。张忍顺（1984a）通过对苏北沿海古墩台及地名进行现场考察和历史典籍考证，研究了该地区海岸的历史变迁，分析了苏北沿海地区的成陆过程，认为苏北海岸原属堡岛海岸，黄河夺淮入海期间演变为淤泥质平原海岸，黄河北归使海岸动态开始了新的调整过程。张忍顺等（1984b，1988）进一步对弶港辐射沙洲及其内缘区海岸的发育和演变行为进行了研究，认为弶港海岸是强烈淤进型海岸，废黄河入海泥沙的重新调整和分配促使了辐射沙洲的南移以及相对应的废黄河口以南蚀积分界点的南移。陈才俊（1990）根据多年潮滩连续观测资料和有关地形测量资料，计算出灌河口至长江口潮滩的淤蚀速度，分析了潮滩的淤蚀特征和变化趋势。虞志英等（1994）对江苏省北部开敞淤泥质海岸的侵蚀过程进行了定量模拟，结果表明江苏省北部淤泥质海岸仍处于侵蚀过程中，主要原因是近岸破波对岸滩物质的冲刷和潮流的输移扩散作用，提出需要采用人工护岸措施来防护海岸。张忍顺等（2002）提出江苏省的侵蚀岸段分为 4 段，即废黄河三角洲海岸、弶港海岸、吕四海岸及北部海州湾砂质海岸，并指出各段海岸侵蚀原因不同。其中，废黄河三角洲海岸是因黄河改道失去泥沙来源；吕四和弶港海岸则是辐射沙洲调整过程中滨岸水道的向岸移动造成的；北部海州湾砂岸是因为人类活动的干扰。

预计全球性海平面上升将加剧江苏省海岸的侵蚀过程，侵蚀海岸的长度将进一步增加。张晓祥等（2014）综合整理了公开出版和发行的历史地图数据、现代测绘地形图成果以及卫星遥感影像数据，得到南宋以来近 1 000 年江苏省海岸带的 9 期历史海岸线数据。以范公堤为起算基线，采用 DSAS 软件分析了江苏省海岸线年际变化率及净变化量。研究结果表明，黄河夺淮的自然环境变化对江苏省沿海地区的海岸线变迁有着根本性的影响，近 1 000 年来整个江苏省沿海都呈现向海推进的趋势与"黄海夺淮"息息相关。而从清道光时期（约 1855 年）起，因为黄河北归山东入海，上游来沙停止，海岸线东移现象逐渐停止，转向向内侵蚀，其中滨海县的废黄河口地区侵蚀最为严重。

随着遥感技术的不断发展，20 世纪 90 年代以来，应用遥感技术开展江苏省海岸动态变化监测的研究工作不断深入。代表性的研究有：陈乐平（1992）采用 20 世纪 50 年代、60 年代、80 年代的航空影像作多时相动态分析，划分了江苏省海岸的蚀淤类型及分布岸段，认为蚀淤调整的结果将使江苏省海岸线在数十年后趋于平直。蔡则健等（2002）根据史料记载，分析了江苏省历史岸线和近代岸线的变迁，并利用 3 期卫星遥感影像对 20 世纪 70 年代以来（1976—1997 年）20 余年的江苏省海岸线演变特点和趋势作了定量和定性分析，认为近 150 年以来，江苏省海岸线经过自然力的塑造已渐趋顺直，特别是近 20 年以来人类进行的海堤达标工程，不但有效防止了风暴潮的侵袭和破坏，而且对长期处于侵蚀后退过程中的岸线起到永久性节制作用。张旸等（2009）基于遥感和 GIS 技术，使用苏北废黄河三角洲海岸地区 1978 年、1987 年和 2000 年的 Landsat 卫星影像数据提取海岸线信息，建立了岸线变化距离及增速衡量指标，定量分析了废黄河三角洲海岸的面积变化特征、典型侵蚀岸段的时空变化格局以及分布特征。研究结果表明，废黄河三角洲海岸的自然侵蚀速率呈减小趋势，但侵蚀作用仍在继续，侵蚀强度以废黄河口地区为中心，向南北两侧逐渐减弱。人工保滩护岸措施在一定程度上影响了自然侵蚀格局。

周良勇等（2010）利用 1985 年、1992 年和 2002 年的 Landsat 影像数据，提取了盐城和南通地区的海岸线和海岸大坝，通过对历史图件和遥感提取结果的对比，分析了岸线变化、滩涂围垦变化和港口大堤对沉积物搬运的影响，结果显示射阳河口至弶港的海岸淤积明显，但是围海开发速度也明显加快。刘燕春等（2010）利用 1995 年、1999 年和 2003 年的 3 景 Landsat TM 影像，提取人工岸线作为海岸线，提取植被痕迹线作为潮滩岸线，分析了射阳河口两侧岸滩的演变状况，结果表明海岸线仅在南大港到沙港段随人工海堤的外推向海推进，潮滩岸线在北岸持续蚀退，在南岸持续淤长。王志明等（2011）采用目视解译方法提取了 1987—2007 年江苏省海岸线长度和沿海滩涂面积变化数据，发现近 20 年来江苏省滩涂面积不断增加，海岸线长度呈先减后增但总体减少的格局，岸线岸滩的变化与海岸带的岸段类型有密切关系，其中稳定型岸段基本没有变化；侵蚀型岸段由于修建了海堤，海岸线的变化不大，滩涂面积少量缩减；淤积型岸段滩涂面积增加。李静等（2012）收集整理了 2007—2010 年盐城沿海的实测海岸线数据、地形图和影像数据，得到 3 个时相的海岸线，选择了 3 个变化明显的典型区域，研究了海岸线形态变化及淤长状况，结合特定时期人类活动的影响以及自然状况，分析了整个盐城海岸线的变迁原因，认为人类活动影响下盐城海岸线的长度缩短，射阳河口北部海岸自然曲折，岸线变化缓慢；南部平直化程度加剧，岸线淤长速率变化幅度较大，并且不同时期、不同岸段的差异较大。陆晓燕等（2012）利用 2000 年、2003 年、2006 年和 2009 年的遥感影像，采用目视解译方法对江苏省盐城至南通段多年来的海岸线和滩涂围垦进行了连续监测，以 2000 年的岸线为基准，分析了其余 3 期海岸线的向海推进距离、年均推进速率及相应的滩涂分布，发现该岸段内围垦工程的开展存在着潜在的人工调控机制，总体上体现了围垦—修养—再围垦的开发模式，实际上可认为是沿海省市大力推进滩涂围垦规划、有计划地利用滩涂资源的结果。杨智翔（2013）利用 1975 年、1984 年、1992 年、2002 年和 2009 年 5 个时相的多源遥感影像也对江苏省盐城—南通段海岸线变迁与滩涂围垦情况进行了动态监测，获取了每个时期发生变化的岸段、滩涂围垦面积等信息，并结合 GIS 空间分析工具进行了定量分析，发现盐城—南通岸段岸线向海推进速率表现出先快后慢再全面加速的变化趋势，海岸线向海域推进的速度与该地区的滩涂围垦开发程度直接相关，海岸线推进速度越快，该区域的滩涂围垦面积越大。李行等（2014）以江苏省海岸 1973—2012 年的 Landsat 遥感影像为数据源，利用遥感和 GIS 技术对江苏省海岸线的时空变化进行了分析，认为显著侵蚀岸段以废黄河口为中心，主要分布在新淮河口至双洋河口之间，最大侵蚀速率（23.37 ± 11.92）m/a，位于废黄河口南侧；淤长岸段以弶港为中心，主要分布在运粮河口至新中港之间，最大淤长速率（445.37 ± 66.80）m/a，位于射阳河口南侧；其他岸段以稳定岸段与淤长岸段相间存在。围垦是导致江苏省海岸线变化的主要因素。闫秋双（2014）利用 1973 年、1981 年、1990 年、2002 年和 2013 年 5 期 Landsat 影像提取了苏沪大陆海岸的岸线和围填海信息，计算了岸线变迁速率、陆地变化面积和围填海面积，分析了苏沪大陆海岸 40 年间海岸淤蚀变化的时空特征。研究发现 1973—2013 年苏沪大陆海岸总体上呈陆地面积增加、岸线向海推进的态势，且推进速度呈减小—增大—缓慢增大的变化趋势。分岸段来看，除废黄河口岸段总体呈侵蚀态势外，海州湾岸段、辐射沙洲内侧海岸、长江口海岸等均向海推进，其中辐射沙洲内侧海岸推进速度最快。海岸快速淤进的主要原因是由围海养殖、港口码头建设等人类活动引起，侵蚀主要是由黄河改道，入海泥沙减少等自然因素导致。赵建华等（2016）以 1979—2012 年 6 期 Landsat 遥感影像和 HJ-1A/B 遥感影像为数据源，利用遥感和 GIS 技术对射阳河口至北坎尖之间的海岸线变迁和潮滩围垦动态进行了定量分析，发现江苏省中部岸段向海推进显著，岸线长度及曲折度在推进过程中总体呈减小趋势，海岸线向海推进速率呈先增大后减缓的趋势。王靖雯等（2017）利用 1995 年、2000 年、2005 年、2010 年和 2015 年的多期 Landsat TM 及 OLI 遥感数据，采用基于潮位校正的方法推算得到海岸线，对盐城沿海潮间带进行了遥感监测和分析。监测发现，1995 年以来盐城滨海潮间带面积减少 47%，其中 1995—2000 年潮间带面积减幅最大。虽然潮汐造成的泥沙淤积作用使滩涂面积增加、潮间带整体向海推进，但海平面上升和滨海湿地的大量围垦和海堤修建等造成了潮间带的挤压效应，使得潮间带面积迅速减小，因此潮间带变化与滨海的围垦开发息息相关。陈玮彤等（2017）选择江苏省中部冲淤变化频繁、自然岸线保有率较高的扁担河口至川东港岸段开展海岸线变迁遥感监测研究，发现北部扁担河口至射阳河口岸段处于冲刷环境中，大量以养殖塘围堤为主的低标准人工岸线不断被侵蚀后退；中部射阳河口至四卯西河口岸段以海岸线自然状态下的动态变化为主，变化幅度较小；南部四卯西河口至川东港岸段，自然岸段淤长明显，同时人工围垦导致海岸线不断向海推进。根据监测分析结果，新洋河口至斗龙港岸段是研究区由北部侵蚀转向南部淤长的过渡带，整个岸段的蚀淤转换节点有从射阳河口南移的趋势。

　　总体来看，遥感技术的应用为江苏省海岸带变化分析带来了突破性变化。人们得以从宏观大范围、多时间尺度角度去分析江苏省海岸的动态变化过程、变化机理和变化趋势，了解海岸的时空动态变化规律与特征，研究结果也为江苏省海岸带资源的合理开发、利用和保护提供了重要的科学依据。

2.5 研究不足与解决思路

2.5.1 研究不足

近年来，利用遥感技术提取海岸线并分析其动态变化的研究取得了很多有意义的成果，但是综合来看，在方法本身及其应用方面还存在以下 5 点不足。

1）海岸线提取标准不一致

海岸线为平均大潮高潮的潮位线（痕迹线）。部分研究假定影像成像时刻为一般高潮位，从而直接采用遥感影像成像时刻的水边线作为海岸线，这对基岩海岸的岸线提取影响不大。但实际上，潮位是动态变化的，而影像成像时刻相对固定，要使影像成像时刻刚好与平均大潮高潮时刻重合或者相近，可能性微乎其微。因此一般来说，需要对水边线进行潮位校正，推算出真正意义上的海岸线。此外，实地测量时是测量高潮痕迹线还是截取平均大潮高潮线也有待考虑。目前未见关于平均大潮高潮线与痕迹岸线的吻合度分析以及统计计算方法的系统研究，包括潮汐类型、时间跨度（历元）等问题的研究。这造成在相同海岸线的定义下，因施测人员对定义的理解差异、测量时间不同而导致标绘的海岸线间存在较大差异。这不符合测绘对地形要素几何和物理意义准确、唯一表示的要求。尽快出台海岸线实地勘测、遥感推算的技术规程及相关行业标准，规范实际操作，是解决该问题的可行方法。

2）水边线不是一条等高线

在对水边线进行潮位校正时，部分研究假定水边线是一条等高线，利用遥感影像成像时刻的潮位对水边线进行高程赋值，据此构建潮滩 DEM，分析岸线岸滩变化。在进行小范围区域如重点海岸工程区、海岛等的岸线变化监测时，该假定是可行的。但是对于研究空间大范围区域的海岸线变迁分析时，由于地球曲率变化、潮波变形等多种因素的影响，将水边线视为等高线则会带来很大误差。有必要按照合适的空间间隔，将水边线沿走向方向分割成若干段，进行分段潮位校正。

3）岸滩剖面形态多样化

利用多时相水边线推算平均大潮高潮线作为海岸线，需要用到岸滩坡度。目前的海岸线推算方法均采用平均坡度法。但是可以看到，不同冲淤特性岸段具有不同的岸滩坡面形态。图 2.3 显示了 2014—2015 年在射阳河口至东台梁垛河口之间监测的 4 个典型岸滩剖面形态，主要有下凹型（陡坎型）、直线型、双 S 型和上凸型 4 种形态，其中下凹型为典型侵蚀剖面，在滩肩附近有明显陡坎；双 S 型为典型均衡剖面；直线型为过渡剖面；上凸型为典型淤积剖面。因此利用平均坡度法，采用三角换算关系来近似进行海岸线推算，对于直线型剖面岸段是可行的，但对于其他类型的剖面岸段，特别是下凹型断面，则会出现较大误差。

4）陆海垂直基准不统一

利用潮间带 DEM 来推算海岸线，潮间带 DEM 的获取涉及 1985 国家高程基准和海图深度基准（理论最低潮面），而海岸线提取要依据 DEM 和潮汐数据，因此需建立海岸带垂直基准转化模型，实现陆海部分地理信息的融合处理和统一表述。

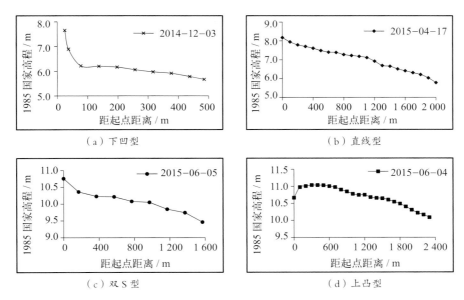

图 2.3　淤泥质海岸岸滩典型坡面形态

5）平面位置精度验证困难

海岸线检测涉及的地理空间尺度一般较大，并且部分海岸带地区特别是淤泥质海岸现场测绘困难，使得海岸线提取结果缺乏必要的精度验证。从已有的研究来看，主要采用的验证方法有：①将高分辨率遥感影像目视解译提取的局部海岸线作为真值，验证 Landsat、HJ-1 号等低分辨率遥感影像提取的海岸线；②将遥感提取的海岸线与原图像进行叠加比较，通过原图像上固定地物如人工岸线、盐生植被岸线、贝壳堤等痕迹线的位置来分析岸线提取的相对误差；③对同一景遥感影像应用多种边缘检测方法提取多条海岸线，根据不同方法提取的岸线结果对比，定性描述海岸线的精度情况；④利用有限的海岸线实地 GPS 测量数据与遥感提取岸线进行叠加，分析海岸带的总体误差状况。但是总体来看，现有验证方法并不能代表现场情况，因此很难准确判别所提取海岸线的平面位置精度。

2.5.2　解决思路

针对现有的海岸线遥感提取方法存在的技术缺陷，本研究以江苏省海岸带为研究区，利用多源、多分辨率卫星遥感解译技术结合地面实测，探究岸线岸滩信息遥感提取技术与方法，形成完整可行的海岸线遥感推算、岸线岸滩动态变化遥感监测技术体系，为江苏省沿海岸滩资源的合理开发利用提供基础数据和分析依据。图 2.4 显示了现行的江苏省岸线岸滩动态变化遥感监测技术方案。

在该技术方案实施过程中，需要重点解决的主要问题有 4 点。①根据江苏省海岸带实际，确立海岸线的定义、组成和分类标准，建立海岸线遥感解译标志。②建立江苏省近海高精度潮波数值模拟模型，实现江苏省沿海潮位过程精确模拟和预报。③针对具有线性边缘特征的岸线对象，研究近岸高含沙水体的水边线精确提取方法，提高水边线自动提取的效率与精度；研究基岩岸线、砂质岸线、植被岸线和人工岸线的遥感识别与提取方法。④通过水边线分割、潮位基面转换以及潮位分带插值处理方法，解决水边线非等高线问题，完成任意岸滩断面的平均坡度推算和平均大潮高、低点位置推算。⑤通过 GIS 空间拓扑分析,形成海岸线合成方法。⑥提取多时相海岸线长度、变化强度等资料,定量计算潮滩资源的侵蚀与淤积速率,结合典型断面的地形复测资料,分析不同时空尺度下的潮滩冲淤变化规律,实现江苏滩涂资源现状和变化趋势的合理评价。

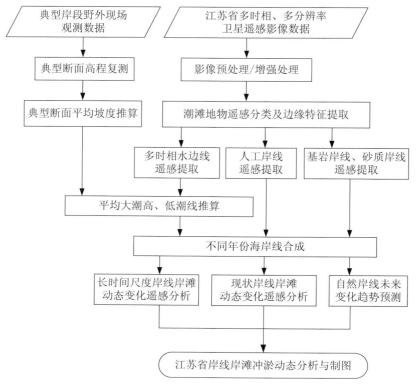

图 2.4 江苏省岸线岸滩遥感动态监测实施思路

按照图 2.4 所示的岸线岸滩遥感动态监测处理思路,具体实施分为以下 4 个部分。

1)数据处理

重点涉及 3 类基础数据,各类数据对应有各自的处理方式:①多时相、多分辨率卫星遥感影像数据;②潮滩野外采样数据,包括典型断面高程复测数据和潮滩高潮痕迹线现场观测点位数据;③潮位数据,包括实测站点潮位过程数据和潮汐表站点潮位过程数据。

2)数据建模

建立 3 类模型,完成海岸线的遥感推算:①海岸带线性地物信息遥感提取模型;②潮位过程推算模型;③平均大潮高、低潮位置推算模型,主要包括潮滩平均坡度推算模型和潮位特征线推算模型。

3)信息提取

利用建立的 3 类模型,进行岸线岸滩特征信息遥感提取,主要包括:①利用海岸带线性地物信息遥感提取模型,实现瞬时水边线、基岩岸线、砂质岸线、植被岸线和人工岸线的遥感提取。②利用潮位过程推算模型,完成江苏省沿海潮位控制站点的潮汐过程推算以及多时相水边线成像时刻的潮位计算。③利用潮滩平均坡度推算模型,基于两时相水边线离散点的潮位数据,推算潮滩平均坡度;利用潮位特征线推算模型,根据三角相似原理,基于实测平均坡度或者两时相水边线推算的平均坡度，推算潮滩的平均大潮高、低潮点位。

4）信息应用

利用不同年份的遥感海岸线，分析江苏省全省及沿海市、县、区的岸线岸滩动态变化，计算岸线冲淤速率，分析岸滩冲刷、淤积强度，制作岸线岸滩冲淤专题图，实现岸线岸滩的遥感监测与动态监管。

2.6 本章小结

本章对岸线岸滩动态变化遥感研究的发展历程和现状进行了分析，介绍了以水边线遥感提取、海岸线推算为代表的岸线岸滩遥感监测技术发展现状，总结了海岸线变迁和岸滩蚀淤动态变化遥感应用现状，重点回顾了江苏省在岸线岸滩动态变化方面的研究进展。最后对现有的岸线岸滩遥感监测研究存在的不足进行了分析，并针对主要的技术缺陷提出了相关的解决方案与实施办法。

参考文献

蔡则健，吴曙亮，2002. 江苏海岸线演变趋势遥感分析 [J]. 国土资源遥感, (3): 19–23.

常军，刘高焕，刘庆生，2004. 黄河三角洲海岸线遥感动态监测 [J]. 地球信息科学, 6(1): 94–98.

陈才俊，1990. 灌河口至长江口海岸淤蚀趋势 [J]. 海洋科学, 14(3): 11–16.

陈乐平，1992. 江苏省海岸线演变及地质灾害遥感分析 [J]. 国土资源遥感, (4): 12–20.

陈晓英，张杰，马毅，等，2015. 近 40a 来三门湾海岸线时空变化遥感监测与分析 [J]. 海洋科学, 39(2): 43–49.

陈玮彤，张东，施顺杰，等，2017. 江苏中部淤泥质海岸岸线变化遥感监测研究 [J]. 海洋学报, 39(5): 138–148.

陈正华，毛志华，陈建裕，2011. 利用 4 期卫星资料监测 1986 ~ 2009 年浙江省大陆海岸线变迁 [J]. 遥感技术与应用, 26(1): 68–73.

陈忠，赵忠明，2005. 基于区域生长的多尺度遥感图像分割算法 [J]. 计算机工程与应用, 41(35): 7–9.

崔丹丹，吕林，方位达，2013. 无人机遥感技术在江苏海域和海岛动态监视监测中的应用研究 [J]. 现代测绘, 36(6):10–11.

丁亚杰，2011. 遥感自动提取海岸线方法 [J]. 地理空间信息, 9(4): 37–39.

杜涛，张斌，1999. 用小波技术分析遥感图像确定岸线位置的研究 [J]. 海洋科学, (4): 19–21.

段瑞玲，李庆祥，李玉和，2005. 图像边缘检测方法研究综述 [J]. 光学技术, 31(3): 415–419.

樊彦国，张淑芹，侯春玲，等，2009. 基于遥感影像提取海岸线方法的研究——以黄河三角洲地区黄河口段和刁口段海岸为例 [J]. 遥感信息, (4): 67–70.

冯兰娣，孙效功，胥可辉，2002. 利用海岸带遥感图像提取岸线的小波变换方法 [J]. 青岛海洋大学学报（自然科学版）, 32(5): 777–781.

冯小铭，韩子章，黄家柱，1992. 南通地区江海岸线近 40 年之变迁——江海岸的侵蚀和淤积 [J]. 海洋地质与第四纪地质, 12(2): 65–77.

郭瑞祥，1980. 江苏海岸历史演变 [J]. 江苏水利, (1): 53–69.

郭衍游，卢霞，邵飞卿，2009. 基于小波变换的连云港海岸线遥感信息提取 [J]. 淮海工学院学报（自然科学版）, 18(3): 86–89.

韩震，金亚秋，2005. 星载红外与微波多源遥感数据提取长江口淤泥质潮滩水边线信息 [J]. 自然科学进展，

18(8): 1000–1006.

黄海军, 李成治, 郭建军, 1994. 卫星影像在黄河三角洲岸线变化研究中的应用 [J]. 海洋地质与第四纪地质, 14(2): 29–37.

黄鹄, 胡自宁, 陈新庚, 等, 2006. 基于遥感和 GIS 相结合的广西海岸线时空变化特征分析 [J]. 热带海洋学报, 25(1): 66–70.

黄增, 于开宁, 1996. 秦皇岛市海岸线侵淤变化规律研究 [J]. 河北地质学院学报, (2): 136–143.

贾明明, 刘殿伟, 王宗明, 等, 2013. 面向对象方法和多源遥感数据的杭州湾海岸线提取分析 [J]. 地球信息科学学报, 15(2): 262–269.

荆浩, 陈学佺, 顾志伟, 2006. 一种基于边缘特征的海岸线检测方法 [J]. 计算机仿真, 23(8): 89–93.

李行, 张连蓬, 姬长晨, 等, 2014. 基于遥感和 GIS 的江苏省海岸线时空变化 [J]. 地理研究, 33(3): 414–426.

李行, 周云轩, 况润元, 2010. 上海崇明东滩岸线演变分析及趋势预测 [J]. 吉林大学学报（地球科学版）, 40(2): 417–424.

李静, 张鹰, 2012. 基于遥感测量的海岸线变化与分析 [J]. 河海大学学报 (自然科学版), 40(2): 224–228.

李琳, 张杰, 马毅, 等, 2012. 1976—2010 年鸭绿江口西水道岸线变迁遥感监测与分析 [J]. 测绘通报, (S1): 386–390.

李秀梅, 袁承志, 李月洋, 2013. 渤海湾海岸带遥感监测及时空变化 [J]. 国土资源遥感, 25(2): 156–163.

李雪红, 赵莹, 2016. 基于遥感影像的海岸线提取技术研究进展 [J]. 海洋测绘, 36(4): 67–71.

栗云召, 于君宝, 韩广轩, 等, 2012. 基于遥感的黄河三角洲海岸线变化研究 [J]. 海洋科学, 36(4): 99–106.

刘善伟, 张杰, 马毅, 等, 2011. 遥感与 DEM 相结合的海岸线高精度提取方法 [J]. 遥感技术与应用, 26(5): 613–618.

刘雪, 马妍妍, 李广雪, 等, 2013. 基于卫星遥感的长江口岸线演化分析 [J]. 海洋地质与第四纪地质, 33(2): 17–23.

刘燕春, 张鹰, 2010. 基于遥感岸线识别技术的射阳河口潮滩冲淤演变研究 [J]. 海洋通报, 29(6): 658–663.

刘艳霞, 黄海军, 丘仲峰, 等, 2012. 基于影像间潮滩地形修正的海岸线监测研究——以黄河三角洲为例 [J]. 地理学报, 67(3): 377–387.

刘忠臣, 刘保华, 黄振宗, 等, 2005. 中国近海及临近海域地形地貌 [M]. 北京: 海洋出版社: 24–30.

陆晓燕, 杨智翔, 何秀凤, 2012. 2000—2009 年江苏沿海海岸线变迁与滩涂围垦分析 [J]. 地理空间信息, 10(5): 57–59.

吕京福, 印萍, 边淑华, 等, 2003. 海岸线变化速率计算方法及影响要素分析 [J]. 海洋科学进展, 21(1): 51–59.

马小峰, 赵冬至, 邢小罡, 等, 2007a. 海岸线卫星遥感提取方法研究 [J]. 海洋环境科学, 26(2): 185–189.

马小峰, 赵冬至, 张丰收, 等, 2007b. 海岸线卫星遥感提取方法研究进展 [J]. 遥感技术与应用, 22(4): 575–580.

倪绍起, 张杰, 马毅, 等, 2013. 基于机载 LiDAR 与潮汐推算的海岸带自然岸线遥感提取方法研究 [J]. 海洋学研究, 31(3): 55–61.

瞿继双, 王超, 王正志, 2003. 一种基于多阈值的形态学提取遥感图象海岸线特征方法 [J]. 中国图象图形学报 A 辑, 8(7): 805–809.

申家双, 翟京生, 郭海涛, 2009. 海岸线提取技术研究 [J]. 海洋测绘, 29(6): 74–77.

沈芳, 郜昂, 吴建平, 等, 2008. 淤泥质潮滩水边线提取的遥感研究及 DEM 构建——以长江口九段沙为例 [J]. 测绘学报, 37(1): 102–107.

沈焕庭, 胡刚, 2006. 河口海岸侵蚀研究进展 [J]. 华东师范大学学报 (自然科学版), (6): 1–8.

施纪青, 1987. 应用遥感图像解译杭州湾海岸带演变 [J]. 东海海洋, 5(4): 43–50.

孙才志, 李明昱, 2010. 辽宁省海岸线时空变化及驱动因素分析 [J]. 地理与地理信息科学, 26(3): 63–67.

孙丽娥，2013. 浙江省海岸线变迁遥感监测及海岸脆弱性评估研究 [D]. 青岛：国家海洋局第一海洋研究所 .

孙伟富，2010. 1978—2009 年莱州湾海岸线变迁研究 [D]. 青岛：国家海洋局第一研究所 .

孙晓宇，吕婷婷，高义，等，2014. 2000—2010 年渤海湾岸线变迁及驱动力分析 [J]. 资源科学，36(2)：413-419.

王靖雯，牛振国，2017. 基于潮位校正的盐城滨海潮间带遥感监测及变化分析 [J]. 海洋学报，39(5)：149-160.

王李娟，牛铮，赵德刚，等，2010. 基于 ETM 遥感影像的海岸线提取与验证研究 [J]. 遥感技术与应用，25(2)：235-239.

王琳，徐涵秋，李胜，2005. 厦门岛及其邻域海岸线变化的遥感动态监测 [J]. 遥感技术与应用，20(4)：404-410.

王鹏，孙根云，王振杰，2016. 高分辨率遥感影像海岸线半自动提取方法 [J]. 海洋测绘，36(6)：24-27.

王宇，王乘，刘吉平，2003. 一种基于数学形态学的遥感图像边缘检测算法 [J]. 重庆邮电学院学报（自然科学版），15(2)：57-60.

王志明，李秉柏，严海兵，等，2011. 近 20 年江苏省海岸线和滩涂面积变化的遥感监测 [J]. 江苏农业科学，39(6)：555-557.

吴迪，2013. 基于序列遥感水边线的潮滩 DEM 反演 [D]. 北京：中国科学院研究生院 .

吴小娟，肖晨超，崔振营，等，2015. "高分二号" 卫星数据面向对象的海岸线提取法 [J]. 航天返回与遥感，36(4)：84-92.

夏真，陈太浩，赵庆献，2000. 多时相卫星遥感海岸线变迁研究——以大亚湾地区为例 [J]. 南海地质研究，(12)：102-108.

谢明鸿，张亚飞，付琨，2007. 基于种子点增长的 SAR 图像海岸线自动提取算法 [J]. 中国科学院研究生院学报，24(1)：93-98.

修丽娜，刘湘南，2003. 人工神经网络遥感分类方法研究现状及发展趋势探析 [J]. 遥感技术与应用，18(5)：339-345.

徐进勇，张增祥，赵晓丽，等，2013. 2000—2012 年中国北方海岸线时空变化分析 [J]. 地理学报，68(5)：651-660.

薛允传，马圣媛，周成虎，2009. 基于遥感和 GIS 的现代黄河三角洲岸线变迁及发育演变研究 [J]. 海洋科学，33(5)：36-40.

闫秋双，2014. 1973 年以来苏沪大陆海岸线变迁时空分析 [D]. 青岛：国家海洋局第一海洋研究所：86.

严海兵，李秉柏，陈敏东，2009. 遥感技术提取海岸线的研究进展 [J]. 地域研究与开发，28(1)：101-105.

杨虎，郭华东，王长林，2001. TM-SAR 数据融合在黄河口沙咀动态监测中的应用研究 [J]. 地理学与国土研究，17(4)：15-19.

杨智翔，2013. 利用遥感技术监测江苏海岸线变迁与滩涂围垦 [J]. 人民黄河，35(1)：85-87.

姚晓静，高义，杜云艳，等，2013. 基于遥感技术的近 30a 海南岛海岸线时空变化 [J]. 自然资源学报，28(1)：114-125.

于彩霞，王家耀，许军，等，2014. 海岸线提取技术研究进展 [J]. 测绘科学技术学报，31(3)：305-309.

虞志英，张勇，金镠，1994. 江苏北部开敞淤泥质海岸的侵蚀过程及防护 [J]. 地理学报，49(2)：149-157.

袁西龙，孙芳林，董洪，2007. 黄河三角洲海岸线动态变化规律与预测研究 [J]. 海岸工程，26(4)：1-10.

翟辉琴，2005. 基于数学形态学的遥感影像面状目标提取研究 [D]. 郑州：中国人民解放军信息工程大学 .

詹雅婷，朱利，孙永华，等，2017. 海岸线遥感光谱角度 – 距离相似度生长模型自动化提取 [J]. 遥感学报，21(3)：458-469.

张继领，冯伍法，张艳，等，2015. 基于边缘引导约束的高分辨率遥感影像海岸线提取 [J]. 海洋测绘，35(6)：58-61.

张明, 蒋雪中, 张俊儒, 2008. 遥感影像海岸线特征提取研究进展 [J]. 人民黄河, 30(6): 7–9.

张明明, 刘修国, 2003. 数学形态学流域分割算法在遥感影像水系图图像分割中的应用 [J]. 现代计算机, (11): 29–32.

张忍顺, 1984a. 苏北黄河三角洲及滨海平原的成陆过程 [J]. 地理学报, 39(2): 173–184.

张忍顺, 1984b. 辐射沙洲与弶港海岸发育的关系 [J]. 南京大学学报 (自然科学版), (2): 369–380.

张忍顺, 陈家记, 1988. 弶港辐射沙洲内缘区海岸发育及近期演变 [J]. 海洋通报, 7(1): 42–48.

张忍顺, 陆丽云, 王艳红, 2002. 江苏海岸侵蚀过程及其趋势 [J]. 地理研究, 21(4): 469–478.

张晓贤, 郑国勋, 付浩海, 等, 2011. 基于数学形态学的 GIS 图像矢量化处理技术 [J]. 中国农机化, (5): 59–62.

张晓祥, 王伟玮, 严长清, 等, 2014. 南宋以来江苏海岸带历史海岸线时空演变研究 [J]. 地理科学, 34(3): 344–351.

张旭凯, 张霞, 杨邦会, 等, 2013. 结合海岸类型和潮位校正的海岸线遥感提取 [J]. 国土资源遥感, 25(4): 91–97.

张旸, 陈沈良, 2009. 苏北废黄河三角洲海岸时空演变遥感分析 [J]. 海洋科学进展, 27(2): 166–175.

张永继, 闫冬梅, 曾峦, 等, 2005. 基于邻域相关信息的海岸线提取方法 [J]. 装备指挥技术学院学报, 16(6): 88–92.

张朝阳, 冯伍法, 张俊华, 2005. 基于色差的遥感影像海岸线提取 [J]. 测绘学院学报, 22(4): 259–262.

赵建华, 李飞, 2016. 基于定量分析的江苏中部海岸线动态监测 [J]. 人民长江, (6): 1–5.

赵宗泽, 刘荣杰, 马毅, 等, 2013. 近 30 年来湄洲湾海岸线变迁遥感监测与分析 [J]. 海岸工程, 32(1): 19–27.

郑宗生, 周云轩, 蒋雪中, 等, 2007. 崇明东滩水边线信息提取与潮滩 DEM 的建立 [J]. 遥感技术与应用, 22(1): 35–38.

周良勇, 张志珣, 陆凯, 2010. 1985—2002 年江苏粉砂淤泥质海岸岸线和围海变化 [J]. 海洋地质动态, 26(6): 7–11.

朱小鸽, 2002. 珠江口海岸线变化的遥感监测 [J]. 海洋环境科学, 21(2): 19–22.

庄翠蓉, 2009. 厦门海岸线遥感动态监测研究 [J]. 海洋地质动态, 25(4): 13–17.

Blodget H W, Taylor P T, Roark J H, 1991. Shoreline changes along the Rosetta-Nile Promontory: Monitoring with satellite observations [J]. Marine Geology, 99(1–2): 67–77.

Chen L C, Rau J Y, 1998. Detection of shoreline changes for tideland areas using multi-temporal satellite images [J]. International Journal of Remote Sensing, 19(17): 3383–3397.

Ekercin S, 2007. Coastline Change Assessment at the Aegean Sea Coasts in Turkey Using Multitemporal Landsat Imagery [J]. Journal of Coastal Research, 23(3): 691–698.

Fromard F, Vega C, Proisy C, 2004. Half a century of dynamic coastal change affecting mangrove shorelines of French Guiana. A case study based on remote sensing data analyses and field surveys[J]. Marine Geology, 208(2–4): 265–280.

Ghosh M K, Kumar L, Roy C, 2015. Monitoring the coastline change of Hatiya Island in Bangladesh using remote sensing techniques [J]. ISPRS Journal of Photogrammetry & Remote Sensing, (101): 137–144.

Kuleli T, 2010. Quantitative analysis of shoreline changes at the Mediterranean Coast in Turkey [J]. Environmental Monitoring and Assessment, 167(1–4): 387–397.

Li R, Ma R, Di K, 2010. Digital Tide-Coordinated Shoreline [J]. Marine Geodesy, 25(1–2): 27–36.

Mason D C, Davenport I J, Robinson G J, et al., 1995. Construction of an intertidal digital elevation model by the "Water-Line" Method [J]. Geophysical Research Letters, 22(23): 3187–3190.

Mason D C, Davenport I J, Flather R A, 1997. Interpolation of an intertidal digital elevation model from heighted shorelines: a case study in the western Wash [J]. Estuarine, Coastal and Shelf Science, 45(5): 599–612.

Mason D C, Davenport I J, Flather R A, et al., 1998. A digital elevation model of the intertidal areas of the Wash produced by the waterline method [J]. International Journal of Remote Sensing, 19(8): 1455-1460.

Mujabar P S, Chandrasekar N, 2013. Shoreline change analysis along the coast between Kanyakumari and Tuticorin of India using remote sensing and GIS [J]. Arabian Journal of Geosciences, 6(3): 647-664.

Nebel S H, Trembanis A C, Barber D C, 2012. Shoreline analysis and barrier island dynamics: Decadal scale patterns from cedar Island, Virginia [J]. Journal of Coastal Research, 28(2): 332-341.

Rahman A F, Dragoni D, El-Masri B, 2011. Response of the Sundarbans coastline to sea level rise and decreased sediment flow: A remote sensing assessment [J]. Remote Sensing of Environment, 115(12): 3121-3128.

Rao P P, Nair M M, Raju D V, 1985. Assessment of the role of remote sensing techniques in monitoring shoreline changes: A case study of the Kerala coast [J]. International Journal of Remote Sensing, 6(3): 549-558.

Ryan T, Sementilli P, Yuen P, et al., 1991. Extraction of Shoreline Features by Neural Nets and Image Processing[J]. Photogrammetric Engineering and Remote Sensing, 57(7): 947-955.

Ryu J H, Won J S, Min K D, 2002. Waterline extraction from Landsat TM data in a tidal flat: A case study in Gomso bay, Korea [J]. Remote Sensing of Environment, 83(3): 442-456.

Ryu J H, Kim C H, Lee Y K, et al., 2008. Detecting the intertidal morphologic change using satellite data [J]. Estuarine, Coastal and Shelf Science, 78(4): 623-632.

Sener E, Davraz A, Sener S, 2010. Investigation of Aksehir and Eber Lakes (SW Turkey) Coastline Change with Multitemporal Satellite Images [J]. Water Resources Management, 24(4): 727-745.

第3章 基础数据与处理

进行江苏省的历史及现状岸线信息遥感提取以及岸线岸滩资源动态变化遥感研究，需要系统收集江苏省的高分辨率遥感影像数据、潮位数据、岸滩断面地形数据、几何精校正地面控制点数据以及江苏省沿海的水文、气象历史数据，数据收集清单如表 3.1 所示。

表 3.1 江苏省岸线岸滩动态变化遥感研究数据收集清单

监测内容	数据收集内容
岸线岸滩资源遥感监测	多源、多时相、多分辨率卫星遥感影像数据
	江苏省沿海地面精确几何控制点（GCP）数据
	江苏省沿海验潮站潮位数据，潮汐表潮汐预报数据
	重点岸滩断面的地形测量数据，断面地形测量历史数据
	江苏省沿海水文、气象数据
遥感解译结果验证	人工岸线精确几何控制点（GCP）数据、定位点照片等
	平均大潮高潮痕迹线点位数据、现场照片等

3.1 卫星遥感影像数据

3.1.1 卫星遥感影像数据收集

根据影像数据质量、影像成像时刻的潮位情况以及不同时间尺度的岸线岸滩动态变化遥感监测需求，收集两个时间段的卫星遥感影像数据：一是 2010—2016 年的多时相高分辨率卫星遥感影像数据，以 ZY-3 号、GF-1 号、GF-2 号等国产高分辨率卫星影像为主，局部区域或年份补充收集 HJ-1 号中低分辨率遥感影像，用于江苏省现状岸线信息提取；二是 1984 年、1992 年、2000 年、2008 年和 2016 共 5 个年度覆盖江苏省沿海的 Landsat ETM+/OLI 卫星遥感影像数据，用于江苏省历史海岸线的遥感推算及海岸线变迁分析。

针对海岸线遥感推算，每年度需要收集至少两个时相的完整覆盖江苏省沿海区域的遥感影像，目的是形成两条以上完整的水边线，用于江苏省海岸平均坡度的推算以及推算坡度值的精度验证。两条水边线对应的遥感影像要求成像时刻的潮位差应该尽量大，这样对于砂质海岸和淤泥质海岸来说，两条水边线之间的潮间带能够充分出露，从而避免由于遥感提取的水边线聚集在一起导致岸滩平均坡度推算产生较大误差。卫星遥感影像数据收集好以后，需要进行几何精校正和影像增强处理。

3.1.2 影像几何精校正处理

卫星影像几何变形一般分为两大类：系统性和非系统性。系统性的几何变形由传感器本身引起，而非系统性的几何变形是不规律的，可以是传感平台本身的高度、姿态等不稳定，也可以是地球地面曲率及空气折射的变化，以及地形的变化等。非系统性的几何变形可以采用几何校正的方法来消除。

几何校正是利用地面控制点和几何校正数学模型来矫正非系统因素产生的误差，也即是将图像投影到平面上，使其符合地图投影系统的过程，采用的几何校正数学模型主要有多项式、共线方程和空间投影等（刘春艳，2006）。其中，多项式纠正模型将遥感影像的整体变形看作是平移、缩放、旋转、仿射和弯曲等综合作用的结果，因此纠正前后影像相应点之间的坐标关系可以用一个合适的多项式来表达。假设原始图像坐标（x, y）与参考坐标（X, Y）之间的数学表达式为：

$$\begin{cases} x = \sum_{i=0}^{N} \sum_{j=0}^{N-i} a_{i,j} X^i Y^j \\ y = \sum_{i=0}^{N} \sum_{j=0}^{N-i} b_{i,j} X^i Y^j \end{cases} \qquad (3.1)$$

式中，$a_{i,j}$ 和 $b_{i,j}$ 为多项式的系数，N 为多项式的次数。多项式纠正方法对各类卫星传感器的纠正是普遍适用的，而且计算简单，特别是针对地面较为平坦的情况具有足够好的校正精度。但是高阶多项式容易使纠正后的图形产生变形，因此建议选用二次多项式纠正模型（闫秋双，2014）。

由于重新定位后的像元在原遥感影像中的分布是不均匀的，即输出影像像元点在输入影像中的行列号不是或者不全是正数关系，需要根据输出影像上的各像元在输入影像中的位置，对原始影像按一定规则重新采样，进行亮度值的插值计算，从而建立新的图像矩阵。内插方法可选择最近邻法、双线性内插法和三次卷积内插法等。最近邻法最简单，但是重采样后的影像灰度值有明显的不连续性，视觉效果较差。双线性内插法也相对简单，但是重采样后图像轮廓变得较模糊。三次卷积内插法虽然计算量大，但是产生的影像较平滑，视觉效果很好，因此选择三次卷积内插法进行重采样。

几何精校正是保证海岸线提取精度的重要基础。处理方式是首先利用获取的地面精确GCP几何控制点，对高分辨率的卫星遥感影像进行 Image to Map 方式的几何精校正处理，确保几何校正的误差小于 0.1 个像元，获得覆盖江苏省沿海的经过几何精校正处理的高分辨率基准影像；然后以其为基准，利用 Image to Image 的自动图像配准方法，从影像上自动筛选同名特征点，建立位置转换模型，完成其他时相的高、低分辨率遥感影像的几何精校正。具体处理流程如图 3.1 所示。

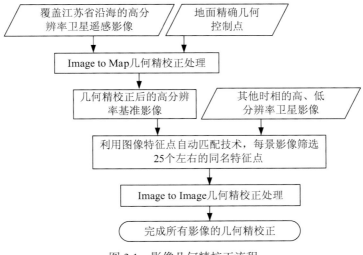

图 3.1　影像几何精校正流程

需要说明的是，几何校正过程中需要特别注意所选取 GCP 点的代表性。GCP 点选取应遵循以下主要原则：①选择遥感影像上易分辨且较精细的特征点；②在影像边缘部分需要选择控制点；③控制点应满幅均匀分布。利用满足这些原则的 GCP 点输入几何校正模型进行计算，最终可以得到满意的影像几何校正精度。

3.1.3　影像增强处理

在影像几何精校正处理的基础上，依次进行影像的空间域增强、辐射增强和光谱增强处理，然后按需进行影像的融合、镶嵌和图像切割，得到增强处理后的多时相影像序列，处理流程如图 3.2 所示。

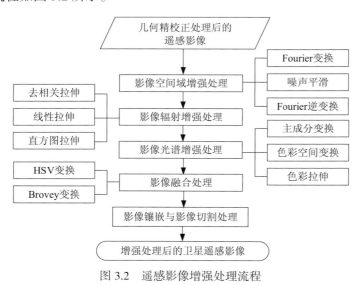

图 3.2　遥感影像增强处理流程

空间域增强处理是通过直接改变图像中的单个像元及相邻像元的灰度值来增强图像，这种增强方式可以重点增强图像中的线状物体的细部部分或者主干部分，达到突出感兴趣的水体边界、植被边界和人工岸线边界等线性边界信息的效果。如果图像具有较多的噪声，可以采用 Fourier 变换将图像从空间域转换到频率域，在频率域中对图像进行周期性噪声平滑处理，或者消除由噪声异常引起的规律性错误，然后再通过 Fourier 逆变换将图像从频率域转回到空间域，完成图像的噪声消除。

辐射增强处理是通过对单个像元的灰度值进行变换，如线性拉伸、去相关拉伸、直方图拉伸等，来加大感兴趣的地物与其他背景地物之间的对比度。光谱增强是基于多光谱数据对波段进行变换，可采用主成分变换、色彩空间变换、色彩拉伸等处理方式，达到图像增强效果。图像融合是将低空间分辨率的多光谱图像与高空间分辨率的单波段图像进行重采样，生成一幅高分辨率多光谱遥感图像的图像处理技术，使得处理后的图像既有较高的空间分辨率，又具有多光谱特征。图像融合的关键是融合前两幅图像的精确配准以及处理过程中融合方法的选择，常用的融合方法有 HSV 变换和 Brovey 变换两种。

3.2　潮位观测数据

3.2.1　潮位观测数据收集

潮位数据主要用于遥感水边线的高程赋值、潮位控制站点的平均大潮高潮潮位和低潮潮位计算、潮汐分带校正插值以及潮位特征线的推算。江苏省沿海的潮位观测资料有以下 3 种来源：①近海浮标长期潮位观测资料；②江苏省沿海海洋工程建设时设立的临时潮位站短期潮位观测资料；③国家海洋信息中心发布的潮汐表潮汐预报数据。一般来说，需要收集一个月或一年以上的潮汐资料，方可对应进行短期或长期的潮汐调和分析，计算得到指定区域的潮汐调和常数（陈宗镛，1980；黄祖珂等，2005）。

根据潮位数据处理需求，在江苏省沿海共收集了6个实测潮位站和4个潮汐表潮位站的潮位数据资料。依据从北往南的次序排列，各潮位站点位置及站点类型如表3.2所示，空间分布如图3.3所示。

表3.2 潮位数据收集站位表

序号	潮位站名	经度（°E）	纬度（°N）	站点类型
1	连云港	119.416 666 7	34.75	潮汐表潮位站点
2	响水	120.093 333 3	34.438 333 3	实测潮位站点
3	滨海港	120.266 666 7	34.266 666 7	潮汐表潮位站点
4	扁担河口	120.325 481 0	34.114 812 0	实测潮位站点
5	射阳河口	120.5	33.816 666 7	实测潮位站点
6	大丰港	120.716 666 7	33.183 333 3	潮汐表潮位站点
7	梁垛河口	120.960 786 0	32.915 217 0	实测潮位站点
8	方塘河口	120.954 415 0	32.681 803 0	实测潮位站点
9	洋口港	121.091 838 0	32.822 087 0	实测潮位站点
10	吕四港	121.616 666 7	32.133 333 3	潮汐表潮位站点

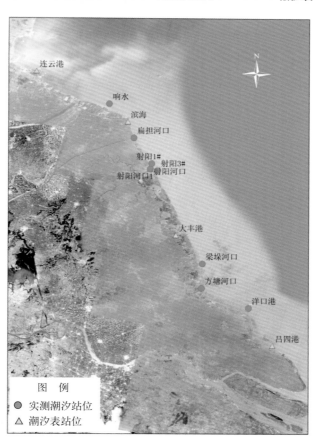

图3.3 收集的潮位站点空间位置图

3.2.2　潮位过程模拟

为满足具体海域潮位模拟和预测的需要，依据潮汐调和计算原理，研究人员开发出了众多集潮汐调和分析及预报功能于一体的工具软件，T_Tide 模型是其中一个具有代表性的用于经典调和分析的 Matlab 程序包。该程序包由 Pawlowicz 等人开发，用于区分信号里的潮汐和非潮汐信号（Pawlowicz et al., 2002）。对于潮汐参数的置信区间，T_Tide 模型采用两种不同方法给出误差估计：一是线性分析方法，利用 Munk 等（1966）提出的"响应方法（response）"基于谱估计分析噪声水平；二是非线性分析方法，采用"参数自助法（parametric bootstrap）"，利用重采样技术估计复杂振幅组分中的不确定性。

T_Tide 模型的程序包下载网址为 https://www.eoas.ubc.ca/ ~ rich/#T_Tide，主要文件及功能描述如表 3.3 所示，可以完成以下工作：①基于交点调制和推理技术，实现对大约 1 年或者更短的时段的经典潮汐调和分析；②提供不同的算法估计潮汐参数的置信区间，用于区分分潮的真实确定性（线性）频率与广谱变化；③可通过增加额外的"浅水"成分，模拟沿海地区动力特性改变、地形变化对潮汐过程的非线性影响；④运用所分析的分潮进行潮汐过程计算和预测。

表 3.3　T_Tide 模型文件功能描述

序号	文件名	功能描述
1	t_getconsts.m	预设天文参数加载及计算程序。加载程序包中用于潮汐分析的预设天文参数，并根据给定时间从天文参数变化率中重新计算频率
2	t_astron.m	天文参数计算程序。计算指定儒略日的天文参数，包括：月球平均经度，太阳平均经度，近地点平均经度，平均升交点经度的负值和平均近日点经度
3	t_vuf.m	交点调制订正计算程序。当给定的时间序列潮汐数据小于 18.61a 周期时，根据指定的纬度和儒略日计算返回分潮初相角 v、交点因子 f 和交点订正角 u
4	t_tide.m	潮汐调和计算程序。根据输入的实测潮位数据、数据起始时间、时间间隔和验潮站纬度，计算得到潮汐调和参数（分潮名称、角速率、分潮振幅、振幅误差、分潮迟角、迟角误差、信噪比）以及模拟的潮位
5	t_predic.m	潮汐过程预测程序。利用 t_tide.m 中计算得到的潮汐调和参数计算指定纬度、给定时间段的潮位过程
6	tide3.dat	针对 IOS 分析包的潮汐参数标准组成数据文件
7	t_equilib.dat	提供不同分潮的平衡振幅计算余弦乘子和正弦乘子

T_Tide 模型的运行流程及调用关系如图 3.4 所示，主要的输入参数为实测潮位数据和验潮站纬度值，主要的输出数据为根据设定的置信区间和信噪比筛选的分潮、所使用的分潮频率以及对应的潮汐调和参数。

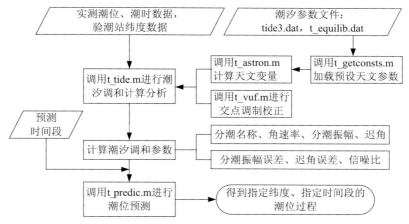

图 3.4　T_Tide 模型运行流程及子例程调用关系

以大丰港为例，表 3.4 列出了 T_Tide 模型计算得到的主要分潮和对应的潮汐调和参数。可以看到，除了 O_1、K_1、M_2、N_2、S_2、M_4、MS_4 这 7 个分潮以外，对大丰港近海影响较大的另外 3 个分潮是太阳赤纬全日分潮 P_1、太阴 – 太阳赤纬半日分潮 K_2 和太阴主要椭率浅水 1/4 日分潮 MN_4。

表 3.4　T_Tide 模型计算的大丰港潮汐调和参数

分潮	频率	振幅 （cm）	振幅误差 （cm）	相位 （°）	相位误差 （°）	信噪比
M_2	0.080 511	162.656 0	1.845	322.17	0.63	7 800
K_1	0.041 781	24.413 4	0.735	61.28	1.87	1 100
S_2	0.083 333	57.426 2	1.845	27.01	1.84	970
M_4	0.161 023	20.211 1	0.725	143.20	1.95	780
O_1	0.038 731	18.134 7	0.735	351.09	2.64	610
MS_4	0.163 845	13.570 3	0.725	195.42	2.99	350
N_2	0.078 999	26.012 6	1.845	292.63	3.95	200
MN_4	0.159 511	7.759 9	0.725	111.45	5.07	110
K_2	0.083 562	16.661 1	1.845	15.45	7.74	82
P_1	0.041 553	6.258 9	0.735	49.29	6.66	72
$2MS_6$	0.244 356	5.260 5	0.684	63.60	7.09	59
L_2	0.082 024	13.819 9	1.845	352.79	6.38	56
MU_2	0.077 690	13.683 5	1.845	53.05	7.62	55
M_6	0.241 534	4.118 1	0.684	20.78	8.81	36
MK_4	0.164 073	3.891 6	0.725	185.53	12.69	29
SIG_1	0.035 909	3.309 9	0.735	100.53	14.46	20

分潮	频率	振幅（cm）	振幅误差（cm）	相位（°）	相位误差（°）	信噪比
NU_2	0.079 202	8.079 4	1.845	279.27	12.90	19
$2MN_6$	0.240 022	2.863 3	0.684	344.00	12.64	18
Q_1	0.037 219	2.615 5	0.735	337.35	18.46	13
RHO_1	0.037 421	2.636 1	0.735	319.23	16.81	13
MK_3	0.122 292	2.295 5	0.677	295.49	17.84	11
$2N_2$	0.077 487	5.976 0	1.845	275.80	18.72	10
$2SM_6$	0.247 178	1.963 4	0.684	125.28	19.52	8
TAU_1	0.038 959	2.035 2	0.735	137.98	17.97	8
EPS_2	0.076 177	4.632 2	1.845	8.04	23.33	6
LDA_2	0.081 821	4.503 0	1.845	312.40	22.74	6
$2MK_6$	0.244 584	1.623 2	0.684	68.01	27.98	6

图 3.5、图 3.6 显示了利用 T_Tide 模型模拟的大丰港和响水近海潮汐过程。其中，大丰港的潮位平均绝对误差为 11.69 cm，响水近海实测潮位数据验证得到的潮位平均绝对误差为 12.64 cm。此外，还补充搜集了 2011 年 10 月 20 日至 11 月 4 日射阳河口的实测数据进行预测结果验证，计算的平均绝对误差为 12 cm，残差 95% 的置信区间为 −2.17 ~ 2.17 cm，服从均值为 0 的正态分布，认为潮位预测效果较为理想。

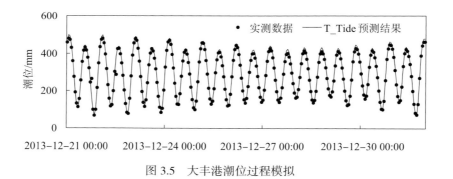

图 3.5　大丰港潮位过程模拟

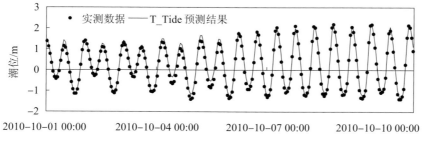

图 3.6　响水近海潮位过程模拟

3.2.3 潮汐观测数据处理

潮位观测数据处理的流程如图 3.7 所示。由于实测站点为有短期潮位观测资料的站点，但是潮位资料的时间段不一定能够覆盖遥感成像所对应的时间，因此可以利用 T_Tide 潮汐计算模型进行潮汐调和计算，来进行潮位过程资料的延长。潮位数据的处理包括两个方面：①实测验潮站点的潮位潮汐调和计算；②不同验潮站的潮位数据订正，使潮位数据校正到同一潮位基准面。

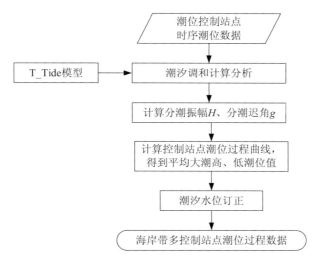

图 3.7 海岸带潮位数据处理流程

3.3 岸滩断面地形数据

岸滩断面地形数据用于计算控制断面的平均坡度。计算结果用于两个方面：一是验证由多时相遥感水边线推算得到的断面平均坡度是否可信；二是当提取出的两时相遥感水边线之间距离过近、不利于推算平均坡度时，作为替代数据，得到岸滩的平均坡度。

3.3.1 岸滩断面地形数据收集

收集的江苏省控制断面高程资料有两个来源：一是江苏省 908 专项调查期间在全省设立的 15 条高程复测断面历史地形资料，断面位置描述如表 3.5 所示，断面分布如图 3.8 所示；二是江苏省于 2014—2016 年在盐城市滨海县、射阳县、大丰区和东台市开展的典型断面高程复测数据，断面监测时分别在滨海县设置了 3 条断面，射阳县设置了 5 条断面，大丰区设置了 3 条断面，东台市设置了 3 条断面，现场观测了春、夏、秋、冬四季的断面地形情况，记录了滩面高程的变化，14 条断面的位置描述及断面冲淤特征如表 3.6、表 3.7 所示，断面分布如图 3.9 所示。岸滩断面高程复测时利用 DGPS 定位测量记录断面定位点的平面位置，利用 RTK 测量断面定位点的高程，高程测量方法参照《全球定位系统实时动态测量（RTK）技术规范》（CH/T 2009—2010）。测量时间选择在大潮的低潮期间，水位尽量退得比较低，潮滩充分出露，一直测量到水边线为止。

江苏省海岸线
时空变化遥感监测技术、方法与应用

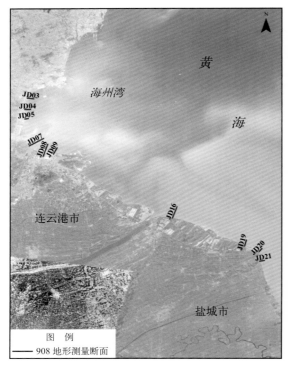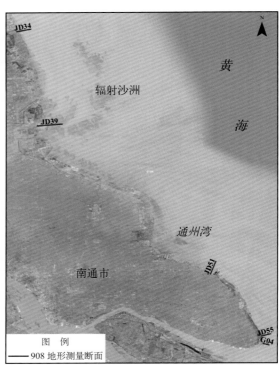

图 3.8　江苏省 908 专项调查地形测量断面分布

表 3.5　江苏省 908 专项调查地形测量断面位置描述

断面编号	断面位置	起点（靠陆侧）	
		经度（°E）	纬度（°N）
JD03	柘汪河口南	119.210 919 9	35.029 097 6
JD04	韩口港以南（马庄河口）	119.199 503 2	34.974 303 7
JD05	朱篷口北	119.199 138 8	34.929 604 2
JD07	临洪河口北	119.220 837 9	34.802 774 1
JD08	海州湾南（西墅以西）	119.283 662 3	34.752 504 4
JD09	西墅海滨浴场	119.330 686 5	34.762 830 2
JD16	灌河口南	119.876 325 2	34.457 165 8
JD19	中山河口南	120.207 431 1	34.325 697 9
JD20	翻身河口北	120.273 588 4	34.299 388 5
JD21	废黄河口	120.276 112 5	34.253 443 5
JD34	王港河口南	120.802 342 1	33.190 531 9
JD39	弶港镇东	120.864 479 8	32.743 144 6
JD51	大唐电厂北	121.692 209 9	32.043 627 3
JD55	启东圆坨角北	121.930 592 5	31.748 297 8
G04	启东圆坨角	121.934 460 4	31.712 679 3

（a）滨海县—射阳县监测断面

（b）大丰区—东台市监测断面

图 3.9 滨海县—东台市岸段岸滩地形监测断面分布

表 3.6 滨海县—东台市岸段地形监测断面位置

地区	断面编号	断面位置	起点（靠陆侧）	
			经度（°E）	纬度（°N）
滨海县	BH01	扁担河口北	120.322 705 4	34.131 702 8
	BH02	振东闸南	120.305 397 2	34.163 241 1
	BH03	中山河口南	120.099 878 6	34.367 854 4
射阳县	SY01	双洋河口南	120.403 163 4	33.972 510 4
	SY02	射阳河口北	120.459 407 0	33.873 769 0
	SY03	生态路南	120.531 385 0	33.764 817 9
	XYGB	新洋河口北	120.584 665 0	33.647 199 0
	SY04	中港路南	120.616 164 8	33.609 210 4
大丰区	DF01	四卯西河口北	120.714 248 2	33.394 204 0
	DF02	大丰港北	120.769 912 0	33.281 918 4
	DF03	川东港北	120.853 091 9	33.115 725 6
东台市	DT01	东台河口南	120.921 439 0	32.941 710 0
	DT02	三仓河口北	120.959 509 0	32.761 322 0
	DT03	方塘河口南	120.956 156 8	32.665 237 7

表 3.7　滨海县—东台市岸段地形总体特征

地区	断面编号	测量点距（m）	岸段特征
滨海县	BH01	30 ~ 50	岸滩狭窄，坡度大，冲刷强烈
	BH02	30 ~ 50	岸滩相对较宽，近岸存在陡坎，坡度大，冲刷强烈
	BH03	30 ~ 50	养殖区围堤外侧，岸滩坡度大，冲刷较强
射阳县	SY01	30 ~ 50	岸滩较窄，冲刷强烈，养殖塘冲毁严重
	SY02	30 ~ 50	受射阳河口北围堤庇护，冲淤状态不固定，有冲有淤
	SY03	50 ~ 100	受射阳河口南围堤影响，近年来主要呈侵蚀趋势
	XYGB	50 ~ 100	受新洋河口向北摆动影响，以侵蚀为主
	SY04	50 ~ 100	新洋河口南，岸滩坡度平缓，轻微侵蚀
大丰区	DF01	100 ~ 200	坡度平缓，以淤积为主
	DF02	100 ~ 200	坡度平缓，以淤积为主
	DF03	100 ~ 200	岸滩坡度平缓，淤积速率较快
东台市	DT01	100 ~ 200	岸滩坡度平缓，淤积速率较大
	DT02	100 ~ 200	岸滩宽阔，坡度平缓，滩面向海淤积较快
	DT03	100 ~ 200	位于人工围堤外侧，岸滩较窄，滩面新淤，坡度平缓

3.3.2　岸滩平均坡度计算

　　利用断面高程现场测量数据计算岸滩平均坡度，是获取岸滩平均坡度的一个重要手段。沿海岸线垂直方向设置观测断面，在观测断面上按照一定的步长间隔，记录高程点的平面位置和对应的高程，步长间隔可以等距也可以不等距。数据采集结束后，将断面高程现场测量数据按照测量点位依次相连，形成岸滩剖面线，可以了解岸滩剖面形态特征及高程变化趋势。采用平均坡度法计算得到岸滩的平均坡度，计算原理如图 3.10 所示。

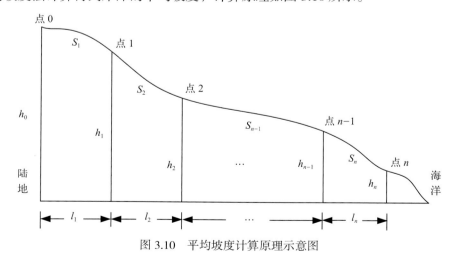

图 3.10　平均坡度计算原理示意图

根据图 3.10，岸滩剖面的平均坡度 S 采用以下公式计算：

$$S = \frac{\left(\dfrac{h_0 - h_1}{l_1} s_1 + \dfrac{h_1 - h_2}{l_2} s_2 + \cdots + \dfrac{h_{n-1} - h_n}{l_n} s_n \right)}{(s_1 + s_2 + \cdots + s_n)} \tag{3.2}$$

式中，h_0，h_1，h_2，$\cdots$，h_n 分别为岸滩剖面高程采样点的高程值，l_1，l_2，$\cdots$，l_n 分别为相邻高程采样点之间的水平投影距离，s_1，s_2，$\cdots$，s_n 分别为相邻高程采样点之间的距离，n 为采样点数量。

3.4 遥感解译结果验证数据

在海岸带野外采样工作的同时，开展遥感解译结果的现场验证工作，包括 GCP 控制点定位、周围特征地物类型观测、现场拍摄记录等，考察了部分海岸带平均大潮高潮痕迹线的位置，并进行了定位。GCP 地面控制点数据收集分两步，首先通过收集到的粗校正遥感影像，初步选定地面控制点的位置；然后利用高精度差分 GPS，做野外定点观测。地面控制点选择靠近海岸线附近、能够在遥感影像上清晰识别的点，如道路交叉点、人工堤坝拐点、河流交汇点等，共计收集到 172 个高精度 GCP 控制点位置信息。此外，江苏省测绘工程院于 2016 年进行了江苏省大陆海岸线的现场测绘，获得了海岸线的 GPS 位置数据和相应的海岸线属性调查数据，该数据也用于遥感解译得到的海岸线结果验证。

3.5 本章小结

本章重点介绍了海岸线遥感提取与推算所需的卫星遥感影像数据、潮位数据、岸滩断面地形数据收集需求及其处理方法，并以江苏省为例，列出了相应的数据收集与处理结果。

参考文献

陈宗镛, 1980. 潮汐学 [M]. 北京 : 科学出版社 .

黄祖珂, 黄磊, 2005. 潮汐原理与计算 [M]. 青岛 : 中国海洋大学出版社 .

刘春艳, 2006. 基于 GCP 图像片匹配的遥感图像几何精校正研究 [D]. 合肥 : 中国科学技术大学 .

闫秋双, 2014. 1973 年以来苏沪大陆海岸线变迁时空分析 [D]. 青岛 : 国家海洋局第一海洋研究所 : 86.

Munk W H, Cartwright D E, 1996. Tidal spectroscopy and prediction [J]. Philosophical transactions of the Royal Society of London. Series A, Mathematical and Physical Sciences, 259(1105): 533–581.

Pawlowicz R, Beardsley B, Lentz S, 2002. Classical tidal harmonic analysis including error estimates in MATLAB using T_TIDE [J]. Computers & Geosciences, 28(8): 929–937.

第 4 章　海岸线遥感判别标志

不同海岸地貌的海岸线划分依据各不相同，在卫星遥感影像上的解译标志与提取方法也存在差异（马小峰，2007）。参照海岸线二级分类体系中关于海岸线的分类，通过分析江苏省不同海岸类型在卫星遥感影像中的颜色、形状、纹理特征和地物邻接关系等，可建立对应的遥感解译标志，为江苏省的自然岸线、人工岸线遥感提取提供参考标准。

4.1　自然岸线遥感判别标志

1）基岩岸线

基岩海岸一般是陆地山脉或丘陵延伸且直接与海面相交，经长期的海浸及波浪作用形成，海蚀地貌发育。江苏省的基岩海岸主要分布在连云港市连云区，海岸特点是岸滩稳定，岸线曲折，滩面狭窄，岸滩坡度较陡，水深较大，长期的潮汐水位变动会在岩石上形成明显的水浸痕迹［图 4.1(a)］。一般来说，基岩海岸上涨落潮水位的水平变化和高分辨率卫星遥感影像的空间分辨率相当（小于 10 m），因此在遥感影像上，基岩岸线的位置应在明显的水陆分界线上，可以采用遥感瞬时水边线来代替［图 4.1(b)］，要求遥感影像成像时刻尽量选择在大潮高潮时刻。

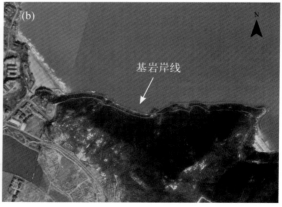

图 4.1　基岩岸线判别方法

（连云港市连云区连岛海岸）

2）砂质岸线

江苏省的砂质海岸主要连续分布在连云港市赣榆区，此外，在连云区的部分基岩海岸的海湾湾底，有少量沙滩分布，形成砂质海岸。砂质海岸一般比较平直，海滩上部因大潮潮水搬运，常常堆积成一条与岸平行的脊状砂质陡坎［图 4.2(a)］。沙堤向陆一侧，因波浪作用，会将大量物质较集中地挟带到海滩上部堆积，形成一条或多条由小砾石、粗砂、贝壳碎片、流木、水草残体、植物残茎、垃圾漂浮物等构成的痕迹线，俗称"淤渣线"［图 4.3(a)］。另外，砂质海岸由于波浪的作用，也会形成砂质陡坎，陡坎上部会长有零星植被。

根据砂质海岸的特点，砂质海岸岸线的遥感判别方法有 3 种：①取滩脊位置或沙堤顶部植被边缘为海岸线［图 4.2(b)］；②取淤渣线位置为海岸线［图 4.3(b)］；③选择沙滩上含水量变化大的分界线作为海岸线［图 4.4(a)］。在遥感影像上该分界线两侧的反射率具有明显变化，干燥滩面位于沙滩的上部，高程较高，滩面光谱反射率也相对较高，在影像上表现为亮色区域；而含水量较高的滩面位于沙滩下部水位变动区，由于水分吸收作用，滩面光谱反射率相对较低，在影像上表现为暗色区域［图 4.4(b)］，因此干燥沙滩与湿润沙滩相接处即为海岸线所在位置。

图 4.2　具有砂质陡坎的砂质岸线判别方法
（连云港市连云区西墅沙滩）

图 4.3　具有"淤渣线"的砂质岸线判别方法
（连云港市赣榆区海头镇砂质海岸）

图 4.4　以含水量变化分界的砂质岸线判别方法
（连云港市连云区大沙湾沙滩）

3）淤泥质岸线

淤泥质岸线位于淤泥质海岸上，海岸主要由潮汐作用形成，受上冲流的影响，滩面宽阔，岸滩坡度平缓。淤泥质海岸岸线的判别标志主要有两个。一是在平均大潮高潮上冲的顶部，存在枯枝、杂物、贝壳堤等形成的痕迹线［图4.5(a)］，贝壳堤在遥感影像上表现出清晰可辨的白亮色调，选择这些痕迹线可以作为淤泥质岸线［图4.5(b)］。二是淤泥质潮滩在平均大潮高潮线以上部分，仅为特大潮淹没，土壤脱盐程度较好，茅草类植物、芦苇、盐蒿等生长茂密；而平均大潮高潮线以下部分，海水淹没次数多，时间长，仅能生长一些耐盐植物，在江苏省沿海主要为米草类植物如大米草、互花米草等（图4.6）。因此可以采用陆生植物的临海界线，作为粉砂淤泥质海岸的自然岸线（图4.7）。

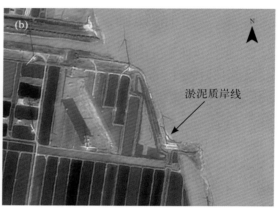

图4.5　淤泥质海岸平均大潮高潮线判别方法
（盐城市滨海县南八滩闸附近海岸）

图4.6　江苏省海岸带主要植被类型

图 4.7 淤泥质岸线和生物岸线判别方法
（盐城湿地珍禽国家级自然保护区）

4）生物岸线

对于江苏省沿海来说，最主要的生物岸线是植被岸线，主要分布的植物类型有芦苇、盐蒿和米草（大米草、互花米草等），如图 4.6 所示。在淤泥质海岸，耐盐的植物分布区与泥质光滩之间会存在明显的分界线，在影像上大多呈现出色彩的差异，不过这条植物生长界线有一定的宽度，可能至少 10 ~ 20 m，并具有逐渐过渡的特点，例如有植物的零星生长，此时取潮滩上最靠近光滩的植被边缘线作为生物岸线，如图 4.8 所示。

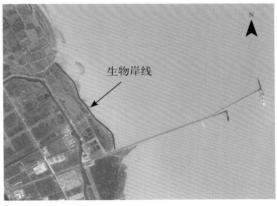

图 4.8 生物岸线判别方法
（盐城市大丰区大丰港北侧岸段）

5）河口岸线

河口区的海陆分界线要从河口两侧穿越水域进行连接，对于开敞型的大河河口来说，水域相当宽阔，例如长江口河口水域最宽达上百千米，没有明确的地物标识可参考，海岸线如何划定难以掌握。现有的河口岸线划定方法主要包括 5 种。

（1）大潮平均高潮位法，通过确定河口区受海水涨落潮影响的最远范围，划定河口岸线的位置。这种方法对于径流、潮流作用相对比较均衡的河口区岸线划分比较有利，不足之处是需要依赖河口的潮位观测数据。但是以长江为例，长江枯水期感潮段可达安徽大通，丰水期感潮段亦可到达南京，如按大潮平均高潮位法界定，河口岸线需要深入内陆数百千米。因此利用该方法划定河口岸线并不合适。

（2）生物类型划分法，以典型淡水生物和海水生物的分布界线为依据划分海陆界线。由于生物本身在河口活动范围变化大，而且划线生物种属的选择也不容易，因此该方法实现起来难度较大。

（3）地貌类型划分法，依据河口区的地貌形态差异和地貌特征来划定河口岸线。问题在于不同地区、不同大小、不同类型的河流入海口地貌千差万别，增加了选择标识地貌体的难度。

（4）河口盐度划分法，以河口区盐度作为划分河口区水体海陆界线的依据。出发点有3个：一是盐度大小是海水和河水最根本的差别，且观测难度不大；二是盐度不同对水的利用方式不同；三是全国可以制定统一明确的盐度划分标准。由于水的直接利用方式是由水的盐度决定的，而水的氯度测定简便，因此可以用水的氯度来代替盐度（夏东兴等，2009）。

（5）河口形态学划分法，依据入海河口的形态差异，以河道入海的突然展宽处或者河口两侧的入海拐角点为上界，连线得到河口岸线。河口形态学划分法适用于江苏省沿海大部分小型入海河流的河口岸线划分。

图4.9显示了以河口形态学划分法划定的盐城市射阳县射阳河口的河口岸线结果，岸线南侧点选为河口南侧淤长的潮滩拐角，北侧点选为河口北侧淤长潮滩与射阳港人工堤坝在河口潮滩的根部交点，两点连线形成射阳河口的河口岸线。

图4.9　河口岸线的划定方法
（盐城市射阳县射阳河口海岸）

4.2　人工岸线遥感判别标志

1）盐养围堤岸线

盐养围堤岸线用于海水晒盐或者围海养殖，围堤外多为滩涂裸地，围堤通常为低标准堤坝。一般来说，大潮高潮不能淹没盐养围堤外边缘。盐养围堤岸线的提取有较大争议。目前有一种判别方案是根据围堤内外的陆海开发利用情况来确定盐养围堤岸线的位置：如果盐养区已经取得土地证，岸线界定在靠海一侧的围堤堤顶外沿；如果未取得土地使用证，岸线位置界定在盐养区内侧陆缘。这种判别方案的出发点是认为盐业和围填海养殖业属于海洋产业，从而把盐田区、围海养殖区纳入海域对待。其缺点在于进行岸线判别时需要参照外部属性如土地使用证取得情况等进行分析，同时如果把岸线定在内侧陆缘，则无法分析盐养区的向海扩张特性。

在高分辨率遥感影像上，围海养殖区一般呈长条状或块状集中分布，布局规则，颜色较深，近似于低含沙量海水。养殖池在干涸晒塘情况下，表现类似盐碱地，反射率较高，呈灰色或灰白色。对于围海养殖区来说，海岸线位置确定在养殖区外边缘（图4.10）。盐田区在淤泥质潮滩上表现为规则小型方块连续大面积分布，且一般都分布对称。其中，蒸发池颜色近于海水，结晶池由于含有大量海盐，呈白色，亮度较高。盐田海岸岸线和养殖区岸线确定方法一样，确定在盐田区域的外边缘。

图4.10 盐养围堤岸线判别方法
（盐城市大丰区四卯酉河口南侧海岸）

2）港口码头岸线

港口码头海岸一侧邻接海水，另一侧陆地的港口码头区多有居民区、工厂等，一般成规模分布，有明显区别于海水、滩涂、植被的亮度特征，但是不均匀，区间内有较清晰的条带状道路轮廓，道路错综复杂，整体容易辨认，如图4.11所示。码头的形式有顺岸式码头、突堤式码头、引桥式码头、栈桥式码头、趸船码头（又称浮码头）以及船坞等。对于顺岸式码头，海岸线取构筑物与海水交界的外缘；其他形式的码头，海岸线位置确定在码头根部与陆地相连的连线处。港口岸线伸出的突堤、防波堤等不形成有效岸线，不作为人工岸线处理。

图4.11 港口码头岸线判别方法
（连云港市连云港港庙岭港区）

3）建设围堤岸线

建设围堤一般用石、砖、混凝土等材料修建，在影像上亮度较高，呈白色、狭长条状延伸分布，形状规则。堤外一般为淤泥质滩涂，颜色灰暗，由于存在含水量的差异，滩涂颜色略低于裸地。堤内根据工程进展，可能是未开发的滩涂、吹填沙体或者正在建设的工程，表现为滩涂或者建设区的特征，如图4.12所示。建设围堤岸线位置确定在围堤的外边缘。

图4.12　建设围堤岸线判别方法
（南通市海门滨海新区）

4）道路海堤岸线

道路海堤是沿海修建的高标准达标海堤，是一种用石、砖、混凝土或其他材料修建的挡水护岸构筑物，兼有防潮挡浪和道路通行功能，在影像上亮度较高，呈白色、狭长条带状延伸分布，边缘线性轮廓显著，堤外为少量裸滩或者盐碱植被，如图4.13所示。与盐养围堤海岸岸线相比，道路海堤岸线通常比较顺直，建设等级高，不像盐养围堤海岸以低标准土堤为主，通常与岸滩的淤长有关，走向比较曲折；与建设围堤海岸岸线相比，道路海堤岸线的功能有明确差异。道路海堤岸线位置可确定在围堤的外边缘。

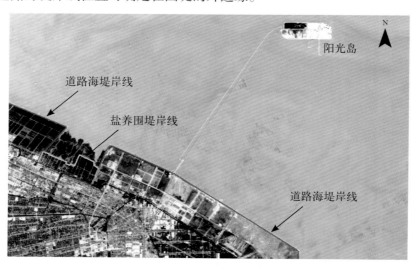

图4.13　道路海堤岸线判别方法
（南通市如东县海岸）

5）河流河堤岸线

河流河堤海岸位于入海河流的河口地带，沿河道两侧平行分布，堤身一般由土料、石块或混凝土建造，在影像上亮度较高，呈白色，如图 4.14 所示。在入海河流的河口地带，河流河堤岸线位置确定方法如下：河道两侧依据相邻的河堤或道路内侧确定河流河堤岸线位置；河道的向陆一侧，选择靠海最近的涵闸或者横跨河道的大桥的向海一侧边缘确定河流河堤岸线位置。

图 4.14　河流河堤海岸岸线判别方法
（连云港市赣榆区柘汪河口）

4.3　本章小结

本章针对江苏省沿海的海岸线二级分类体系中所给出的二级类，以江苏省海岸带为例描述了岸线的实际特征和影像特征，建立了岸线的遥感判别标志，给出了基于遥感影像的岸线判别方法。

参考文献

马小峰，2007. 海岸线卫星遥感提取方法研究 [D]. 大连：大连海事大学.
夏东兴，段焱，吴桑云，2009. 现代海岸线划定方法研究 [J]. 海洋学研究，27(增刊): 28–33.

第5章 潮汐过程模拟与潮位插值处理方法

在江苏省沿海强潮型粉砂淤泥质海岸，由于地球曲率、近岸地形、潮波传播与变形等影响，潮汐水位过程不同步现象普遍存在。例如，据计算，在覆盖江苏省中部沿海的 HJ-1 号卫星影像成像时刻（2015 年 5 月 12 日 11 时 02 分），沿海不同纬度区域的潮差约有 2.5 m 之多（图 5.1）。可见由卫星遥感影像提取得到的水边线，不能当成等高线来对待。基于水边线来进一步推算海岸线，需要在沿海有大量的、详尽的验潮站潮位观测资料。但是，淤泥质海岸潮位观测站少、潮位资料缺乏的客观事实，大大限制了海岸线遥感推算及岸滩动态变化遥感监测的应用。

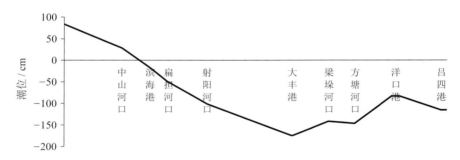

图 5.1 江苏省沿海同一时刻不同位置的潮位对比

潮汐过程模拟和潮位插值处理是获取江苏省沿海精确潮位数据的有效手段。构建近海高精度潮波数值计算模型，选择合适的贴体曲线网格，在合适的边界条件和初始条件驱动下，可以实现江苏省近海潮波运动过程的精确模拟。但是随着网格的加密以及模拟精度要求的提高，潮波数值模拟的计算开销呈几何级数增加。要获取江苏省沿海任意位置、任意时间段的潮位数据，需要对整个潮波模型进行调试和运行，这样潮位数据获取的效率就会大大降低。对于沿海指定位置在任意时间段——如遥感影像成像时刻的潮位数据获取需求，潮汐数值模拟结果驱动的潮汐调和分析计算是一种好的选择。通过计算指定位置的潮汐调和参数，可以实现任意时间段的潮位过程模拟。

为此，需要根据江苏省的海岸线走势、曲折状况、海岸带类型以及岸滩的冲淤变化特征，合理布置潮位计算站点的位置，形成江苏省沿海潮汐分带插值校正的控制站点。通过长时间段的潮波运动过程模拟，利用各潮位控制站点在规则曲线网格中的行列号信息，输出得到各控制站点的潮位变化时间过程线，进而利用潮汐调和分析技术，计算出潮位控制站点的潮汐调和参数。这样，首先通过潮波数值模拟，提供沿海控制站点的潮位过程；然后利用潮汐调和分析，计算得到潮汐调和参数，即可进行控制站点任意时刻的潮位计算。

在解决了控制站点的潮汐过程模拟和潮位计算问题后，根据卫星遥感影像的成像时间，可以分别模拟出成像时刻位于影像覆盖范围内各控制站点的潮位值，经过潮位订正处理，把控制站点的潮位换算到统一的高程基准。对于相邻控制站点之间的任意海岸断面，利用潮汐分带插值校正处理技术，计算出断面潮位值，然后基于岸滩平均坡度推算出平均大潮高、低潮点的位置，最终连线得出平均大潮高、低潮线。因此可以看到，要在潮位数据应用的基础上利用卫星遥感影像来推算海岸线，涉及近海海域潮波数值模拟、控制站点潮汐调和计算、潮位订正和潮汐分带插值校正处理技术，各技术之间的衔接关系如图 5.2 所示。

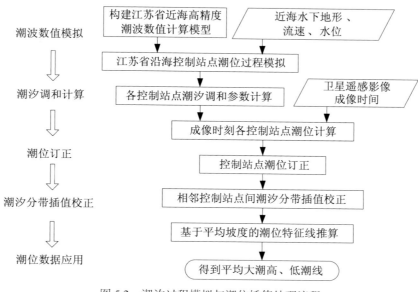

图 5.2 潮汐过程模拟与潮位插值处理流程

5.1 江苏省近海潮波数值模拟

5.1.1 潮波数值模拟概述

潮汐是一种自然现象，是指地球上的海水在天体（主要是月球和太阳）引潮力作用下所产生的周期性运动。习惯上把海面垂向涨落称为潮汐，而海水在水平方向的流动称为潮流（冯士筰等，1999）。对潮汐现象的科学研究起始于牛顿。1687 年，牛顿在万有引力定律基础上，提出了潮汐静力理论（即平衡潮理论），利用潮汐椭球定性解释了潮汐不等现象，并定量计算了平衡潮潮高的时空分布。但是潮汐静力理论并不能够全面解释原本属于动力学问题的潮汐现象。1776 年，拉普拉斯开始应用流体动力学理论，把海洋潮汐看作是引潮力作用下的强迫振动，将连续方程和运动方程组成控制潮波运动的动力学方程组，创立了潮汐动力理论，并引入地转偏向力，开展了潮波运动研究。

潮波是一种长波，是由天体对地球的引力作用所产生的强迫振动，潮波内无数水质点以一定的相位差相继运动，构成潮波的传播，表现为海水垂直方向的潮位升降和水平方向的潮流涨落。潮位和潮流是潮波的主要运动特征，其中潮流是根本性的特征，在多数地点，潮汐的升降与潮流的涨退类型相似，外海海水涨潮流的流入导致潮汐上升，落潮流的海水流向外海导致潮汐下降。因此，可以把潮汐看作是不同潮波复杂作用下产生的自然现象，是各潮波复合作用的结果（陈倩，2002）。对实际海区或大洋而言，大洋中的潮波是强迫潮波，大洋附属海区如中国东部海域、江苏省近海的潮波可视为自由潮波，因为附属海区潮汐能量的来源主要靠毗连海区的大洋维持，而不是引潮力直接作用的结果（林珲等，2000）。

两个多世纪以来，许多科学家一直试图求出潮波运动方程的数值解，但是由于对真实海洋或海区作了数学抽象和概化处理，所以只能导出潮波运动的一般性结论。近几十年来，随着计算机技术和数值模拟技术的快速发展，潮波方程的数值求解取得很大进展。潮波运动的数值模拟可归纳为这样一个数学模型的求解问题，即在已知引潮力、地转偏向力、海洋或海区形状和深度分布，并在满足各种边界条件的情况下，采用计算机数值计算的方法求解潮波方程，从而得出潮波运动的两大特征要素——潮位和潮流的时空分布规律。

数值模拟技术应用于潮波运动的研究，不仅丰富了研究内容，而且使问题的研究从简单的运动学分析转向运动学与动力学相结合、研究与应用相结合，研究成果更加全面可靠（陈倩，2002）。潮波运动的数值模拟研究主要有两个方向：一个方向是求解大洋的潮波运动，重点解决潮汐的形成问题；另一个方向是研究较小尺度的海洋或海区中的潮波传播特性，主要探讨大洋边缘海及近岸的潮波运动，解决岸线形态变化、底摩擦、浅水效应等实际问题（俞琨，2007）。

对于第二个研究方向，在边缘海、海湾、河口等浅海区域的潮波数值模拟不仅出现较早，而且成果丰硕。在 20 世纪早期，Sterneck 等（1920）通过引入因子消除时间变量，给出了一维潮波方程的数值解法，并对一些狭长海域进行了计算，取得了理想的结果（方国洪等，1986）。Proudman 等（1924）在研究北海潮波时，把潮波方程中的潮位、潮流都用零时和间隔 1/4 周期的时刻值表示，使分离后的变量只是地理坐标的函数，从而按照海区断面资料计算出潮汐分布图（陈宗镛，1980）。小仓伸吉（1936）也采用此方法计算了黄海北部和渤海的潮波。然而，近代二维潮波运动的数值模拟技术，则是在 Hansen（1952）发表边值方法以后才得到广泛的发展。到 20 世纪 70 年代，以 Heaps（1972）提出的一个谱模型为标志，将平（球）面二维潮波运动的研究推至空间三维。现在，二维潮波运动的数值模拟已覆盖四大洋的各边缘海及海区，而三维潮波运动的模拟技术则正在发展中，并日趋成熟。

在我国，对整个中国东部海域（包括渤海、黄海、东海）的潮波数值计算工作也蓬勃发展。沈育疆（1980）运用边值法计算线性潮波方程，对东海潮波运动进行了首次数值模拟，探索了协振潮波的传播和潮汐分布的总规律。夏综万等（1984）通过黄海 M_2 分潮的数值模拟，给出了黄海中国一侧的潮汐潮流特征，为该区域小范围的数值模拟提供了边界条件。丁文兰（1984）、汤毓祥（1989）使用二维、非线性潮汐模式，更精确地模拟了东海的 M_2、K_1 分潮。赵保仁等（1994）利用球面坐标计算了渤海、黄海、东海的全日潮及半日潮的潮汐和潮流。王凯等（1999）实现了渤海、黄海、东海 M_2 潮汐、潮流的三维数值模拟，并绘制了 M_2 分潮的同潮图。孙长青等（2003）通过对海州湾及邻近海域潮流数值计算，得到计算海域的最大潮流分布、同潮时线与等振幅线。朱学明等（2012）利用 FVCOM 海洋数值模式，采用高分辨率三角形网络，对渤海、黄海、东海的潮汐和潮流进行了数值模拟，给出了 4 个主要分潮的潮汐同潮图和 5 m 层潮流最大流速及最大潮流同潮时分布。

对于江苏省近海复杂的动力因素条件，仅从历史资料和现场资料进行分析是不够的，潮波运动数值模拟是揭示近海潮汐、潮流主要特征和运动规律的重要手段。有必要研究建立合适的高精度潮波数值模拟模型，主要包括模型方程、网格生成、数值求解方法和数值处理技术等，通过数值模拟近海海域的水流运动，来获得沿海控制站点的潮位过程，以弥补江苏省近海淤泥质海岸潮位观测数据缺乏的问题，为基于遥感瞬时水边线的潮位推算及潮位分带插值校正处理提供必需的潮位数据，并为海岸线的遥感推算提供技术与方法支撑。

5.1.2 潮波运动基本理论

5.1.2.1 潮波运动基本方程

控制潮波运动的基本方程按维数、坐标系和问题的线性与非线性等有不同的形式。假定海水均质不可压缩,关于水流间的紊动应力采用 Boussinesq 假定,即可类比于层流的粘性应力,在右手笛卡尔坐标系(东向为 X 轴方向,北向为 Y 轴方向,垂向上为 Z 轴方向,Z 轴的零面取在水平位势面上)中,潮波运动的基本方程有两个。

1)连续方程

由质量守恒定律在流体中的应用可得连续方程如下:

$$\frac{D\rho}{Dt} + \rho \boldsymbol{\nabla} \cdot \vec{V} = 0 \tag{5.1}$$

由于海水为不可压缩流体,在直角坐标系中连续方程被简化为:

$$\frac{\partial u}{\partial x} + \frac{\partial v}{\partial y} + \frac{\partial w}{\partial z} = 0 \tag{5.2}$$

式中,u、v、w 分别为 X、Y、Z 方向的速度分量。

2)运动方程

由 Navier-Stokes 运动方程可得海水运动方程如下:

$$\frac{D\vec{V}}{Dt} = -\frac{1}{\rho}\boldsymbol{\nabla}p - 2\vec{\omega} \times \vec{V} + \mu\boldsymbol{\nabla}^2\vec{V} + \vec{F} \tag{5.3}$$

在直角坐标系中,上式的分量形式为:

$$\begin{cases} \dfrac{\partial u}{\partial t} + u\dfrac{\partial u}{\partial x} + v\dfrac{\partial u}{\partial y} + w\dfrac{\partial u}{\partial z} = -\dfrac{1}{\rho}\dfrac{\partial p}{\partial x} + fv + \mu\left(\dfrac{\partial^2 u}{\partial x^2} + \dfrac{\partial^2 u}{\partial y^2} + \dfrac{\partial^2 u}{\partial z^2}\right) + F_x \\[2mm] \dfrac{\partial v}{\partial t} + u\dfrac{\partial v}{\partial x} + v\dfrac{\partial v}{\partial y} + w\dfrac{\partial v}{\partial z} = -\dfrac{1}{\rho}\dfrac{\partial p}{\partial y} - fu + \mu\left(\dfrac{\partial^2 v}{\partial x^2} + \dfrac{\partial^2 v}{\partial y^2} + \dfrac{\partial^2 v}{\partial z^2}\right) + F_y \\[2mm] \dfrac{\partial p}{\partial z} = -\rho g \end{cases} \tag{5.4}$$

式中,t 为时间;g 为重力加速度;ρ 为海水密度;p 为压力;F_x、F_y 为 X 和 Y 方向上其他外力的分量;$f = 2\omega\sin\varphi$ 为科氏参量,ω 为地转角速度,φ 为地理纬度。

潮波运动的基本方程(5.2)、(5.4)应满足一定的边界条件才能求解。主要的边界条件包括垂直向边界条件和水平向边界条件。

(1)垂直向边界,分为海面边界和海底边界,对应的边界条件为:

①海面运动学边界条件($z=\zeta$):

$$w_{\mathrm{s}} = \frac{\partial \zeta}{\partial t} + u_{\mathrm{s}}\frac{\partial \zeta}{\partial x} + v_{\mathrm{s}}\frac{\partial \zeta}{\partial y} \tag{5.5}$$

式中,ζ 代表水位,下标 s 表示各相关变量值为海面的值。

②海面动力学边界条件($z=\zeta$):

$$\begin{cases} A_{\mathrm{V}}\dfrac{\partial u_{\mathrm{s}}}{\partial z} = \tau_{\mathrm{s}}^{x} \\[2mm] A_{\mathrm{V}}\dfrac{\partial v_{\mathrm{s}}}{\partial z} = \tau_{\mathrm{s}}^{y} \end{cases} \tag{5.6}$$

在海表面，切应力等于风应力，采用常用的与风速二次方的关系式，则有：

$$\begin{cases} A_{\mathrm{V}}\dfrac{\partial u_s}{\partial z} = \tau_s^x = \rho_a C_{\mathrm{D}} W_x \sqrt{W_x^2 + W_y^2} \Big/ \rho \\[2mm] A_{\mathrm{V}}\dfrac{\partial v_s}{\partial z} = \tau_s^y = \rho_a C_{\mathrm{D}} W_y \sqrt{W_x^2 + W_y^2} \Big/ \rho \end{cases} \tag{5.7}$$

式中，A_{V} 为垂直方向的涡粘系数，该值的确定直接关系到潮流的垂直结构，应慎重选取。ρ_a 为空气密度，τ_s^x 和 τ_s^y、W_x 和 W_y 分别为海表面 X 方向和 Y 方向上的风应力和风速，C_{D} 为海气界面的摩擦系数。

③海底运动学边界条件（$z = -H$）：

$$w_b = -\left(u_b \frac{\partial H}{\partial x} + v_b \frac{\partial H}{\partial y} \right) \tag{5.8}$$

式中，H 代表水深，下标 b 表示各相关变量值为海底的值。

④海底动力学边界条件（$z = -H$）：

$$\begin{cases} A_{\mathrm{V}}\dfrac{\partial u_b}{\partial z} = \tau_b^x \\[2mm] A_{\mathrm{V}}\dfrac{\partial v_b}{\partial z} = \tau_b^y \end{cases} \tag{5.9}$$

在海底，切应力等于摩擦力，采用与流速二次方的关系式，则有：

$$\begin{cases} A_{\mathrm{V}}\dfrac{\partial u_b}{\partial z} = \tau_b^x = F_C u_b \sqrt{u_b^2 + v_b^2} \\[2mm] A_{\mathrm{V}}\dfrac{\partial v_b}{\partial z} = \tau_b^y = F_C v_b \sqrt{u_b^2 + v_b^2} \end{cases} \tag{5.10}$$

式中，τ_s^x 和 τ_s^y 分别表示海底 X 方向和 Y 方向上的底应力，F_C 为海底摩擦系数。

（2）水平向边界，分为闭边界（水–陆边界）和开边界（水–水边界），对应的边界条件为：

①闭边界运动学边界条件：

在固体侧边界处，假定垂直于固体海岸的法向流速为零，满足流体不可入条件，即：

$$\vec{u} \cdot \vec{n} = 0 \tag{5.11}$$

式中，$\vec{n}$ 为海岸边界的法向单位向量。

②闭边界动力学边界条件：

假定在固体侧边界上没有切应力，采用滑移边界条件，有：

$$A_{\mathrm{H}} \frac{\partial \vec{u}}{\partial \vec{n}} = 0 \tag{5.12}$$

式中，A_{H} 为水平涡粘系数。

③开边界条件：

开边界需要给定水–水边界的流速和水位条件。流速边界条件可用 Orlanski 辐射条件来给定，水位边界条件可根据主要分潮的调和常数来给定，即：

$$\zeta = \sum_{i=1}^{n} R_i \cos\left(\sigma_i t + \theta_{i0} - \theta_i\right) \tag{5.13}$$

式中，ζ 为水位，指相对于静海面的潮波振动值；n 为分潮总数，R_i、σ_i 分别为 i 分潮的振幅和角速度，θ_{i0} 为 i 分潮的初位相，θ_i 为 i 分潮的相位滞后。

5.1.2.2 正交曲线坐标系

为了方程的数值求解，在将基本方程离散为易解的代数方程之前，需要相应地将计算海区离散，每个离散单元称为网格。网格可以是任意多边形，一般采用的有 3 种：矩形、三角形和（曲）四边形。在河口、海岸大范围水体运动的数值模拟中，由于河口、海岸地貌形态复杂，岸线分布不规则，传统的矩形网格很难贴合地形边界。而在有限差分法中，边界用折线进行逼近，这不仅改变了原物理边界附近的局部流态，而且也增加了边界条件设置的复杂性，降低了计算精度。采用曲线坐标，通过坐标变换，将不规则区域转化为规则区域进行计算，能较好地克服这一缺点。采用曲线坐标系的优点在于：①曲线网格完全贴合在物理边界上，使得边界条件的处理变得简单准确，能大大提高计算精度；②计算区域内曲线网格布置灵活，可较好地适应河口、海岸区域的不规则岸线。因此，正交曲线坐标系的引入是研究河口、海岸潮波计算的一种有效数值处理方案。

曲线网格为四边形网格，属于不规则网格，经坐标变换可成为规则的矩形网格。这种网格一般由 Poisson 方程或 Laplace 方程自动生成，可以是正交的，也可以是非正交的。曲线网格的生成常用坐标拟合法。在 1962 年，Cronley 便提出了曲线拟合坐标的构想并进行了尝试。20 世纪 70 年代，Barfield 提出了坐标拟合法。Thompson（1985）首次用 Poisson 方程生成曲线网格，随后该方法不断得到发展，并被广泛应用于河口、港湾和海洋流体运动的研究。

二维情况下，采用边界拟合法生成贴体曲线网格，曲线网格的生成大多以椭圆型方程作为控制方程并进行坐标转换，其网格线由一组 Poisson 方程的边值问题决定，通常作如下形式：

$$\begin{cases} \nabla^2 \xi = P(x, y) \\ \nabla^2 \eta = Q(x, y) \end{cases} \qquad (5.14)$$

式中，$\nabla^2 = \dfrac{\partial}{\partial x^2} + \dfrac{\partial}{\partial y^2}$ 为水平梯度算子，(x, y) 为物理平面的坐标点，(ξ, η) 为计算平面的坐标点，物理平面与计算平面的变换关系见图 5.3。$P(x, y)$ 和 $Q(x, y)$ 是网格密度的控制函数，P 和 Q 主要有 3 种形式：

（1）Thompson 建立的 P、Q 形式，为指数型控制函数；

（2）依照势流理论建立的 P、Q 形式，通过仿解析函数的 Cauchy-Riemainn 条件，构造得到正交控制函数；

（3）Anderson 建立的 P、Q 形式，将权函数引入正交控制函数，得到有权函数的控制函数。

当 $P = Q = 0$ 时，Poisson 方程退化为 Laplace 方程，可生成均匀的曲线网格。

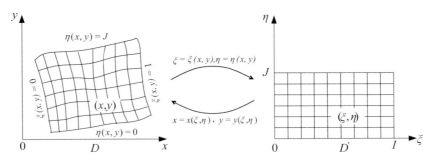

图 5.3 物理平面与计算平面的变换关系

一般地，在计算平面上，$\Delta\xi=\Delta\eta=1$，需要采用数值方法求解 Poisson 方程组（5.14）的逆过程方程组：

$$\begin{cases} \alpha\dfrac{\partial^2 x}{\partial\xi^2} - 2\beta\dfrac{\partial^2 x}{\partial\xi\partial\eta} + \gamma\dfrac{\partial^2 x}{\partial\eta^2} + J^2\left(P\dfrac{\partial x}{\partial\xi}+Q\dfrac{\partial x}{\partial\eta}\right)=0 \\ \alpha\dfrac{\partial^2 y}{\partial\xi^2} - 2\beta\dfrac{\partial^2 y}{\partial\xi\partial\eta} + \gamma\dfrac{\partial^2 y}{\partial\eta^2} + J^2\left(P\dfrac{\partial y}{\partial\xi}+Q\dfrac{\partial y}{\partial\eta}\right)=0 \end{cases} \tag{5.15}$$

式中，

$$\alpha=\left(\frac{\partial x}{\partial\eta}\right)^2+\left(\frac{\partial y}{\partial\eta}\right)^2,\quad \beta=\frac{\partial x}{\partial\xi}\frac{\partial x}{\partial\eta}+\frac{\partial y}{\partial\xi}\frac{\partial y}{\partial\eta}$$

$$\gamma=\left(\frac{\partial x}{\partial\xi}\right)^2+\left(\frac{\partial y}{\partial\xi}\right)^2,\quad J=\frac{\partial x}{\partial\xi}\frac{\partial y}{\partial\eta}-\frac{\partial x}{\partial\eta}\frac{\partial y}{\partial\xi}$$

α 表示单位 η 坐标的实质长度，γ 表示单位 ξ 坐标的实质长度。

当生成正交曲线网格时，不同簇的网格线互为正交，$\beta=0$，$J=\sqrt{\alpha}\sqrt{\gamma}$，此时正交曲线网格的控制方程变为：

$$\begin{cases} \alpha\dfrac{\partial^2 x}{\partial\xi^2} + \gamma\dfrac{\partial^2 x}{\partial\eta^2} + \alpha\gamma\left(P\dfrac{\partial x}{\partial\xi}+Q\dfrac{\partial x}{\partial\eta}\right)=0 \\ \alpha\dfrac{\partial^2 y}{\partial\xi^2} + \gamma\dfrac{\partial^2 y}{\partial\eta^2} + \alpha\gamma\left(P\dfrac{\partial y}{\partial\xi}+Q\dfrac{\partial y}{\partial\eta}\right)=0 \end{cases} \tag{5.16}$$

曲线网格生成的关键是选择和构造控制函数 P 和 Q。选取合适的 P、Q 形式，通过对式（5.16）离散计算，即可生成正交曲线网格。

5.1.2.3　正交曲线坐标系下的潮波运动方程

以水深平均的二维浅水波动方程为控制方程，并将其转化为正交曲线坐标系下的水流运动方程，以此建立二维潮流数值模型。平面正交曲线坐标系下的二维潮流数值模型包括水流连续方程和动量方程，方程形式如下（孔俊，2005）。

水流连续方程：

$$\frac{\partial\zeta}{\partial t}+\frac{1}{\sqrt{\alpha\gamma}}\left[\frac{\partial}{\partial\xi}\left(\sqrt{\alpha}D\tilde{u}\right)+\frac{\partial}{\partial\eta}\left(\sqrt{\gamma}D\tilde{v}\right)\right]=0 \tag{5.17}$$

ξ 方向动量方程：

$$\frac{\partial\tilde{u}}{\partial t}+\frac{\tilde{u}}{\sqrt{\gamma}}\frac{\partial\tilde{u}}{\partial\xi}+\frac{\tilde{v}}{\sqrt{\alpha}}\frac{\partial\tilde{u}}{\partial\eta}-\frac{\tilde{v}^2}{\sqrt{\alpha\gamma}}\frac{\partial\sqrt{\alpha}}{\partial\xi}+\frac{\tilde{u}\tilde{v}}{\sqrt{\alpha\gamma}}\frac{\partial\sqrt{\gamma}}{\partial\xi}$$
$$=f\tilde{v}-\frac{g}{\sqrt{\gamma}}\frac{\partial\zeta}{\partial\xi}+A_{\mathrm{H}}\left(\frac{1}{\sqrt{\gamma}}\frac{\partial A}{\partial\xi}-\frac{1}{\sqrt{\alpha}}\frac{\partial B}{\partial\eta}\right)-\frac{g\sqrt{\tilde{u}^2+\tilde{v}^2}}{C^2 D}\tilde{u} \tag{5.18}$$

η 方向动量方程：

$$\frac{\partial \tilde{v}}{\partial t} + \frac{\tilde{u}}{\sqrt{\gamma}}\frac{\partial \tilde{v}}{\partial \xi} + \frac{\tilde{v}}{\sqrt{\alpha}}\frac{\partial \tilde{v}}{\partial \eta} - \frac{\tilde{u}^2}{\sqrt{\alpha\gamma}}\frac{\partial \sqrt{\gamma}}{\partial \eta} + \frac{\tilde{u}\tilde{v}}{\sqrt{\alpha\gamma}}\frac{\partial \sqrt{\alpha}}{\partial \eta}$$

$$= -f\tilde{u} - \frac{g}{\sqrt{\alpha}}\frac{\partial \zeta}{\partial \eta} + A_H\left(\frac{1}{\sqrt{\gamma}}\frac{\partial B}{\partial \xi} - \frac{1}{\sqrt{\alpha}}\frac{\partial A}{\partial \eta}\right) - \frac{g\sqrt{\tilde{u}^2+\tilde{v}^2}}{C^2 D}\tilde{v} \tag{5.19}$$

其中：

$$A = \frac{1}{\sqrt{\alpha\gamma}}\left[\frac{\partial}{\partial \xi}\left(\sqrt{\alpha}\,\tilde{u}\right) + \frac{\partial}{\partial \eta}\left(\sqrt{\gamma}\,\tilde{v}\right)\right] \tag{5.20}$$

$$B = \frac{1}{\sqrt{\alpha\gamma}}\left[\frac{\partial}{\partial \xi}\left(\sqrt{\alpha}\,\tilde{v}\right) - \frac{\partial}{\partial \eta}\left(\sqrt{\gamma}\,\tilde{u}\right)\right] \tag{5.21}$$

$$D = h + \zeta \tag{5.22}$$

式中，$\tilde{u}$、$\tilde{v}$ 分别表示沿 ξ 轴、η 轴方向的流速分量，D 为总水深，h 为基面以下水深，A_H 为水平涡粘扩散系数，C 为谢才系数，g 为重力加速度。

方程（5.17）、（5.18）、（5.19）组成了二维潮波运动的基本方程。由于方程中包含了海面和海底边界条件，因此二维问题的求解仅涉及水平向边界条件。

5.1.2.4 潮波运动方程的离散

在数值计算中采用正交曲线坐标，以水位和流速分量作为方程的 3 个变量，采用双步全隐式逆风 DSI（Double Sweep Implicit method）有限差分方法，在交错网格上离散水流运动方程。为提高模型的计算稳定性，水位和流速点的布置采用 C 网格布置，详见图 5.4，网格上各信息点的布置见图 5.5。

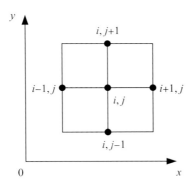

图 5.4 C 网格布置

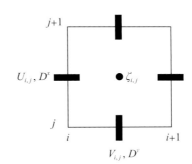

图 5.5 网格主要物理量布置

应用 DSI 方法计算时，将每个时间步长 Δt 均分为两个半步，前半步对 v 采用隐式，对 u 采用显式；后半步对 u 采用隐式，对 v 采用显式。在 DSI 分步计算中，假定已知 n 时刻的 u^n、v^n 和 ζ^n 值，前半步沿 y 方向隐式解得 v^{n+1}、ζ^*；后半步沿 x 方向隐式解得 u^{n+1}、ζ^{n+1}。DSI 并非严格意义上的时间分步法，而是计算过程的分步，ζ^* 为 DSI 计算过程分步的一个中间值。

各步的计算方程组介绍如下。其中，离散的各式若未作标明则均指 n 时刻、各变量移步确定后的（i,j）网格。

沿 y 方向：

$$\frac{\partial \zeta^*}{\partial t} + \frac{\partial (uD)}{\partial x} + \frac{\partial (v^{n+1}D)}{\partial y} = 0 \tag{5.23}$$

$$\frac{\partial v^{n+1}}{\partial t} + u\frac{\partial v}{\partial x} + v\frac{\partial v}{\partial y} = -fu - g\frac{\partial \zeta}{\partial y} + A_{\text{H}}\left(\frac{\partial^2 v}{\partial x^2} + \frac{\partial^2 v}{\partial y^2}\right) - \frac{g\sqrt{u^2+v^2}}{C^2D}v^{n+1} \tag{5.24}$$

沿 x 方向：

$$\frac{\partial \zeta^{n+1}}{\partial t} + \frac{\partial (u^{n+1}D)}{\partial x} + \frac{\partial (v^{n+1}D)}{\partial y} = 0 \tag{5.25}$$

$$\frac{\partial u^{n+1}}{\partial t} + u\frac{\partial u}{\partial x} + v\frac{\partial u}{\partial y} = fv^{n+1} - g\frac{\partial \zeta^*}{\partial x} + A_{\text{H}}\left(\frac{\partial^2 u}{\partial x^2} + \frac{\partial^2 u}{\partial y^2}\right) - \frac{g\sqrt{u^2+v^2}}{C^2D}u^{n+1} \tag{5.26}$$

若记：

$$\overline{u}_{i,j} = \frac{1}{4}\left(u_{i,j} + u_{i,j-1} + u_{i+1,j} + u_{i+1,j-1}\right)$$

$$\overline{v}_{i,j} = \frac{1}{4}\left(v_{i,j} + v_{i,j+1} + v_{i-1,j} + v_{i-1,j+1}\right)$$

$$D^x = \frac{1}{2}\left(D_{i,j} + D_{i,j+1}\right)$$

$$D^y = \frac{1}{2}\left(D_{i,j} + D_{i+1,j}\right)$$

对水流连续方程（5.18）在（i, j）网格上 ζ 处离散，可得：

$$\frac{\zeta^*_{i,j} - \zeta_{i,j}}{\frac{\Delta t}{2}} + \frac{(uD^x)_{i+1,j} - (uD^x)_{i,j}}{\Delta x_i} + \frac{v^{n+1}_{i,j+1}D^y - v^{n+1}_{i,j}D^y}{\Delta y_i} = 0 \tag{5.27}$$

对上式差分离散后的连续方程简化整理后得：

$$A1_{i,j}v^{n+1}_{i,j+1} + \zeta^*_{i,j} + A2_{i,j}v^{n+1}_{i,j+1} = C2_{i,j} \tag{5.28}$$

其中：

$$A1_{i,j} = \frac{\Delta t\left(D_{i,j+1} + D_{i+1,j+1}\right)}{4\Delta y_{j+1}}$$

$$A2_{i,j} = -\frac{\Delta t\left(D_{i,j} + D_{i+1,j}\right)}{4\Delta y_j}$$

$$C2_{i,j} = \zeta^n_{i,j} - \frac{\Delta t}{2\Delta x_i}\left[(uD^x)_{i+1,j} - (uD^x)_{i,j}\right]$$

同理，对运动方程（5.19）在（i, j）网格上 v 处离散，可得：

$$\frac{v^{n+1}_{i,j} - v^n_{i,j}}{\Delta t} + \left(u\frac{\partial v}{\partial x} + v\frac{\partial v}{\partial y}\right)_{i,j} = -fu_{i,j} - 2g\frac{\zeta^*_{i,j} - \zeta^*_{i,j-1}}{\Delta y_i + \Delta y_{i-1}} - \frac{g}{C^2D^y}\sqrt{\overline{u}^2+v^2}v^{n+1}_{i,j}$$
$$+ A_{\text{H}}\left(\frac{\partial^2 v}{\partial x^2} + \frac{\partial^2 v}{\partial y^2}\right)_{i,j} \tag{5.29}$$

上式中，对流项离散采用逆风格式，可离散为：

$$2\left(u\,\mathrm{sign}(u)\frac{v_{i,j}-v_{i-\mathrm{sign}(u),j}}{\Delta x_i+\Delta x_{i-\mathrm{sign}(u)}}+v\,\mathrm{sign}(v)\frac{v_{i,j}-v_{i,j-\mathrm{sign}(v)}}{\Delta y_j+\Delta y_{j-\mathrm{sign}(v)}}\right)$$

扩散项离散采用中心差分格式，可离散为：

$$2A_{\mathrm{H}}\left[\frac{1}{\Delta x_i}\left(\frac{v_{i+1,j}-v_{i,j}}{\Delta x_{i+1}+\Delta x_i}-\frac{v_{i,j}-v_{i-1,j}}{\Delta x_i+\Delta x_{i-1}}\right)+\frac{1}{\Delta y_{i-1}+\Delta y_j}\left(\frac{v_{i,j+1}-v_{i,j}}{\Delta y_j}-\frac{v_{i,j}-v_{i,j-1}}{\Delta y_{j-1}}\right)\right]$$

此时，可化 y 向运动方程为：

$$B2_{i,j}\zeta^{*}_{i,j}+A3_{i,j}v^{n+1}_{i,j}-B2_{i,j}\zeta^{*}_{i,j-1}=D2_{i,j} \tag{5.30}$$

其中：

$$B2_{i,j}=\frac{2g\Delta t}{(\Delta y_{j-1}+\Delta y_j)}$$

$$A3_{i,j}=1+g\Delta t\left(\frac{C_f}{D_y}\sqrt{\bar{u}^2+v^2}\right)_{i,j}$$

$$D2_{i,j}=v^n_{i,j}-fu_{i,j}\Delta t+\Delta t\,u\,\mathrm{sign}(u)\frac{v_{i,j}-v_{i-\mathrm{sign}(u),j}}{\Delta x_i+\Delta x_{i-\mathrm{sign}(u)}}+v\,\mathrm{sign}(v)\frac{v_{i,j}-v_{i,j-\mathrm{sign}(v)}}{\Delta y_j+\Delta y_{j-\mathrm{sign}(v)}}$$

$$+2\Delta tA_{\mathrm{H}}\left(\frac{\dfrac{v_{i+1,j}-v_{i,j}}{\Delta x_{i+1}+\Delta x_i}-\dfrac{v_{i,j}-v_{i-1,j}}{\Delta x_i+\Delta x_{i-1}}}{\Delta x_i}+\frac{\dfrac{v_{i,j+1}-v_{i,j}}{\Delta y_j}-\dfrac{v_{i,j}-v_{i,j-1}}{\Delta y_{j-1}}}{\Delta y_{i-1}+\Delta y_j}\right)$$

联立式（5.28）和式（5.30），用追赶法（TDMA）可求解得到 v^{n+1} 和 ζ^{*}。

若 v^{n+1} 和 ζ^{*} 之间存在如下递推关系：

$$\begin{cases} v^{n+1}_{i,j}=P1_j\zeta^{*}_{i,j-1}+Q1_j \\ \zeta^{*}_{i,j}=P2_jv^{n+1}_{i,j}+Q2_j \end{cases} \tag{5.31}$$

则递推系数之间有如下推算公式：

$$\begin{cases} P1_j=B2_{i,j}/(A3_{i,j}+B2_{i,j}P2_j) \\ Q1_j=(D2_{i,j}-B2_{i,j}Q2_j)/(A3_{i,j}+B2_{i,j}P2_j) \end{cases} \tag{5.32}$$

$$\begin{cases} P2_{j-1}=A2_{i,j}/(1+A1_{i,j}P1_{j+1}) \\ Q2_{j-1}=(C2_{i,j}-A1_{i,j}Q1_j)/(1+A1_{i,j}P1_{j+1}) \end{cases} \tag{5.33}$$

可见，只要已知起始点、边界点的任一对系数，交替使用上述递推公式，即可沿 y 轴方向求出网格点的递推系数，再沿其相反方向求出 v^{n+1} 和 ζ^{*}，而起始点的递推系数可由已知边界条件确定，从而求解出 y 方向的水位和流速。

继续对水流连续方程（5.18）在（i,j）网格上 ζ 处离散，可得：

$$\frac{\zeta_{i,j}^{n+1} - \zeta_{i,j}^{*}}{\frac{\Delta t}{2}} + \frac{\left(u^{n+1}D^{x}\right)_{i+1,j} - \left(u^{n+1}D^{x}\right)_{i,j}}{\Delta x_i} + \frac{v_{i,j+1}^{n+1}D_{i,j+1}^{y} - v_{i,j}^{n+1}D_{i,j}^{y}}{\Delta y_i} = 0 \tag{5.34}$$

对上式差分离散后的连续方程简化整理后得：

$$A1_{i,j}u_{i+1,j}^{n+1} + \zeta_{i,j}^{n+1} + A2_{i,j}u_{i,j}^{n+1} = C2_{i,j} \tag{5.35}$$

其中：

$$A1_{i,j} = \frac{\Delta t\left(D_{i+1,j} + D_{i+1,j+1}\right)}{4\Delta x_{j+1}}$$

$$A2_{i,j} = -\frac{\Delta t\left(D_{i,j} + D_{i,j+1}\right)}{4\Delta x_{j}}$$

$$C2_{i,j} = \zeta_{i,j}^{*} - \frac{\Delta t}{2\Delta y_i}\left[\left(v^{n+1}D^{y}\right)_{i+1,j} - \left(v^{n+1}D^{y}\right)_{i,j}\right]$$

同理，对运动方程（5.19）在（i,j）网格上 u 处离散，可得：

$$\frac{u_{i,j}^{n+1} - u_{i,j}^{n}}{\Delta t} + \left(u\frac{\partial u}{\partial x} + v\frac{\partial u}{\partial y}\right)_{i,j} = fv_{i,j} - 2g\frac{\zeta_{i,j}^{n+1} - \zeta_{i-1,j}^{n+1}}{\Delta x_i + \Delta x_{i-1}} - \frac{g}{C^2 D^x}\sqrt{\overline{v}^2 + u^2}\,u_{i,j}^{n+1}$$
$$+ A_{\mathrm{H}}\left(\frac{\partial^2 u}{\partial x^2} + \frac{\partial^2 u}{\partial y^2}\right)_{i,j} \tag{5.36}$$

上式中，对流项离散采用逆风格式，可离散为：

$$\left(u\,\mathrm{sign}(u)\frac{u_{i,j} - u_{i-\mathrm{sign}(u),j}}{\Delta x_i + \Delta x_{i-\mathrm{sign}(u)}} + v\,\mathrm{sign}(v)\frac{u_{i,j} - u_{i,j-\mathrm{sign}(v)}}{\Delta y_j + \Delta y_{j-\mathrm{sign}(v)}}\right)$$

扩散项离散采用中心差分格式，可离散为：

$$2A_{\mathrm{H}}\left[\frac{1}{\Delta x_i + \Delta x_{i-1}}\left(\frac{u_{i+1,j} - u_{i,j}}{\Delta x_i} - \frac{u_{i,j} - u_{i-1,j}}{\Delta x_{i-1}}\right) + \frac{1}{\Delta y_i}\left(\frac{u_{i,j+1} - u_{i,j}}{\Delta y_j + \Delta y_{j+1}} - \frac{u_{i,j} - u_{i,j-1}}{\Delta y_j + \Delta y_{j-1}}\right)\right]$$

此时，可化 x 向运动方程为：

$$B2_{i,j}\zeta_{i,j}^{n+1} + A3_{i,j}u_{i,j}^{n+1} - B2_{i,j}\zeta_{i-1,j}^{n+1} = D2_{i,j} \tag{5.37}$$

其中：

$$B2_{i,j} = \frac{2g\Delta t}{(\Delta x_{i-1} + \Delta x_i)}$$

$$A3_{i,j} = 1 + g\Delta t\left(\frac{C_f}{D_y}\sqrt{\overline{v}^2 + u^2}\right)_{i,j}$$

$$D2_{i,j} = u_{i,j}^{n} + fv_{i,j}\Delta t + \Delta t\,u\,\mathrm{sign}(u)\frac{u_{i,j} - u_{i-\mathrm{sign}(u),j}}{\Delta x_i + \Delta x_{i-\mathrm{sign}(u)}} + v\,\mathrm{sign}(v)\frac{u_{i,j} - u_{i,j-\mathrm{sign}(v)}}{\Delta y_j + \Delta y_{j-\mathrm{sign}(v)}}$$

$$+ 2\Delta t A_{\mathrm{H}}\left(\frac{\dfrac{u_{i+1,j} - u_{i,j}}{\Delta x_i} - \dfrac{u_{i,j} - u_{i-1,j}}{\Delta x_{i-1}}}{\Delta x_i + \Delta x_{i-1}} + \frac{\dfrac{u_{i,j+1} - u_{i,j}}{\Delta y_j + \Delta y_{j+1}} - \dfrac{u_{i,j} - u_{i,j-1}}{\Delta y_j + \Delta y_{j-1}}}{\Delta y_{i-1} + \Delta y_j}\right)$$

若 u^{n+1} 和 ζ^{n+1} 存在如下递推关系：

$$\begin{cases} u_{i,j}^{n+1} = P2_i \, \zeta_{i,j}^{n+1} + Q2_i \\ \zeta_{i,j}^{n+1} = P1_i u_{i+1,j}^{n+1} + Q1_i \end{cases} \tag{5.38}$$

则递推系数之间有如下推算公式：

$$\begin{cases} P1_i = A1_{i,j} / (1 + A2_{i,j} P2_i) \\ Q1_i = (C2_{i,j} - A2_{i,j} Q2_i) / (1 + A2_{i,j} P2_i) \end{cases} \tag{5.39}$$

$$\begin{cases} P2_i = - B2_{i,j} / (A3_{i,j} - B2_{i,j} P1_{i-1}) \\ Q2_i = (D2_{i,j} - B2_{i,j} Q1_{i-1}) / (A3_{i,j} - B2_{i,j} P1_{i-1}) \end{cases} \tag{5.40}$$

在后半个时间步长，采用追赶法，在 x 方向扫描，利用上步计算得到的 v^{n+1} 和 ζ^*，解得 u^{n+1} 和 ζ^{n+1}，从而求解出 x 方向的水位和流速。

5.1.2.5 潮波运动方程的定解条件

潮波运动方程数值求解时，边界条件及初始条件的正确选择对求得与实际情况接近的数值解起到至关重要的作用。对于求解非恒定摩阻问题，初始场的误差可以在计算中逐步消失，而边界条件的误差则会直接影响整个计算的精度。

1）水流边界条件

江苏省沿海存在两种水流边界，一种是开边界（水边界），另一种是闭边界（陆边界）。在开边界中，潮滩是一种特殊情况，在高潮时淹没，低潮时出现，称为动边界。对于由于潮位变化引起的开边界和闭边界交替变换，动边界的处理采用线边界处理方法。

在闭边界上，设定法向流速为 0，沿闭边界流速的切向流速在法向的梯度为 0，水位法向梯度也为 0；在开边界上，采用实测水文资料作为开边界条件。水动力计算时，可作为边界条件的有潮位、流速或流量。对于大范围模型，边界条件受给定条件的限制，往往采用潮位控制，因为水位沿横断面的变化往往较小，待潮波传递至岸线附近，已基本符合实际情况；而对于小范围模型中的边界条件，如果只给定潮位边界，此时的外海潮波仅通过重力势能传播进来，而忽略了外海潮波已有的传播动能，潮波传至岸线附近时往往流速验证较差，这时还需给定边界上的流速信息。

2）初始条件

因为潮波运动模型为非恒定场，所以在数值模拟过程中需要提供一个合理的初始条件。在计算时，初始条件可由两种方式给出：①由已有的实测资料用平面内插得到整个计算区域上初始时刻的各函数值，由此给出的初始值比较准确，但计算准备工作量大；②选定某一时刻（通常是憩流时刻），将函数初始值近似认为是常数。由于水流初始边界条件的误差在正确的边界条件下会很快地消失，所以通常可选定后一种方法，即取初始条件为常数，可达到计算要求。一般情况下，因为水流运动是一种摩阻运动，可采用冷启动的方式，即给定流速场为零，水位为常数。

5.1.3 潮波模型在江苏省近海的模拟与应用

5.1.3.1 模型计算范围及网格布置

模型采用正交曲线网格，计算范围从上海崇明岛北支青龙港断面（121°14′E）至口外，包括了整个江苏省沿岸，东边界至 123°E，宽度约 300 km；北边界至山东青岛（36°05′N），南边界至 31°30′N，长度约 650 km。网格总数 534×361 个，节点总数 191 880 个，最小空间步长 136 m。具体范围如图 5.6 所示（图中的网格显示进行了抽稀处理），网格的可视化采用 Tecplot10 可视化工具。

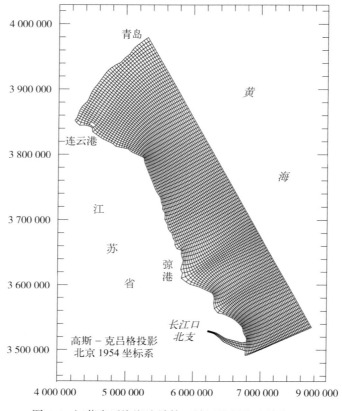

图 5.6　江苏省近海潮流计算区域网格划分（单位：m）

5.1.3.2 模型计算条件

模型中因为计算区域范围较大，外海开边界的潮位通过东中国海潮波模型计算提供，沿岸由潮位站实测资料提供，根据潮位数据处理需求，在研究区内共设置了 21 个潮位站，其中实测潮位资料站点 4 个，潮汐表资料潮位站点 4 个，潮位资料数模计算站点 13 个。依据从北往南的纬度排列，设置的数模计算站点位置情况如表 5.1 所示，所有站点空间分布如图 5.7 所示。计算纬度选取本海区的平均纬度 32.5°N。海底摩擦经过反复调试，平均选用 0.001 3，各网格点根据地形水深的不同，海底摩擦也相应有所增减；水平涡粘系数 A_H 取 50 m²/s。为了节省计算所需时间，在满足稳定性条件的前提下，选择时间步长为 $\Delta t = 60$ s。对岸线、岛屿等闭边界条件，取边界法向流速为 0，即满足不可入条件，同时保证在闭边界处的法向潮位梯度和切向流速梯度为 0。考虑到摩阻运动的摩阻特性，初始水位定为常数，初始流速场定为零流速场。

表 5.1 潮位计算站点

序号	站点名称	经度（°E）	纬度（°N）
1	燕尾港	119.783 333	34.483 333
2	中山河口	120.087 919	34.376 631
3	滨海港北	120.206 008	34.331 193
4	振东闸	120.293 451	34.206 706
5	双洋河口	120.395 117	33.992 987
6	射阳河北	120.458 358	33.873 463
7	射阳河南	120.530 451	33.764 838
8	新洋河口	120.582 813	33.638 495
9	斗龙港	120.668 848	33.482 212
10	四卯酉河	120.726 887	33.352 592
11	大丰港北	120.769 406	33.281 932
12	竹港口	120.842 931	33.141 226
13	川东港口	120.861 760	33.057 724

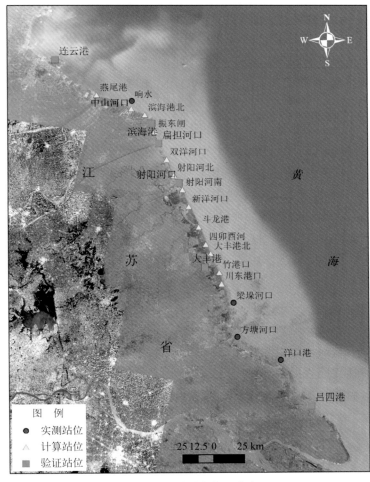

图 5.7 潮汐站点位置分布

5.1.3.3 模型计算流程

模型应用 DSI 方法计算，将每个时间步长 Δt 均分为两个半步，在网格节点上首先第一个半步对 v 采用隐式，对 u 采用显式，用追赶法分别求得 v^{n+1}、ζ^*；然后第二个半步对 u 采用隐式，对 v 采用显式，再用追赶法分别求得 u^{n+1}、ζ^{n+1}，通过网格循环，完成潮波过程的时空变化模拟。具体计算流程如图 5.8 所示。

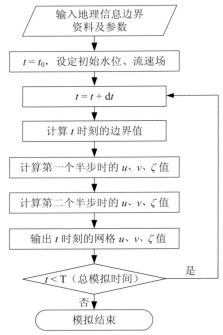

图 5.8　江苏省近海二维水动力过程数值模拟流程

5.1.3.4 模型精度验证

潮波运动模型模拟的水文信息主要是潮位、流速以及流向等资料。为了验证所建模型的潮位模拟精度是否符合规范要求，收集了连云港、滨海港、扁担河口、射阳河口、大丰港 5 个验潮站的潮位数据进行分析，其中扁担河口和射阳河口为实测站位，其余 3 个为潮汐表站位。图 5.9 显示了各站位的潮位过程模拟值与实测值的对比，表 5.2 列出了潮位模拟误差统计结果。

表 5.2　潮位模拟误差统计

站位名称	平均误差（cm）	平均绝对误差（cm）
连云港	0.8	17
滨海港	1.8	16
大丰港	9.8	19
扁担河口	2.1	24
射阳河口	0.2	24
平均	2.9	20

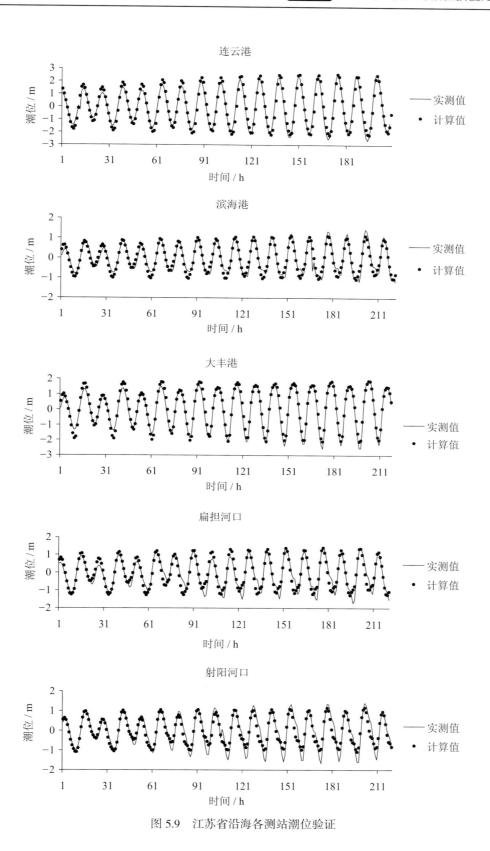

图 5.9 江苏省沿海各测站潮位验证

从图 5.9 所示的潮位过程模拟形态以及表 5.2 列出的潮位模拟误差来分析，所构建的江苏省近海潮波模型计算结果与实测值的潮位平均绝对误差总体小于 20 cm，说明项目所建立的潮波运动模型能较好地模拟江苏省沿海的潮汐运动，反映整个海域的水动力过程，因此可以将该模型运用于江苏省沿海的潮位过程模拟。

5.2 控制站点潮汐调和计算

5.2.1 潮汐调和计算原理

潮汐是海岸带最重要的海洋动力之一，潮汐的涨落决定了潮间带的范围，也是确定海岸线位置的重要因素。对于控制站点的潮位过程推算有多种方法，主要有调和分析、潮高线性组合滤波、最小二乘法及响应分析等，其中潮汐调和分析方法是一种常用方法，是傅立叶分析的一种具体应用。傅立叶分析是通过把任意周期函数展开成傅立叶级数，而把任意非周期函数表示为傅氏积分的一种数学方法。潮汐调和分析方法在引用傅立叶谐波变化分析原理进行潮位过程推算时，首先根据实测资料把实测潮位记录中的各分潮（如太阴分潮系、太阳分潮系等）分离出来，把复杂的潮汐曲线分解成许多调和项，即许多分潮；然后求出每一分潮的振幅和位相角，再经天文因素订正后，得到该分潮的调和常数；最后根据调和常数和天文要素的变化推算一定期间内的潮汐变化，分析该区的潮汐性质。因此，潮汐调和分析的目的主要就是求出各个分潮的振幅和迟角（张凤烨等，2011）。迟角是指某时刻、某一地点实际的分潮的位相角与理论上该时刻的分潮位相角的差值，有区时迟角、地方迟角和格林尼治迟角 3 种。

5.2.1.1 潮汐调和常数计算方法

潮汐变化取决于地球、月球和太阳相对位置的变化（梁国亭等，2000）。根据万有引力定律，潮高的表达式经过分解，可得到用月球平衡潮表达的潮高 ζ_M 形式如下：

$$\zeta_M = \frac{3}{4}\left(\frac{M}{E}\right)\left(\frac{a}{D}\right)^3 a\left[\left(\frac{1}{2}-\frac{3}{2}\sin^2\varphi\right)\left(\frac{2}{3}-2\sin^2\delta\right)\right. \\ \left. + \sin 2\varphi\sin 2\delta\cos T_1 + \cos^2\varphi\cos^2\delta\cos 2T_1\right] \tag{5.41}$$

式中，M、E 分别为月球和地球的质量，a 为地球平均半径，D 为地月中心距，φ 为地理纬度，δ 为月球赤纬，T_1 为月球时角。

对式（5.41）中的变量——月球赤纬 δ 用经度、月球时角 T_1 用太阳时替换，并引进辅助春分点，展开后略去 4 次方项，可得到主要调和项，即为分潮。式中的系数决定着潮差大小，相角决定着分潮周期。

在实际的海洋中，由于水流运动存在惯性、摩擦等缘故，天体在天顶时刻潮位并非发生最高，往往要落后一段时间才出现高潮。因此，通过对式（5.41）进行简化，可得：

$$\zeta = A_0 + fH\cos[\sigma t + (v_0 + u) - K] \tag{5.42}$$

式中，ζ 为分潮潮高，A_0 为平均水位高度，H 为平均振幅，K 为地方迟角，v_0 为分潮初相角，σ 为分潮角速率，f、u 分别表示由于月球轨道 18.61 a 的周期变化引进的对平均振幅和初相角的订正值，即交点因子和交点订正角。由于 H、K 是由地理位置决定的，对固定的地点近似为恒量，因此称为分潮的调和常数。

分潮的一般表达式采用以下形式表示：

$$\zeta = A\cos(\sigma t) + B\sin(\sigma t) \tag{5.43}$$

式中，

$$A = R\cos\theta_0 \tag{5.44}$$

$$B = R\sin\theta_0 \tag{5.45}$$

$$R = \sqrt{A^2 + B^2} \tag{5.46}$$

$$\mathrm{tg}\,\theta_0 = \frac{B}{A} \tag{5.47}$$

因此可得：

$$H = \frac{R}{f} \tag{5.48}$$

$$K = \mathrm{tg}^{-1}(v_0 + u - \theta_0) \tag{5.49}$$

可以看出，只要根据天文变量求出 A、B，即可利用公式（5.48）、（5.49）计算得到分潮调和常数 H、K。

鉴于在海边获得长序列潮位资料很困难，可以采用短期资料准调和分析方法，主要是对半日潮和全日潮进行计算，如 M_2、S_2、K_1、O_1 4 个主要分潮的潮高表达式为：

$$\begin{aligned} h_t &= (HD)_{M_2}\cos[\sigma_{M_2}t - (d+g)_{M_2}] + (HD)_{S_2}\cos[\sigma_{S_2}t - (d+g)_{S_2}] \\ &\quad + (HD)_{K_1}\cos[\sigma_{K_1}t - (d+g)_{K_1}] + (HD)_{O_1}\cos[\sigma_{O_1}t - (d+g)_{O_1}] \\ &= \sum HD_i\cos[\sigma_i t - (d+g)_i] \end{aligned} \tag{5.50}$$

因此，求潮汐调和常数，可转化为计算潮位观测开始日期天文变量 D、d 和格林尼治迟角 g。

在收集到一个月以上的逐时潮位观测资料的条件下，潮汐调和常数计算对同一分潮系的瞬时潮位表达式为：

$$Y_t = A_0 + R_p\cos(p\sigma t - \theta_p) \tag{5.51}$$

式中，A_0 为海水面与潮位基准面之间的距离，R_p 为分潮振幅，p 表示一个分潮日内的分潮周期数（$p = 1$，2，$\cdots$，n），σ 为分潮角速率，θ_p 为分潮位相，t 为时间。

将式（5.51）展开，经过三角函数变换，可得：

$$R_1 = B_1\csc\theta_1, \qquad R_2 = B_2\csc\theta_2, \qquad \cdots, \qquad R_n = B_n\csc\theta_n \tag{5.52}$$

$$\theta_1 = \mathrm{tg}^{-1}\frac{B_1}{A_1}, \qquad \theta_2 = \mathrm{tg}^{-1}\frac{B_2}{A_2}, \qquad \cdots, \qquad \theta_n = \mathrm{tg}^{-1}\frac{B_n}{A_n} \tag{5.53}$$

$$A_0 = \frac{1}{24}(Y_0 + Y_1 + \cdots + Y_{23}) \tag{5.54}$$

式中，θ_1，θ_2，$\cdots$，θ_n 所在的象限根据 A 和 B 的正负号确定。

对 A 和 B 计算时，根据式（5.51），可得到 24 个方程，从而得到：

$$12A_p = \sum_{t=0}^{23} Y_t\cos p\sigma t, \qquad 12B_p = \sum_{t=0}^{23} Y_t\sin p\sigma t \tag{5.55}$$

由式（5.55）可知，对于某一分潮，p 和 σ 是确定的，因此根据时间 t 可以计算出 $12A$ 和 $12B$，由式（5.53）可以计算得到初位相 θ_0。而振幅由下式计算：

$$R = \frac{(12A \sec \theta_0)}{12} f' \tag{5.56}$$

式中，f' 为补正系数，对于半日潮，f' 取 1.011 5；对于太阳分潮系，f' 取 1。根据天文变量计算出格林尼治初位相 $v_0 + u$ 和观测中间日期的交点因数 f，然后根据式（5.48）、式（5.49）求得分潮调和常数平均振幅 H 和地方迟角 K。

对于固定地点，各分潮间有一定的关系，即同群分潮间各分潮振幅的大小，一般几乎与潮汐理论值成比例，其迟角差近似与两者的角速率差成比例。因此，对同群分潮的平均振幅和迟角可采用以下方法推算：

$$H(B) = \Phi_1 H(A), \qquad H(C) = \Phi_2 H(A) \tag{5.57}$$

$$K(C) = K(A) + \frac{c-a}{b-a}[K(B) - K(A)] \tag{5.58}$$

式中，$H(A)$、$H(B)$、$H(C)$ 为 A、B、C 3 个分潮的振幅，Φ 为系数，其中 Φ_1 是 B 分潮平均振幅与 A 分潮平均振幅之比，Φ_2 是 C 分潮平均振幅与 A 分潮平均振幅之比。$K(A)$、$K(B)$、$K(C)$ 为 3 个分潮的迟角，a、b、c 为 3 个分潮的角速率。

在潮汐调和常数计算中，引进上述近似计算方法的目的主要是为了简化计算，即除了 M_2、S_2、K_1、O_1 4 个主要分潮需要详细计算外，其他分潮均采用近似计算的方法计算。

5.2.1.2 潮位过程推算方法

潮汐调和常数计算出来以后，可根据以下基本潮高公式，推算指定位置的潮位变化过程（方国洪等，1986）：

$$H(t) = A_0 + \sum_{i=1}^{n} H_i = A_0 + \sum_{i=1}^{n} R_i \cos(\omega_i t - \phi_i) \tag{5.59}$$

式中，$H(t)$ 为 t 时刻的潮水水位或潮高，A_0 为平均海平面，H_i 为分潮潮高，R_i 为分潮振幅，ω_i 为分潮频率，ϕ_i 为分潮相位。

采用最小二乘法对潮位数据进行调和分析，输出结果包括平均海平面、调和分潮、相关分潮的数目及有关参数与残差（John，2004）。一般来说，取 7 个分潮（M_2、S_2、N_2、K_1、M_4、O_1、M_6）进行调和分析，计算出调和常数（7 个分潮的振幅 R_i 与相位 ϕ_i）和平均海平面（A_0）。

5.2.2 T_Tide 模型潮汐调和计算

利用江苏省近海潮波数值模拟模型模拟得到盐城市典型冲淤岸段各潮位推算站位的潮汐过程，位置见表 5.1 所示，然后利用 T_Tide 模型进行潮汐调和计算，得到站点的潮汐调和参数。表 5.3 列出了各站点推算的 M_2、S_2、N_2、K_1、M_4、O_1 和 M_6 共计 7 个主要分潮的振幅和相位情况。

表 5.3 盐城市不同潮汐站位推算的 7 个主要分潮的振幅和相位

分潮	中山河口		滨海港北		振东闸		扁担河口	
	振幅（m）	相位（°）	振幅（m）	相位（°）	振幅（m）	相位（°）	振幅（m）	相位（°）
M_2	0.98	52	0.83	78	1.01	70	0.90	89
S_2	0.31	62	0.26	78	0.28	85	0.25	113
N_2	0.18	−94	0.19	−135	0.17	−72	0.23	−75
K_1	0.14	−161	0.19	163	0.19	155	0.21	179
M_4	0.07	66	0.13	119	0.08	136	0.18	113
O_1	0.15	4	0.14	26	0.21	9	0.19	23
M_6	0.01	152	0.04	80	0.04	131	0.07	68

分潮	双洋河口		射阳河南		新洋河口		斗龙港	
	振幅（m）	相位（°）	振幅（m）	相位（°）	振幅（m）	相位（°）	振幅（m）	相位（°）
M_2	0.83	92	0.75	122	0.91	139	1.10	157
S_2	0.21	115	0.21	156	0.28	176	0.34	−165
N_2	0.14	−46	0.14	−11	0.18	8	0.22	24
K_1	0.18	−149	0.17	−141	0.20	−135	0.21	−130
M_4	0.12	161	0.15	−178	0.18	167	0.20	−152
O_1	0.21	14	0.21	19	0.24	23	0.26	27
M_6	0.04	124	0.02	101	0.02	48	0.03	9

分潮	四卯西河		大丰港北		竹港口		川东港口	
	振幅（m）	相位（°）	振幅（m）	相位（°）	振幅（m）	相位（°）	振幅（m）	相位（°）
M_2	1.19	175	1.57	176	1.74	−180	1.87	−169
S_2	0.41	−146	0.61	−169	0.65	−144	0.70	−135
N_2	0.27	42	0.37	−29	0.42	46	0.47	55
K_1	0.22	−122	0.19	−156	0.25	−121	0.23	−113
M_4	0.21	−136	0.16	−154	0.13	−145	0.17	−93
O_1	0.28	32	0.19	43	0.31	31	0.28	35
M_6	0.04	−10	0.03	−46	0.03	−88	0.03	−29

5.2.3 影像成像时刻控制站点潮位计算

根据率定的控制站点潮汐调和参数，对 2015 年 5 月 12 日覆盖江苏省中部沿海的 HJ-1 号卫星影像不同位置的潮位过程进行了计算，控制站点位置分布见图 5.10，计算的成像时刻潮位见表 5.4，各控制站点的潮位对比如图 5.1 所示。

（a）HJ3200_449076_150512A0

（b）HJ3200_449076_150512A1

图 5.10　潮位控制站点位置分布

表 5.4　影像成像时刻潮位

站点名称	经度（°）	纬度（°）	影像及成像时刻	潮位（cm）
响水	120.093 333 3	34.438 333 3		28.37
滨海	120.266 666 7	34.266 666 7		−17.67
扁担河口	120.325 481 0	34.114 812 0	HJ3200_449076_150512A0 2015−05−12　11:02	−50.55
射阳河口	120.5	33.816 666 7		−101.19
大丰港	120.716 666 7	33.183 333 3		−174.09
梁垛河口	120.960 786 0	32.915 217 0		−141.53
方塘河口	120.954 415 0	32.681 803 0		−146.30
洋口港	121.091 838 0	32.822 087 0	HJ3200_449076_150512A1 2015−05−12　11:02	−83.12
吕四港	121.616 666 7	32.133 333 3		−115.16

　　表 5.5 列出了 2010—2015 年滨海县至东台市典型冲淤岸段的遥感影像成像时刻各潮位站点的潮位值，表 5.6 列出了 1984—2016 年覆盖江苏全省的遥感影像成像时刻各潮位站点的潮位值。

表 5.5 2010—2015 年典型区遥感影像成像时刻各潮位站点的潮位值 （单位：cm）

成像时间		卫星	扁担河口	射阳河口	大丰港	梁垛河口
2010-05-01	10:43:22	SPOT-5	—	136	112	-43
2010-09-21	10:39:06	HJ-1	-16	67	186	194
2010-10-15	10:20:32	Landsat-5	11	-53	-105	-96
2010-11-07	10:26:09	Landsat-5	39	122	151	136
2011-09-24	10:51:00	HJ-1	-24	-9	66	151
2011-10-15	10:33:50	HJ-1	108	94	98	-70
2012-04-23	10:48:39	ZY-3	91	108	—	—
2012-04-28	10:47:11	ZY-3	29	-71	-148	—
2012-05-03	10:46:21	ZY-3	—	-41	54	—
2012-09-29	10:19:23	HJ-1	5	109	175	203
2012-10-18	10:22:56	HJ-1	109	118	112	-108
2013-02-22	10:54:32	ZY-3	-95	-71	—	—
2013-02-22	10:54:38	ZY-3	—	-71	42	—
2013-04-30	10:32:33	Landsat-8	120	59	-81	-306
2013-05-02	10:52:24	ZY-3	—	-53	-186	-258
2013-05-02	10:52:30	ZY-3	—	—	-186	-258
2014-01-22	11:02:35	GF-1	—	14	-74	—
2014-01-26	11:01:11	GF-1	—	-115	-134	—
2014-01-26	11:01:16	GF-1	—	—	-134	-14
2014-04-30	11:04:10	GF-1	—	125	165	154
2014-04-30	11:04:15	GF-1	—	—	165	154
2014-05-03	09:53:13	HJ-1	129	32	—	—
2014-05-07	09:56:56	HJ-1	-70	-123	-148	-111
2014-06-06	11:07:50	GF-1	-19	-86	—	—
2015-01-01	11:12:12	GF-1	—	-85	-34	63
2015-01-01	11:12:16	GF-1	—	—	-34	63
2015-02-11	11:13:17	GF-1	—	—	-113	-207
2015-02-11	11:13:21	GF-1	—	-49	-113	-207
2015-03-22	10:52:00	HJ-1	65	125	176	72
2015-05-12	11:02:15	HJ-1	-51	-101	-174	-142

"—"表示遥感影像的空间范围未覆盖对应的潮位站点。

5.3 潮位订正

潮位订正的目的是使各验潮站的潮位统一订正到当地的平均海面，从而使各验潮站的潮位有统一的计算标准（李京等，2010）。潮位订正的高度换算关系如图 5.11 所示。

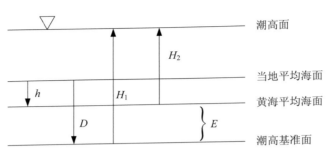

图 5.11　潮位订正的高度换算关系

根据潮位高度换算关系可知：

$$H_2 = H_1 - E \tag{5.60}$$
$$E = D - h \tag{5.61}$$

式中，H_1 为以潮高基准面为起算面的潮汐调和计算得到的潮高，H_2 为换算到黄海平均海面的潮高，D 为当地平均海面与潮高基准面之间的高差，E 为黄海平均海面与潮高基准面之间的高差，h 为当地平均海面与黄海平均海面之间的高差。

表 5.6　1984—2016 年遥感影像成像时刻各潮位站点的潮位值　　（单位：cm）

影像主要覆盖地区	成像时间		卫星	连云港	响水近海	滨海港	扁担河口	射阳河口	大丰港	梁垛河口	方塘河口	洋口港	吕四港
连云港市	1984-03-28	10:03	Landsat-4	-162	-115	-71	-93	-58					
连云港市	1984-05-07	10:03	Landsat-5	186	125	58	1	-95					
连云港市	1985-03-23	10:06	Landsat-5	38	77	85	90	90					
盐城市	1984-08-04	10:00	Landsat-5				-9	-85	-206	-137	-120	-154	-172
盐城市	1985-01-11	10:01	Landsat-5				100	35	-107	-273	-215	-201	-177
盐城市	1985-09-24	10:00	Landsat-5				-28	-34	65	124	138	90	108
南通市	1984-04-23	09:52	Landsat-5							-126	-114	-146	-67
南通市	1984-12-03	09:55	Landsat-5							87	13	112	100
连云港市	1991-05-13	09:47	Landsat-5	-104	-37	22	43	85					
连云港市	1992-02-07	10:00	Landsat-5	100	98	92	111	47					
连云港市	1992-05-13	10:00	Landsat-5	-200	-129	-72	-73	-31					
连云港市	1992-10-20	09:58	Landsat-5	59	10	-26	-37	-79					
连云港市	1992-11-05	09:57	Landsat-5	-93	-47	-49	-35	-43					
盐城市	1992-06-07	09:54	Landsat-5				-3	-99	-229	-229	-189	-211	-191
盐城市	1992-10-13	09:52	Landsat-5				110	101	113	-20	-9	-55	24
南通市	1992-04-13	09:49	Landsat-5							130	190	149	142
南通市	1993-01-26	09:46	Landsat-5							-231	-177	-182	-130
连云港市	1999-01-09	10:15	Landsat-5	116	45	-4	8	-74					
连云港市	1999-03-30	10:15	Landsat-5	-143	-81	-24	-65	34					
连云港市	1999-05-01	10:15	Landsat-5	-9	55	69	68	108					
连云港市	1999-11-09	10:12	Landsat-5	-44	35	32	56	112					
盐城市	2000-04-10	10:05	Landsat-5				38	-71	-193	-279	-240	-233	-205

影像主要覆盖地区	成像时间		卫星	连云港	响水近海	滨海港	扁担河口	射阳河口	大丰港	梁垛河口	方塘河口	洋口港	吕四港
盐城市	2000-06-05	10:22	Landsat-7				122	129	70	-154	-125	-125	-117
盐城市	2000-07-31	10:08	Landsat-5				82	164	188	166	202	123	82
南通市	2000-02-07	10:17	Landsat-7							-18	16	-11	22
南通市	2000-02-15	09:59	Landsat-5							79	137	113	59
连云港市	2008-02-03	10:27	Landsat-5	-155	-108	-85	-89	-67					
连云港市	2008-02-19	10:27	Landsat-5	-203	-144	-73	-88	-8					
连云港市	2008-12-19	10:21	Landsat-5	143	96	12	33	-47					
盐城市	2008-02-12	10:21	Landsat-5				79	-13	-146	-280	-248	-205	-192
盐城市	2008-02-28	10:21	Landsat-5				6	-90	-163	-185	-205	-178	-128
盐城市	2008-07-05	10:18	Landsat-5				127	156	100	-25	-13	-39	-80
盐城市	2009-01-13	10:16	Landsat-5				72	110	86	-39	14	3	-30
南通市	2008-05-11	10:13	Landsat-5							-278	-218	-239	-186
赣榆区	2016-04-21	11:30	GF-1	-160									
赣榆区	2016-02-01	11:07	GF-2	110									
赣榆区	2016-02-03	11:26	GF-1	13									
赣榆区	2016-02-01	11:07	GF-2	110									
连云区	2016-02-01	11:07	GF-2	110									
连云区	2016-02-03	11:26	GF-1	13									
灌云县	2016-02-03	11:26	GF-1	13	-28								
响水县	2016-03-24	10:41	ZY-3	-56	14	36							
响水县	2016-02-16	11:12	GF-2	126	47								
响水县	2016-02-06	11:09	GF-2	-193	-137	-87							
滨海县	2016-01-01	11:22	GF-1			60	82						
射阳县	2016-01-01	11:22	GF-1				82	23					
射阳县	2016-02-20	10:54	GF-2				-95	-37	91				
射阳县	2016-01-01	11:22	GF-1				82	23	-110				
大丰区	2016-02-20	10:54	GF-2					-37	91				
大丰区	2016-03-21	11:03	GF-2					-15	135	147			
大丰区	2016-02-09	10:39	ZY-3					61	158	145			
大丰区	2016-04-08	10:35	ZY-3					109	195	136	232		
东台市	2016-03-27	11:20	GF-1						126	-51	-85		
东台市	2016-03-27	11:20	GF-1							-51	-85	-18	
通州湾示范区	2016-04-18	10:32	ZY-3									161	161
启东市	2016-02-15	10:53	GF-2										-168
启东市	2016-01-09	11:17	GF-1										232
连云港市	2016-03-01	10:59	HJ-1	134	71	57	20	-75					
盐城市	2016-03-01	10:59	HJ-1			57	20	-75	-128				
盐城市	2016-02-20	10:55	HJ-1				-95	-37	91	150	-110	225	184
南通市	2016-02-27	10:47	HJ-1							-12	-126	-67	

5.4 潮汐分带插值校正

当已知两个验潮站 A 和 B 的潮位过程数据时，通过潮汐分带校正方法，可以推求出两站之间内插的 K 条水位带潮位过程信息，对应不同的水边线离散点所在剖面的潮位过程。潮汐分带插值校正的具体流程如图 5.12 所示。

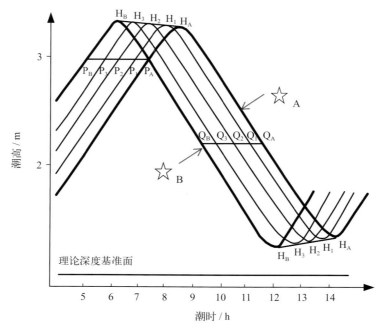

图 5.12 潮汐分带插值校正方法

结合流程图，分带插值校正处理步骤如下：

（1）将验潮站 A 和 B 两站的水位读数，均归化为本站理论深度基准面的水位，绘制出两站的潮位过程曲线；

（2）在两潮位过程线的高、低潮中间绘制数条平行于理论深度基准面的短线。在各短线上，沿 A 与 B 的方向将短线 K 等分，如将 Q_A、Q_B 分为 Q_1、Q_2、Q_3（可以等分，也可以不等分，具体根据海岸线曲折程度、岸滩宽度大小、岸滩坡度大小等情况确定）；

（3）在潮位曲线的高、低潮处，将两验潮站的高、低潮连成直线，然后 K 等分，如将 H_A、H_B 连线中间等分为 H_1、H_2、H_3；

（4）在高、低潮附近，弯曲度较大处，两曲线间的等分连线应与高（或低）潮连线平行，其他的等分连线由与高、低潮连线平行逐渐转变为平行于理论深度基准面，在连线上同样进行 K 等分，如将 P_A、P_B 连线中间等分为 P_1、P_2、P_3；

（5）将各等分线上的相应点连成圆滑曲线，即为内插水位带的潮汐水位曲线。

应用潮汐分带插值校正处理方法，对 2015 年 5 月 12 日覆盖江苏省中部沿海的 HJ-1 号卫星影像成像时刻的控制站点进行了分带插值校正处理，获得沿海的潮位值如图 5.1 所示。可以明显看到，从响水到吕四港，同一时刻在不同位置的最大潮差大于 2 m。因此，由遥感影像上提取的水边线不能当作等高线来对待，必须要进行潮汐分带插值校正处理，得到沿海不同位置的实际潮位值。

5.5 本章小结

本章探讨了强潮淤泥质海岸的潮汐过程模拟方法与潮位插值处理方法。重点介绍了潮波数值模拟、控制站点潮汐调和分析、潮位订正和潮汐分带插值校正的基本原理与实现方法，并以覆盖江苏省中部沿海的 HJ-1 号遥感影像成像时刻的潮位过程模拟为例，介绍了获取江苏省沿海任意位置潮位信息的过程。

参考文献

陈倩, 2002. 浙江近海潮汐潮流的三维数值模拟 [D]. 杭州: 浙江大学.

陈宗铺, 1980. 潮汐学 [M]. 北京: 科学出版社.

方国洪, 郑文振, 陈宗铺, 等, 1986. 潮汐和潮流的分析和预报 [M]. 北京: 海洋出版社.

丁文兰, 1984. 东海潮汐和潮流特征的研究 [J]. 海洋科学集刊, 21:135-148.

冯士筰, 李凤岐, 李少菁, 1999. 海洋科学导论 [M]. 北京: 高等教育出版社.

孔俊, 2005. 长江口、杭州湾水沙交换特性初步研究 [D]. 南京: 河海大学.

梁国亭, 李文学, 张晨霞, 2000. 潮汐调和常数计算方法及其应用 [A]. 见: 刘兴年, 曹叔尤主编. 面向二十一世纪的泥沙研究: 第四届全国泥沙基本理论研究学术讨论会论文集 [C]. 成都: 四川大学出版社: 353-356.

李京, 陈云浩, 刘志刚, 等, 2010. 海岛与海岸带环境遥感 [M]. 北京: 科学出版社.

林珲, 闾国年, 宋志尧, 等, 2000. 东中国海潮波系统与海岸演变模拟研究 [M]. 北京: 科学出版社.

沈育疆, 1980. 东中国海潮汐数值计算 [J]. 山东海洋学院学报, 10(3):26-35.

孙长青, 郭耀同, 2003. 海州湾及邻近海域潮流数值计算 [J]. 海洋科学, 27(10):54-58.

汤毓祥, 1989. 东海 M_2 分潮的数值模拟 [J]. 东海海洋, 7(2):1-12.

王凯, 方国洪, 冯士筰, 1999. 渤海、黄海、东海 M_2 潮汐潮流的三维数值模拟 [J]. 海洋学报, 21(4): 1-12.

夏综万, 王锺裙, 1984. 黄海 M_2 分潮的数值模拟 [J]. 黄渤海海洋, 2(1):1-7.

小仓伸吉, 管秉贤译, 任允武校, 1958. 黄海北部的潮汐（1936）[J]. 海洋与湖沼, (1): 225-268.

俞琨, 2007. 江苏近海二维潮流及石油类污染物的数值模拟 [D]. 南京: 河海大学.

张凤烨, 魏泽勋, 王新怡, 等, 2011. 潮汐调和分析方法的探讨 [J]. 海洋科学, 35(6):68-75.

赵保仁, 方国洪, 1994. 渤、黄、东海潮汐潮流的数值模拟 [J]. 海洋学报, 16(5):1-10.

朱学明, 鲍献文, 宋德海, 等, 2012. 渤、黄、东海潮汐、潮流的数值模拟与研究 [J]. 海洋与湖沼, (6): 1103-1113.

Hansen W, 1952. Gezeiten und gezeitenstrome der halbtagigen hauptmond tide M_2 in der Norsee. Deutsch Hydr. Zeitschr. Ergänzungsheft, 1: 1-46.

Heaps N S, 1972. On the numerical solution of the three dimensional hydrodynamic equations for tides and storm surges [J]. Men.Soc.R.Sci.Liege, 2:143-180.

John Boon, 2004. Secrets of the Tide: Tide & Tidal Current Analysis and Predictions, Storm Surges, and Sea Level Trends [J]. Horwood Publishing Limited.

Orlanski I, 1976. A simple boundary condition for unbounded hyperbolic flows [J]. Journal of Computation Physics, 21: 251-269.

Thompson J F, Warsi Z, Mastin C W, 1985. Numerical Grid Generation-foundation and applications [M]. North-Holland.

第6章 岸线岸滩信息遥感提取与动态变化分析方法

6.1 概述

　　岸线岸滩信息遥感提取与动态变化分析的基础是准确获取海岸线。以多源、多时相卫星遥感影像为主要数据源，在图像增强处理的基础上，通过线性对象遥感提取处理和栅格 – 矢量转换处理，可以从遥感影像中提取出瞬时水边线、人工岸线和植被岸线。对于多时相瞬时水边线，利用线性对象分割和离散方法，将水边线按照和海岸线近似垂直的方向进行分割，利用一系列分割线与多时相水边线的交点序列，形成水边线离散点对，通过对水边线离散点对的潮位分带插值处理，得到离散点对的潮位值。假设对于每个岸滩剖面来说，潮间带岸滩坡度是均匀变化的，利用三角相似关系可以计算得到每一组水边线离散点对所在的岸滩剖面的平均坡度，进而利用潮汐调和计算得到该剖面的平均大潮高、低潮位值，分别根据其与水边线离散点对中任一离散点之间的潮位差，结合平均坡度推算出平均大潮高、低潮点的平面位置。沿海岸线走向方向将平均大潮高、低潮点依次连接，形成平均大潮高、低潮线。根据海岸线是平均大潮高潮位时海陆分界的痕迹线这一定义，设定海岸线空间合成规则，将人工岸线、平均大潮高潮线（针对砂质海岸、粉砂淤泥质海岸）和瞬时水边线（针对基岩岸线而言）进行合成，得到地理意义和测绘意义上的海岸线。根据多时相的海岸线，分析岸线的长度变化、移动方向和移动距离，计算岸滩的冲淤速率，分析自然岸线与人工岸线的分布与变化；利用海岸线与平均大潮低潮线构成潮间带，分析岸滩的宽度、坡度和面积变化，计算岸滩的冲淤量、冲淤厚度，评定岸滩冲淤强度等级。在此基础上，形成对岸线岸滩动态变化的遥感监测。完整的岸线岸滩信息遥感提取和动态分析的内容组织如图6.1所示。

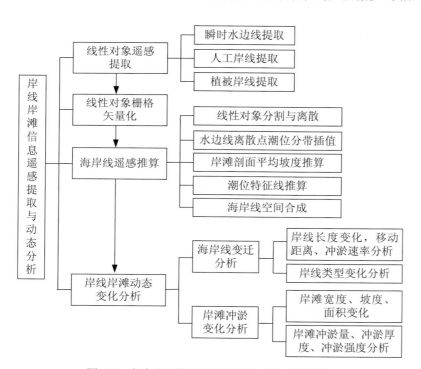

图 6.1　岸线岸滩信息遥感提取与动态分析内容

6.2 瞬时水边线遥感提取方法

水边线在遥感影像上表现为某一时刻海水与陆地的瞬时交界线，是影像上最容易识别的海陆交界标志。对于基岩海岸、砂质海岸以及岸线顺直的粉砂淤泥质海岸，水体相对清澈，海水与陆地在红波段—近红外波段具有明显不同的反射率，在遥感影像上显示为具有较大对比度的灰阶，水体边界清晰，因此一般来说采用简单的密度阈值分割处理，即可实现水边线的识别和边缘提取。但是对于岸滩宽平、滩面泥泞、岸线曲折、冲淤变化频繁的淤泥质海岸来说，水边线遥感提取的难度大大增加。主要原因有两方面：一是沿岸流输运的泥沙在波浪的作用下充分混合，导致近岸水体浑浊，悬浮泥沙浓度高，水体反射率增大，容易与潮间带光滩的光谱产生混淆；二是潮间带光滩多为粉砂细砂滩，水边线附近新出露的潮滩滩面一部分干出，一部分上覆残留薄层水，形成混合像元，光谱混合后使得水边线附近的滩面光谱和水体光谱接近，也会模糊水体与陆地的边界。此外，水边线是一条线，而遥感影像的最小分辨单元是像元，对于从遥感影像上提取的水边线来说，最细的宽度是一个像元，而真正的水边线可能是在像元中间穿过的，这涉及水体和潮滩交界的像元中的水体识别问题，即亚像元分类问题。由此可见，水边线提取的核心在于如何有效实现水陆分离。其第一步是要综合利用多波段的光谱信息以及空间纹理特征，来实现水体的精确分类。

对于岸线平直、水陆边界清晰的岸段，可以利用监督分类（Li et al., 2010）、决策二叉树分类（郑宗生，2007）、支持向量机（SVM）分类（Zhu et al., 2013）、面向对象分类（贾明明等，2013）等方法，实现海岸带地物的遥感分类，分离出海洋水体部分；也可以采取先利用归一化差值水体指数法 NDWI（Normalized Difference Water Index）（McFeeters，1996）或改进的归一化差值水体指数法 MNDWI（Modified NDWI）（徐涵秋，2005）对水体信息进行增强，然后利用阈值法进行影像密度分割，得到影像的水体部分。对于水陆边界模糊，不易准确确定水边线位置的岸段的水边线提取问题，目前的研究相对较少。最新的研究是根据海岸带不同类型地物在可见光—近红外波段具有不同的反射率变化趋势的特性，采用三波段梯度差值水体指数 TGDWI（Three-band Gradient Difference Water Index）来突出水体边界信息，再结合阈值法进行密度分割处理，分离出影像中的水体部分（陈玮彤等，2017）。

实现海洋水体精确分离后，可利用边缘检测算子提取水体边界，得到栅格水边线；然后基于栅格–矢量转换处理，生成矢量水边线，并在局部区域利用目视解译进行手工修正处理，最终完成遥感瞬时水边线的精确提取。由于对矢量线的编辑比对栅格属性的修改来得方便，所以水边线修正工作放在矢量线生成以后进行，可以把用于生成水边线的遥感影像经过假彩色合成后作为背景图，叠加在矢量水边线下，作为目视解译修正的参考。图 6.2 显示了基于卫星遥感影像的瞬时水边线提取流程，整个提取过程以计算机自动提取为主，少量人工修正为辅。

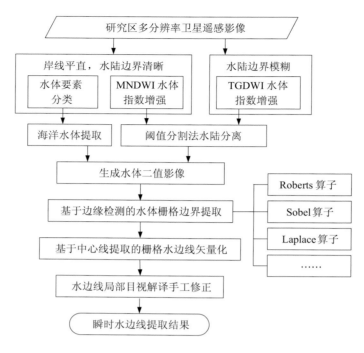

图 6.2　遥感瞬时水边线提取流程

6.2.1　海洋水体遥感提取

6.2.1.1　海洋水体信息增强处理

海洋水体信息增强的目的是利用波段组合运算的方式来抑制与水体无关的背景信息，使得水体信息得到加强。

1）归一化差值水体指数增强

水体对太阳入射能量具有强吸收性，所以在大部分的遥感传感器波长范围内，水体总体呈现较弱的反射率，并且随着波长的增加，反射率有进一步减弱的趋势。对于清洁的大洋一类水体来说，具体表现为：在可见光波长范围内（480 ~ 580 nm），水体反射率为 4% ~ 5%；到了 580 nm 处，则下降为 2% ~ 3%；当波长大于 740 nm 时，几乎所有入射水体的太阳辐射能量均被吸收（梅安新等，2001）。而对于近岸 II 类水体来说，随着水体浑浊度的增加，水体反射率会有所变化，主要表现为随沿海水体悬浮泥沙含量的增加反射率增高，并使光谱曲线的反射峰往长波方向移动。根据水体反射率随波长增加而减弱的变化特征，要对海洋水体信息进行增强，可以构建比值型指数，首先在多光谱波段内寻找水体的最强反射波段和最弱反射波段，分别作为分子和分母；然后通过比值运算，进一步扩大二者的差距，使生成的指数影像对水体得到最大程度的亮度增强，而其他背景地物受到普遍抑制。依据这一原理，选择可见光波段和近红外波段构建 NDWI 指数，突出影像中的水体信息（McFeeters, 1996）。公式如下：

$$NDWI = \frac{R_{g} - R_{nir}}{R_{g} + R_{nir}} \tag{6.1}$$

式中，R_g 代表遥感影像中的绿光波段反射率，在 Landsat TM 影像中为 TM2 波段；R_{nir} 代表近红外波段反射率，在 Landsat TM 影像中为 TM4 波段。由于植被在近红外波段的反射率一般最强，因此采用绿光波段与近红外波段的比值，可以最大程度地抑制遥感影像中的植被背景信息，这也是选用近红外波段构建 NDWI 指数的重要原因。

2）改进的归一化差值水体指数增强

NDWI 指数在构建时，重点考虑了对植被的抑制，但是忽略了遥感影像中的另外一种重要地物类别——土壤/建筑物。由于土壤在绿光波段和近红外波段的波谱特性及变化趋势与水体几乎一致，显而易见采用公式（6.1）计算出来的 NDWI 指数中，土壤也呈正值，数值较大，与水体的 NDWI 指数值比较接近，使得图像上水陆交界区域的 NDWI 指数值不能产生明显突变，从而可能导致水体较难分离。徐涵秋（2005）通过观察土壤/建筑物和水体在中红外波段的波谱特征，发现水体在中红外波段的反射率继续降低，而土壤/建筑物的反射率骤然转强，存在明显的变化趋势差异，据此提出了改进的归一化差值水体指数 MNDWI，以中红外波段代替 NDWI 中的近红外波段，进行水体信息增强。公式如下：

$$MNDWI = \frac{R_g - R_{mir}}{R_g + R_{mir}} \quad (6.2)$$

式中，R_g 代表遥感影像中的绿光波段反射率，在 Landsat TM 影像中为 TM2 波段；R_{mir} 代表中红外波段反射率，在 Landsat TM 影像中为 TM5 波段。

图 6.3 显示了分别利用 NDWI 指数和 MNDWI 指数对江苏省辐射沙脊群南翼的腰沙岸段进行水体信息增强处理后的结果对比，所使用的遥感影像为 2008 年 5 月 11 日的 Landsat-5 TM 卫星影像。通过对比分析，可以看出 MNDWI 指数相对 NDWI 指数的优越性主要表现在以下两个方面。

（1）对于水体来说，NDWI 指数增强图像显示的色调层次比较丰富，主要体现了水体中不同悬浮泥沙含量的影响。但是由于近岸水体含沙量高，这也造成了在增强影像上陆岸潮滩变宽，离岸浅滩沙体明显增大，低潮滩的光滩与相邻水体的数值差异减小，边缘变得模糊。相对而言，在 MNDWI 指数增强图像上，水体内部的悬浮泥沙信息得到有效抑制，因此水体相对比较均一，水体与相邻的低潮滩色调对比加强，潮沟轮廓、水陆边缘等更清晰。

（2）对于和水体相邻的低潮滩来说，NDWI 指数增强图像显示的地物色调差异较小，能分辨出来的地物主要是植被和滩涂，对于植被岸线的识别和提取相对有利。MNDWI 指数增强图像上明显可见潮滩上分布有紫菜养殖筏架，呈间隔状的条带整齐排列。同时，MNDWI 指数增强图像还对滩面上不同含水量区域有比较好的识别。一般来说，高潮滩的潮滩高程越高，滩面露出时间越早，对于粉砂细砂滩而言，水分下渗导致滩面含水量降低，滩面以细砂反射为主，反射率增大，图像呈明亮色调。低潮滩的滩面越接近水体，含水量越高，到与海水相邻时，滩面被清澈的薄层水覆盖，滩面反射表现为薄层水的表面反射和下覆沉积物的透水反射的混合，因而反射率减小，图像呈暗色调（张东等，2013）。邻接海水由于具有高含沙量特征，反射率高，图像又呈现出亮色调特征。从而在高潮滩、低潮滩和海水之间形成高—低—较高的反射率差异，有利于高潮滩、低潮滩和海水的遥感识别。

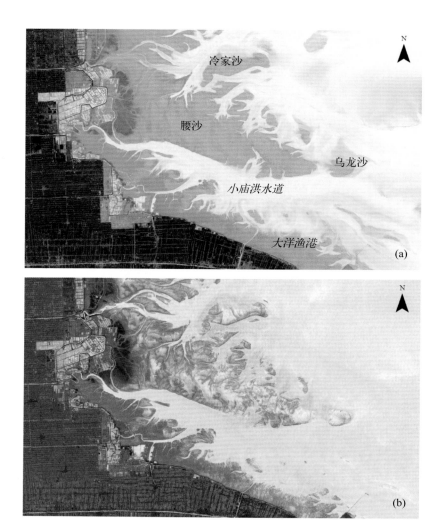

图 6.3　海洋水体信息增强处理效果对比

（a）NDWI 指数增强图像；（b）MNDWI 指数增强图像

实践证明，利用中红外波段替换近红外波段构成的 MNDWI 指数除了与 NDWI 指数一样，可用于植被区的水体提取外，还可以准确提取海岸带滩涂围垦、港口工程建设范围内的水体信息。而 NDWI 指数由于其所提取的水体信息中含有建筑物、土壤等信息的噪声，会影响到水体的提取精度。对于粉砂淤泥质海岸而言，区域范围内不仅有植被、光滩分布，而且还有道路围堤、港口码头、开发区建设用地等，并与水体相邻，地物类型众多。MNDWI 指数对水体或者滩涂含水量变化更敏感，因而增强图像上水陆色调对比更加明显，水体边缘更加清晰，能取得比 NDWI 指数更好的水体信息增强效果，更有利于水边线的遥感提取。

3）三波段梯度差值水体指数增强

如前所述，对于粉砂淤泥质海岸来说，遥感影像上的地物主要有人工建筑物（码头、海堤、道路等）、植被、滩涂和水体等，图 6.4 为江苏省辐射沙脊群南翼腰沙岸段红、绿、蓝三波段假彩色合成的 GF-1 号高分辨率卫星遥感影像，影像成像时间为 2014 年 5 月 8 日，图中显示了典型的粉砂淤泥质海岸地物类型及其反射率对比。在各类地物中，滩涂和水体与水边线直接相邻，加大两者之间的光谱可分离性是海洋水体信息增强的处理方向。

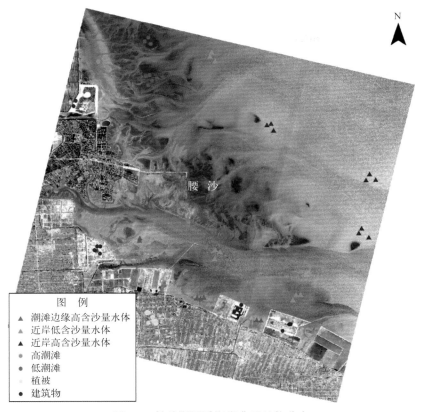

图6.4 粉砂淤泥质海岸典型地物分布

水体中悬浮泥沙含量大小与海水的运动密切相关。近岸水体在波浪的搅动作用下,水体中的含沙量较高,在沿岸潮流的扩散输运下,悬浮泥沙空间分布也不均匀。但是近岸水体的运动同时还受到沿岸地形的限制,在流速降低的情况下,水体挟沙能力下降,泥沙沉降较快,含沙量会有一定减小。由于悬浮泥沙含量变化的复杂性,将其区分为近岸高含沙量水体、近岸低含沙量水体和潮滩边缘高含沙量水体。其中,近岸高含沙量水体主要分布在水深相对较小的浅滩处,在假彩色合成图像上表现出泛红的色调,这与水体含沙量增大使光谱曲线的反射峰往红波段方向移动有关;近岸低含沙量水体与潮流的流路相关,主要分布在水深相对较大的潮沟或深槽,呈现蓝黑的色调;潮滩边缘高含沙量水体位于水边线边缘,色调与近岸高含沙量水体接近。滩涂根据滩面高程的差异以及距离水边线的远近,区分为高潮滩和低潮滩,不同的滩面分布有不同类型的沉积物,其中高潮滩以淤泥、粉砂为主,低潮滩以粉砂、细砂为主,两者具有不同的有机质含量及含水量特性,在影像上表现出明显的色调差异,高潮滩以亮色调为主,低潮滩以暗色调为主。但是在岸滩和水体交界处,低潮滩与海水邻接,由于滩面平缓,由波浪和潮流共同塑造形成的滩面波痕微地形波峰露出水面,波谷有薄层水覆盖,在影像像元尺度范围内形成海水和高含水量沙体的混合像元,如图6.5所示。在混合像元内,薄层水主要处于静止状态,泥沙落淤,水体清澈见底,光谱反射率由出露滩面反射、薄层水表面反射以及薄层水水底的滩面反射共同组成,表现出和近岸高含沙量水体相类似的光谱曲线变化特征,因此造成遥感影像上水陆边界模糊,不易准确确定水边线的具体位置。

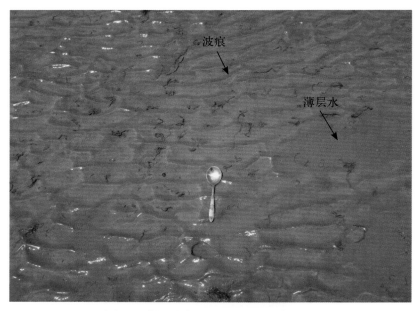

图 6.5　低潮滩表层的波痕和上覆薄层水

　　为了扩大潮间带光滩和近岸水体的光谱差异，增加其可分离性，在遥感影像上提取了近岸高含沙量水体、近岸低含沙量水体、潮滩边缘高含沙量水体、高潮滩、低潮滩、建筑物和植被共计 7 类地物的 75 个光谱样本，求取光谱均值后，形成地物光谱曲线如图 6.6 所示。

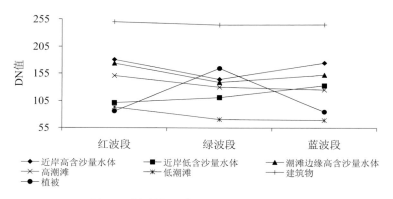

图 6.6　粉砂淤泥质海岸典型地物光谱曲线

　　从 GF-1 号影像蓝、绿、红三个波段的遥感影像像元亮度值（DN，Digital Number）分布趋势来看，码头、海堤、道路等建筑物在各波段的 DN 值均接近 255，表现出接近白色的高亮特征，与其他地物在 DN 值大小上差别很大。植被在蓝、红波段为叶绿素的吸收峰，DN 值偏小，在绿波段有一个明显的反射峰，和其他地物的光谱曲线形状有明显区别。低潮滩在蓝、绿、红三个波段的 DN 值均偏低，这三类地物容易在图像上识别出来。因此，光谱容易混淆的是三类不同含沙量水体和高潮滩，它们之间 DN 值差异较小，光谱曲线成簇分布，单纯从光谱特征来说，难以区分。

　　进一步分析可以看到，在蓝、绿、红三个波段，随着波长的增加，高潮滩的 DN 值由低到高变化，近岸低含沙量水体的 DN 值由高到低变化，近岸高含沙量水体和潮滩边缘高含沙量水体的 DN 值都是呈高—低—高变化，因此可见，以绿波段为中心，在绿波段两侧，DN 值变化的斜率表现出不同的正负特征或大小变化趋势。据此参照三波段梯度差值植被指数的构建方法（唐世浩等，2003），提出构建三波段梯度差值水体指数 TGDWI 如下：

$$TGDWI = \frac{R_r - R_g}{\lambda_r - \lambda_g} - \frac{R_g - R_b}{\lambda_g - \lambda_b} \tag{6.3}$$

式中，R_r、R_g、R_b 分别为红、绿、蓝波段的反射率；λ_r、λ_g、λ_b 为相应波段的中心波长。

TGDWI 指数增强处理对粉砂淤泥质海岸岸线曲折、近岸水体含沙量高、近海滩涂含水量高导致水陆边界模糊条件下的水边线提取有较好的增强效果。图 6.7 显示了利用 TGDWI 指数对腰沙岸段的 GF-1 号高分辨率卫星遥感影像增强处理的效果。可以看到，增强图像上滩涂信息得到了有效压抑，高潮滩和低潮滩呈现基本均一的色调，原因是高潮滩和低潮滩在蓝、绿、红三波段的 DN 值有相似的梯度变化趋势。高含沙量水体在增强图像上为高对比的黑色分布，并在低潮滩和近岸低含沙量水体间形成明确的空间分隔，原因是高含沙量水体在绿波段两侧的 DN 值梯度变化趋势相反，计算得到的 TGDWI 指数绝对值大；而低潮滩和近岸低含沙量水体的光谱曲线随波长的增加一个逐渐增大，一个逐渐减小，导致计算得到的 TGDWI 指数相差较大，并且和高含沙量水体的 TGDWI 指数有明显数值差异，所以最终在增强图像上高含沙量水体的边缘形态非常清晰，并且与相邻地物有明显的区分。

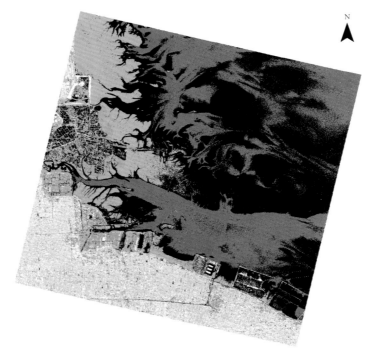

图 6.7 海洋水体 TGDWI 指数增强处理效果

6.2.1.2 阈值密度分割的海洋水体遥感提取

密度分割法也称阈值分割法，其基本思想是在特征波段拉伸的基础上，扩大影像要提取的目标地物灰度值与背景灰度值之间的差异，然后确定一个特征阈值，实现目标地物与背景的有效分离。所对应的特征波段可以直接是影像的单一波段，也可以是波段运算（如：波段比值、NDWI、MNDWI、TGDWI）处理后得到的波段增强结果。阈值分割效果的好坏直接影响到水陆分离的效果，进而影响后续的基于边缘检测的水边线提取，因此选取合适的阈值非常重要。以 ENVI 5.0 遥感图像处理平台为例，对遥感影像的阈值密度分割法具体操作流程如下。

1）波段裁剪

首先在 ENVI 遥感图像处理平台中手绘感兴趣区（Region of Interests, ROI），该 ROI 为包含植被、潮滩和潮滩外侧海水且平行于海岸线的条带状区域。利用该 ROI 对选取的特征波段影像进行不规则裁剪。裁剪的目的有 3 个：一是减少运算数据量，提高计算机处理的效率；二是减小陆地区域与潮滩区域"异物同谱"的可能性；三是尽量能够用同一个密度分割阈值完成对整个图像的密度分割。如果图像过大，会导致在图像的不同区域需要使用不同的密度分割阈值来达到好的分割效果，从而增加图像密度分割的复杂性和难度。

2）波段拉伸

波段拉伸可以进一步增强水陆边界的色调差异。波段拉伸的方法有许多，效果也不一。一般来说，线性拉伸或分段线性拉伸可满足水边线提取的图像增强需求。但是对于 Landsat TM 等低分辨率卫星影像来说，海岸带所跨地理空间范围大，不同范围内潮滩植被、沉积物类型不一，可能会导致很难将各个区域同时拉伸到满意的效果。如果出现这种情况，需要将步骤 1）中裁剪后的海岸带影像根据"同物异谱"的区域差异，再进行裁剪处理，然后分别单独进行拉伸。

3）阈值分割

阈值分割实际上是通过设置合适的阈值，提取影像中的陆地或者海水部分，最终形成二值影像。阈值分割的效果与波段拉伸的结果密切相关，如果分割不理想，则需要重复步骤 2），重新调整分段线性拉伸点，进行影像的拉伸处理，然后重新进行阈值分割，直到分割效果满意为止。图 6.8 显示了腰沙岸段 GF-1 号高分辨率卫星遥感影像的 TGDWI 指数增强图像经阈值分割后的二值影像，其中海水为黑色，潮滩和海堤等建筑物为白色。

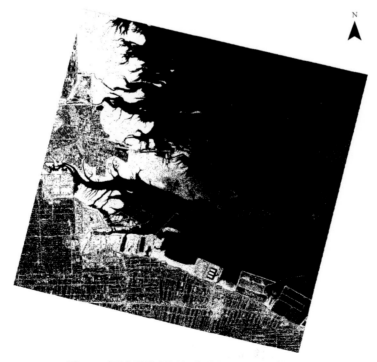

图 6.8 腰沙岸段利用阈值分割法提取水体效果

6.2.1.3 决策二叉树分类的海洋水体遥感提取

决策树（Decision Tree）分类是一种基于空间数据挖掘和知识发现（Spatial Data Mining and Knowledge Discovery, SDM & KD）的监督分类方法，可充分利用遥感影像数据及其他空间数据等多源数据，通过专家经验总结、简单的数学统计和归纳方法等，获得分类规则并进行地物遥感分类，是进行海岸带信息遥感提取的有效方法。这种方法不依赖任何先验的统计假设条件，分类样本属于严格"非参"，不需要满足正态分布，而且可以利用除光谱值以外的 GIS 数据库中的其他地学知识辅助分类，大大提高了分类精度，所以在遥感影像分类和专题信息提取中有着广泛的应用。

决策树分类方法应用于遥感影像分类具有以下优点（申文明等，2007）。

（1）决策树分类方法不需要假设先验概率分布，这种非参数化的特点使其具有更好的灵活性和鲁棒性，因此当遥感影像中地物的空间分布很复杂，或者多源数据的各维具有不同的统计分布和尺度时，用决策树分类法能够获得理想的分类结果。

（2）决策树技术不仅可以利用连续实数或离散数值作为样本输入，而且可以利用"语义数据"，比如离散的语义数值——东、南、西、北、东南、东北、西南、西北等作为数据，参与决策条件构建。

（3）决策树方法生成的决策树或产生的规则集具有结构简单直观、容易理解、计算效率高等特点，可以供专家分析、判断和修正，也可以输入到专家系统中，特别是对于大数据量的遥感影像处理来说，更有优势。

（4）决策树方法能够有效地抑制训练样本噪声，解决属性缺失问题，以及解决由于训练样本存在噪声（可能是由传感器噪声、漏扫描、信号混合、各种预处理误差等原因造成）使得分类精度降低的问题，提高分类精度。

1）决策二叉树原理

决策树首先通过对训练样本进行归纳学习，生成决策树或决策规则，然后使用决策树或决策规则对新数据进行分类。其结构如图 6.9 所示。

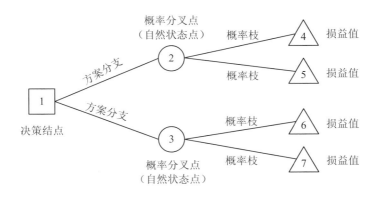

图 6.9　决策树分类原理

决策树分类模型可分为单一决策树和复合决策树两大类。单一决策树是指在分割各结点时使用相同的算法，包括单变量决策树和多变量决策树；复合决策树是指各子决策树采用不同的分类判决规则及算法。比较常用的决策树构建算法有 ID3、C4.5、C5.0 和 CART 等，其中 CART 算法采用一种简单的方法来选择问题：首先对每个结点选择每个属性的最优分割点，然后在最优分割点中选择对当前结点最优的分割点，形成结点的分割规则；继续对当前结点分割出来的两个结点进行分割，如此循环，直至分割结束。因此 CART 算法得到的决策树每个结点有两个分支，即决策二叉树（陈亮等，2007）。

决策二叉树是一个树型结构，它由一个根结点（Root node）、一系列内部结点（Internal nodes）和多个叶结点（Leaf nodes）组成，每一个内部结点代表一个决策判断条件，每个内部结点下有两个叶结点，分别代表满足和不满足条件的类别。决策树的每个内部结点对应一个非类别属性或属性的集合（也称为测试属性），每条边对应该属性的每个可能值。决策树的叶结点对应一个类别属性值，不同的叶结点可以对应相同的类别属性值。

决策二叉树除了以树的形式表示外，还可以表示为一组 IF-THEN 形式的产生式规则。决策树中每条由根到叶的路径对应着一条规则，规则的条件是这条路径上所有结点属性值的取舍，规则的结论是这条路径上叶结点的类别属性。与决策树相比，规则更简洁、更便于人们理解、使用和修改，可以构成专家系统的基础，因此得到更多的实际应用。

决策树方法主要包括决策树学习和决策树分类两个过程。决策树学习过程是通过对训练样本进行归纳学习（Inductive-learning），生成以决策树形式表示的分类规则的机器学习（Machine-learning）过程，其实质是从一组无次序、无规则的事例中推理出决策树表示形式的分类规则（李德仁等，2002）。决策树学习算法的输入是由属性和属性值表示的训练样本集，输出是一棵决策树或一个规则集。决策树的生成通常采用自顶向下的递归方式，通过某种方法选择最优的属性作为树的结点，在结点上进行属性值的比较，并根据各训练样本对应的不同属性值判断从该结点向下的分支，在每个分支子集中重复建立下层结点和分支，并在一定条件下停止树的生长，在决策树的叶结点得到结论，形成决策树。最后将待分数据集输入，利用决策树形成的分类规则集，根据待分数据集的属性取值情况进行决策分类，得到所需的分类结果。图 6.10 显示了决策树学习与分类的基本过程。

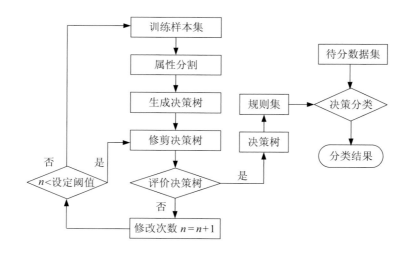

图 6.10　决策树学习与分类过程

2）决策二叉树的实现方法

以 ENVI 5.0 遥感图像处理平台为支撑，决策二叉树的训练与分类实现流程如图 6.11 所示。具体流程可总结为以下 4 步。

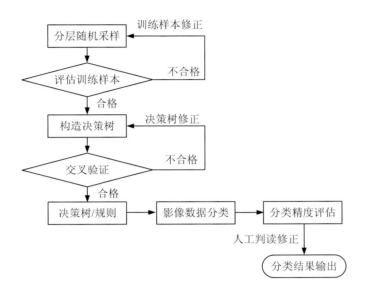

图 6.11　决策二叉树分类的实现流程

（1）知识（规则）定义 / 决策树生成。规则定义是将知识用数学语言表达的过程。简单规则可以通过经验总结直接生成，复杂规则可以通过一些算法获取，目前使用较多的是利用决策树工具如基于 C5.0 算法的软件工具包 SEE5，首先通过非监督分类、分层随机采样、人工采样相结合的方法，选择用于决策树学习的训练样本和评估分类精度的测试样本，然后基于信息熵来"修枝剪叶"，在样本库的基础上采用适当的数据挖掘方法，如 Boosting 技术及常规的交叉验证等，形成分类规则，最后基于评价样本对分类规则进行评价，并对分类规则作出适当的调整和筛选，形成最合理的决策树 / 知识规则。

（2）规则输入。启动 ENVI 5.0，选择 Toolbox/Classification/Decision Tree/New Decision Tree，打开决策树分类工具，将设定的分类规则录入分类器，并关联上对应的数据源，在 ENVI 中形成决策树。

（3）决策树运行。在 ENVI Decision Tree 面板中选择 Options/Execute，设置好输出结果的投影参数、重采样方法、空间裁剪范围以及输出路径，然后根据输入规则运行分类器或相关算法程序，执行决策树，即可得到初分类结果。运行过程中可以查看每一个结点或者分类类别相应的统计结果（以像元数和百分比表示），然后根据该统计结果的好差对某一结点或者类别进行修改，重新运行修改部分的决策树，提高分类精度与效果。

（4）分类后处理。对分类结果进行后处理和质量评价，分类后处理主要包括更改类别颜色、分类统计分析、小斑点处理、栅格－矢量转换等，质量评价通过选择 Classification/Post Classification/Confusion Matrix 计算精度验证混淆矩阵，如果精度达到要求，则分类完成。

3）决策二叉树的海洋水体分类模型

海岸带地物分类的决策二叉树所建立的知识规则主要是利用海岸带地物的光谱特性和

空间位置特征。对于海洋水体分类及水边线遥感提取来说，其光谱信息可采用以下方法建立知识规则（郑宗生，2007）。首先把研究区内可能与水体交界的地物按其特征进行划分，可分为：①低潮出露的沙体，即低潮滩；②长期出露的沙体，即高潮滩；③受表层残留水体影响较大的沙体，即潮滩边缘。然后将上述三种沙体与近岸水体一起，分别计算它们在不同波段的光谱最大值、最小值、均值和方差，并按下式计算水体与背景地物在各波段的分类器节点阈值 T：

$$T = \bar{x}_{\min} + \sigma_{\min} + \frac{\bar{x}_{\max} - \sigma_{\max} - (\bar{x}_{\min} + \sigma_{\min})}{2} \tag{6.4}$$

式中，$\bar{x}_{\max}$、$\sigma_{\max}$ 为某一波段水体和背景地物样本统计均值较大的地物类型的均值和方差，$\bar{x}_{\min}$ 和 $\sigma_{\min}$ 为某一波段水体和背景地物样本统计均值较小的地物类型的均值和方差。

利用公式（6.4）分别计算得到遥感影像各波段的水体分类阈值，综合各波段的光谱信息可以初步实现水体及其背景地物的区分。在此基础上，利用海洋水体的面积特征以及与滩涂的空间邻接关系等，生成空间位置区域图层，建立决策二叉树中基于空间信息的判别知识规则，实现水体的完整提取。

6.2.2 海洋水体边缘特征提取

利用图像分类法、阈值密度分割法等方法从遥感影像上分离出海洋水体以后，需要通过边缘检测算子来进行水体边缘提取，得到瞬时水边线。边缘一般被定义为图像中灰度发生急剧变化的区域边界，边缘提取的实质是采用某种算法来提取图像中对象与背景间的交界线（张朝阳，2006）。常见的边缘有两种类型（段瑞玲等，2005）：一种是阶跃状边缘，边缘两侧一般为不同地物，两者的像元灰度值差别明显，灰度变化相对剧烈，水边线的两侧分别是陆地和水体，反射率差别大，因此水边线属于阶跃状边缘类型；另一种是屋顶状边缘，边缘位于图像灰度值增加与减少的转折处，由于边缘两侧的灰度值相对平缓地变化到边缘的灰度值，因此边缘较宽。屋顶状边缘当边缘两侧灰度变化剧烈且宽度较窄时，就退化为线性边缘（马小峰，2007）。图像灰度的变化情况可以用图像灰度分布的梯度来反映，对阶跃状边缘和屋顶状边缘分别求取一阶、二阶导数，就可以表示边缘点的变化。对于阶跃状边缘点，其灰度变化曲线的一阶导数在该点达到极大值，二阶导数在该点与零交叉；对于屋顶状边缘点，其灰度变化曲线的一阶导数在该点与零交叉，二阶导数在该点达到极大值。因此，利用边缘灰度变化的一阶或二阶导数特点，可以将图像中的边缘点检测出来。目前常用的边缘检测算子有：Roberts 算子、Sobel 算子、Prewitt 算子、Laplace 算子、Canny 算子等。

6.2.2.1 边缘特征提取算子

1）Roberts 边缘算子

Roberts 算子是最简单的梯度算子。根据任意一对互相垂直方向上像元值的差分可用来计算梯度的原理，Roberts 算子采用对角线方向相邻两像元灰度之差来进行边缘提取（段瑞玲等，2005）。Roberts 算子的两个 2×2 卷积算子模板如图 6.12 所示。

$$\begin{bmatrix} 0 & 1 \\ -1 & 0 \end{bmatrix} \begin{bmatrix} 1 & 0 \\ 0 & -1 \end{bmatrix}$$

图 6.12　Roberts 边缘算子模板

有了这两个卷积算子，对图像求 Roberts 梯度如下：

$$\Delta_x f = f(i, j) - f(i+1, j+1) \tag{6.5}$$

$$\Delta_y f = f(i, j+1) - f(i+1, j) \tag{6.6}$$

$$G_R f(x, y) = \max \{ f(x, y) - f(u, v) \} \tag{6.7}$$

式中，$\Delta_x f$ 表示 x 方向上的灰度变化，$\Delta_y f$ 表示 y 方向上的灰度变化，(u, v) 为点 (x, y) 的 4 邻域，$f(i, j)$、$f(i, j+1)$、$f(i+1, j)$、$f(i+1, j+1)$ 分别为 4 邻域的坐标。或用差分近似表示为：

$$G_R f(x, y) = \max \left(\sqrt{\Delta_x^2 f + \Delta_y^2 f} \right) \tag{6.8}$$

计算出 Roberts 梯度幅值后，再取适当门限 TH，如果梯度幅值大于门限值，则判断该点为边缘点。

Roberts 边缘检测算子的意义在于用交叉差分的方法检测出像元与上下、左右或斜方向相邻像元的灰度差异。采用这种方法对图像中的每个像元计算其梯度值，最终产生一个 Roberts 算子检测的梯度图像，达到突出边缘的目的。

2）Sobel 边缘算子

Sobel 算子是一阶微分算子，它利用像元邻近区域的梯度值来计算中心像元的梯度，得到图像中的边缘。实现方法是将图像中每个像元的上、下、左、右 4 邻域的灰度值先求加权平均，对噪声进行平滑处理；然后再通过微分求梯度，使接近模板中心的像元梯度幅值最大。Sobel 算子有 8 个方向模板，最常用的两个方向模板如图 6.13 所示。

$$\begin{bmatrix} -1 & -2 & -1 \\ 0 & 0 & 0 \\ 1 & 2 & 1 \end{bmatrix} \quad \begin{bmatrix} -1 & 0 & 1 \\ -2 & 0 & 2 \\ -1 & 0 & 1 \end{bmatrix}$$

图 6.13 Sobel 边缘算子模板

对于任意图像来说，利用横向和纵向两个卷积核对图像中的每个像元作平面卷积，其中一个卷积核对垂直边缘的影响最大，另一个卷积核对水平边缘的影响最大，分别计算后得出横向及纵向的亮度差分近似值 G_x、G_y，形式如下：

$$G_x = \{ f(x+1, y-1) + 2f(x+1, y) + f(x+1, y+1) \} \\ -\{ f(x-1, y-1) + 2f(x-1, y) + f(x-1, y+1) \} \tag{6.9}$$

$$G_y = \{ f(x-1, y+1) + 2f(x, y+1) + f(x+1, y+1) \} \\ -\{ f(x-1, y-1) + 2f(x, y) + f(x+1, y-1) \} \tag{6.10}$$

这样，梯度幅值和梯度方向为：

$$G = \sqrt{(G_x^2 + G_y^2)}, \ \theta = \arctan \left(\frac{G_y}{G_x} \right) \tag{6.11}$$

如果像元梯度值 G 大于预设的门限 TH，则认为该像元点是边缘点。对整幅遥感影像进行卷积运算，结果就得到一幅 Sobel 算子检测的边缘图像。

Sobel 算子对噪声具有平滑作用，对灰度渐变和噪声较多的遥感图像处理效果较好，可以提供较为精确的边缘方向信息。但是在抗噪声好的同时增加了计算量，而且也会产生伪边缘，

定位精度不高，检测出的边缘宽度较宽。因此，目前有改进方法利用 8 个方向模板来共同模拟图像实际边缘走向，提高 Sobel 算子的模拟精度。

3）Prewitt 边缘算子

Prewitt 边缘算子属于一种边缘模板算子，模板算子由理想的边缘子图像构成，依次用边缘模板算子去提取图像，与被提取区域最为相似的模板给出最大值。然后用这个最大值作为算子的输出值，最终可将能识别的边缘像元都提取出来。常用的 Prewitt 边缘算子模板定义如图 6.14 所示：

$$
\begin{bmatrix} 1 & 0 & -1 \\ 1 & 0 & -1 \\ 1 & 0 & -1 \end{bmatrix}
\quad
\begin{bmatrix} -1 & -1 & -1 \\ 0 & 0 & 0 \\ 1 & 1 & 1 \end{bmatrix}
$$

图 6.14　Prewitt 边缘算子模板

将图像中每个像元都用图 6.14 所示的两个边缘模板算子作卷积，取最大值作为输出，运算结果就是一幅 Prewitt 算子检测的边缘图像。取合适的门限 TH，如果像元点梯度大于门限值，则该像元点为检测出的边缘点。

4）Laplace 边缘算子

Laplace 算子属于二阶微分算子，具有旋转不变性。Laplace 算子借助各种卷积模板实现，对模板的基本要求是中心像元的系数和与之邻近的 8 个像元的系数符号相反，且所有系数的和为零，这样计算结果体现出各向同性的性质，不会产生灰度偏移。针对阶跃状边缘和屋顶状边缘，实现 Laplace 运算的两种常用估算模板如图 6.15 所示。

$$
\begin{bmatrix} 0 & 1 & 0 \\ 1 & -4 & 1 \\ 0 & 1 & 0 \end{bmatrix}
\quad
\begin{bmatrix} 1 & 1 & 1 \\ 1 & -8 & 1 \\ 1 & 1 & 1 \end{bmatrix}
\qquad
\begin{bmatrix} 0 & -1 & 0 \\ -1 & 4 & -1 \\ 0 & -1 & 0 \end{bmatrix}
\quad
\begin{bmatrix} -1 & -1 & -1 \\ -1 & 8 & -1 \\ -1 & -1 & -1 \end{bmatrix}
$$

（a）阶跃状边缘　　　　　　　　　　　　　　（b）屋顶状边缘

图 6.15　Laplace 算子的方向模板

Laplace 算子通过寻找图像灰度值二阶微分中的过零点来检测边缘点，具体算法定义为：

$$
\nabla^2 f(x, y) = \frac{\partial^2 f(x, y)}{\partial x^2} + \frac{\partial^2 f(x, y)}{\partial y^2}
\tag{6.12}
$$

以图 6.15 中的第一个方向模板为例，在数字图像中可用数字差分近似表示为：

$$
\nabla^2 f(x, y) = f(x+1, y) + f(x, y+1) + f(x, y-1) + f(x-1, y) - 4f(x, y)
\tag{6.13}
$$

Laplace 算子是二阶微分算法，其分析是建立在图像的一阶微分预处理结果之上的，可以用任何一种一阶微分算法对图像进行预处理，然后利用其进行二阶运算。但是由于该算子为二阶差分，双倍加强了噪声的影响，因此产生双像素宽的边缘，且不能提供边缘的方向信息。优点是各向同性，不但可以检测出绝大部分边缘，同时基本不会出现伪边缘，可以精确定位边缘。

5）Canny 边缘算子

1986 年，Canny 定义了边缘检测的 3 条准则：①信噪比准则，要求输出信噪比最大化，使非边缘像元误检测为边缘的误检测率最低，边缘漏检率最低；②定位精度准则，使检测出的边缘位置距离实际边缘位置最近；③单边缘响应准则，即检测出的边缘只有一个像元宽度，消除伪边缘。在此 3 条准则的基础上，Canny 提出了一种最佳边缘检测算子，即 Canny 边缘算子。利用 Canny 边缘算子进行图像边缘检测，流程主要有以下 4 步（曾俊，2011）。

（1）高斯滤波。由于噪声像元点附近的梯度幅值较大，边缘检测算子容易将噪声像元误检测为边缘像元，因此首先使用高斯滤波器对输入图像进行卷积滤波，滤除噪声，减小噪声对梯度计算的影响。高斯滤波器如下所示：

$$G(x, y, \sigma) = \frac{1}{2\pi\sigma^2} \exp\left(-\frac{x^2+y^2}{2\sigma^2}\right) \qquad (6.14)$$

式中，x、y 为像元坐标，σ 为标准差。

（2）像元梯度幅值和方向计算。使用一阶差分算子计算水平方向和垂直方向的梯度幅值分量，得到图像的梯度幅值和梯度方向。为了提高梯度的计算精度，可以用 Sobel 算子来计算图像的梯度幅值和方向。

（3）非极大值抑制。遍历梯度幅值图像 $f(x, y)$ 上的每一个像元，插值计算当前像元梯度方向上相邻两像元的梯度幅值，如果当前像元的梯度幅值大于或等于这两个值，则当前像元是可能的边缘点，否则该像元为非边缘点，将图像边缘细化为一个像元宽度。梯度幅值图像 $f(x, y)$ 经过非极大值抑制后，得到图像 $f_{nms}(x, y)$。

（4）双阈值检测和边缘连接。设置高阈值 T_h 和低阈值 T_l，对非极大值抑制图像 $f_{nms}(x, y)$ 进行遍历，分别用高阈值和低阈值进行阈值化处理，得到高阈值检测结果图像 E_1 和低阈值检测结果图像 E_2，其中 E_1 为强边缘点，可能会有间断，E_2 为弱边缘点。跟踪 E_1 中的边缘，当连接到端点时，在图像 E_2 相应位置的 8 邻域中搜索边缘点来连接强边缘 E_1 中的间断。通过不断搜索跟踪，将 E_1 中边缘的间断连接起来，最终形成完整的边缘。

利用 Canny 算子检测图像边缘的关键有两个，一个是选取适当的高斯滤波器邻域大小，另一个是设置合适的双阈值（管宏蕊等，2009）。高斯滤波器邻域大小决定着对噪声的抑制效果，其可通过权衡增加的计算量大小以及图像中不同尺度的边缘情况来折中确定。双阈值可通过统计梯度图像的累积直方图来获得：当强边缘像元的个数占图像总像元数的 30% 时，所取的梯度幅值设为高阈值 T_h；低阈值取 $T_l = 0.4 \times T_h$。但是需要注意，当图像中的噪声密度增加时，这种阈值选取方法会失效，容易将噪声像元统计为弱边缘（曾俊，2011）。此时可以在已设定的双阈值的基础上进行微调，来减小边缘提取的误检率和漏检率。

表 6.1 总结了各边缘检测算子的特性及其优缺点。总的来说，这些边缘提取算子的算法简单，易于实现，运算速度也较快，适用于砂质海岸、粉砂淤泥质海岸等岸线较顺直、岸滩较宽的岸段的水边线提取，也适用于岸线曲折但是岩石水浸痕迹明显的基岩海岸的水边线提取。

表6.1　各边缘检测算子的特性比较

算子类型	算子特性	优缺点	
		优点	缺点
Roberts 算子	算子各向同性，边缘不连续	定位精度高，边缘连续，对具有陡峭边缘的低噪声图像响应最好，对水平和垂直边缘检测效果好	对噪声敏感，斜向边缘检测效果一般
Sobel 算子	算子各向异性，边缘不连续	对灰度渐变和噪声较多的图像处理效果较好，可提供较为精确的边缘方向信息	对噪声有平滑作用，提取的边缘较宽，会检测出伪边缘，边缘定位精度不高
Prewitt 算子	算子各向异性，边缘不连续	对灰度渐变、低噪声的图像有较好的提取效果	边缘定位精度不高，无法处理复杂噪声图像的边缘提取
Laplace 算子	算子各向同性，具有旋转不变性	能够提取出绝大多数边缘，可以精确定位	提取的边缘较宽，不提供边缘方向信息，不检测均匀变化，对噪声敏感
Canny 算子	取决于计算梯度图像采用的一阶差分算子类型	边缘检测中误判率低，边缘定位精度高，能够有效抑制虚假边缘	对冲击噪声处理效果差，双阈值确定方法自适应能力差，容易造成边缘误检和漏检

6.2.2.2　不同算子提取效果对比

　　利用 ENVI 5.0 遥感图像处理平台的 Convolutions and Morphology 工具，选取其内置的 Roberts 算子、Sobel 算子和 Laplace 算子进行边缘检测试验，对比典型的一阶、二阶边缘检测算子的水边线提取效果。选用的遥感影像数据为盐城大丰市的 Landsat TM 历史影像数据，影像中潮间带光滩宽阔，有数条潮沟蜿蜒其间，深入潮间带上部的植被带。邻近光滩处的海水含沙量高，呈亮条带分布，与相邻的光滩呈现明显的阶梯状灰度对比，水陆边界相对清晰，分界线较顺直。这种在中、低分辨率卫星遥感影像上显示出来的图像特征对于江苏省中部辐射沙脊群北翼的淤长型潮滩具有典型的代表性。

　　首先对单波段进行图像增强处理，利用密度阈值分割分离出陆地，生成水陆分离的二值影像，然后对水体边缘采取边缘检测的方法提取出所需的水边线。图 6.16 显示了水边线提取的图像处理过程以及利用 3 种边缘检测算子提取的水边线结果。

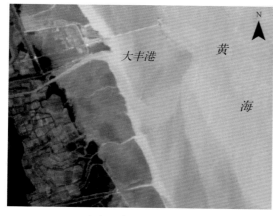

（a）大丰港原始影像

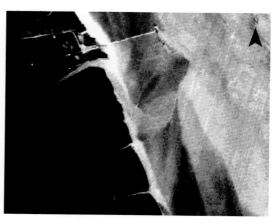

（b）密度阈值分割图像

图 6.16　水边线提取流程与结果

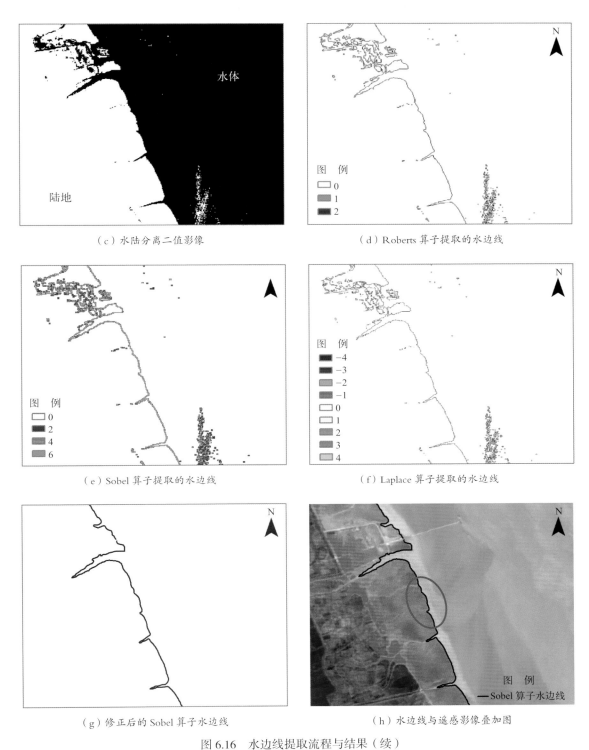

（c）水陆分离二值影像

（d）Roberts 算子提取的水边线

（e）Sobel 算子提取的水边线

（f）Laplace 算子提取的水边线

（g）修正后的 Sobel 算子水边线

（h）水边线与遥感影像叠加图

图 6.16　水边线提取流程与结果（续）

图例中的数字代表运用该算子计算得到的边缘所在像元的值；由具有非 0 数值的像元构成图像边缘，即水边线

　　图 6.17 显示了 3 种边缘检测算子提取的水边线栅格图像局部放大结果，具体位置见图 6.16(h) 中的位置标注。栅格像元中的细实线分别为 3 种边缘检测算子提取的栅格水边线的矢量化结果。可以看到，Roberts 算子提取的边缘宽度为一个像元，Sobel 算子和 Laplace 算子提取的边缘宽度为两个像元。

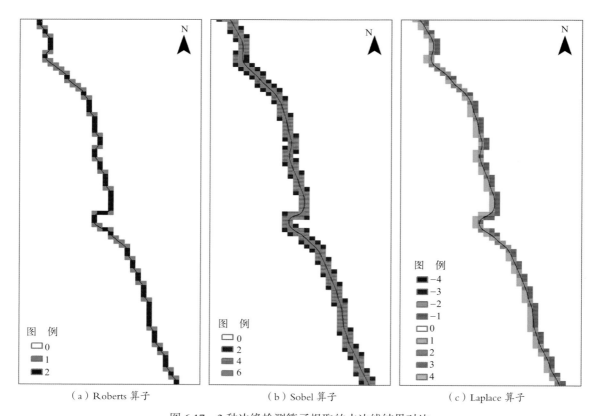

（a）Roberts 算子　　　　　（b）Sobel 算子　　　　　（c）Laplace 算子

图 6.17　3 种边缘检测算子提取的水边线结果对比

图例中的数字代表运用该算子计算得到的边缘所在像元的值；由具有非 0 数值的像元构成图像边缘，即水边线

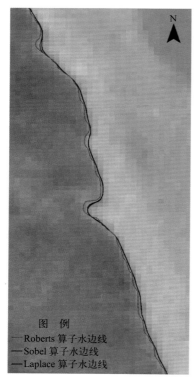

图 6.18　3 种边缘检测算子提取的水边线
结果叠加对比

将 3 种边缘检测算子的水边线提取结果进行空间叠加对比分析，图 6.18 显示了提取结果的差异。结合提取结果情况，根据 3 种算子各自的适应条件和优缺点对比，可以得到以下初步结论：

（1）Sobel 算子和 Laplace 算子提取的水边线基本重合，而 Roberts 算子提取的水边线偏向于潮滩一侧，并且对潮滩边缘的上覆残留水体较为敏感；

（2）Laplace 算子具有各向同性特征，能够提取出绝大多数边缘，并可精确定位，因此 Laplace 算子与 Sobel 算子的水边线提取效果具有更高精度；

（3）Sobel 算子对灰度渐变和噪声较多的图像处理效果较好，而淤泥质潮滩水体含沙量大，潮滩含水量高，潮滩与水体边界相对比较模糊，因此 Sobel 算子更适合于淤泥质海岸的瞬时水边线提取。

6.2.3 边缘提取结果矢量化

运用边缘检测算子对海岸带遥感影像进行瞬时水边线提取，获得的水边线看起来是一条线，实际上是个栅格结果，由一系列像元连续排列而成，线的宽度一般是 1 ~ 2 个像元。需要通过栅格 – 矢量化处理，从栅格水边线中提取出矢量格式的水边线，才可以应用于下一步的海岸线变迁分析，计算岸线、岸滩的动态变化。栅格水边线的矢量化处理采用 ArcGIS 10.2 的 ArcScan 数字化工具实现，基本原理是把栅格水边线看成是有实际宽度的线，然后提取其中心线，生成矢量水边线，如图 6.19 所示，具体流程可分为 3 步，详细内容介绍如下。

图 6.19　栅格水边线矢量化处理流程

（1）栅格水边线图像二值化处理。从图 6.17 可以看到，由于采用的算子卷积模板的不同，边缘检测算子提取得到的栅格水边线对应的像元值不是唯一的，因此首先需要将栅格水边线图像进行二值化处理。以 ArcGIS 10.2 为例，启动 ArcMap，加载 tiff 格式的栅格水边线图像数据，在 ArcToolbox 工具中选择 Spatial Analyst Tools/Reclass/Reclassify 重分类工具，将水边线所在的像元值设为 1，背景像元值设为 0，保存后得到二值化水边线图像。

（2）ArcScan 自动矢量化。在 ArcMap 中新建一个 polyline 对象的空白 shp 图层，用于存储即将生成的矢量水边线数据，图层的投影类型和坐标系设置为与二值化水边线图层一致，并将其处于编辑状态。启动 ArcScan 扩展模块，利用 Vectorization Setting 窗口设置栅格水边线的最大线宽（以像元数表示）、压缩容差、线段平滑权重、线段间断距离（以像元数表示）、空洞数量等参数。参数确定好后，先对矢量水边线进行模拟提取，可以用 Vectorization/Show Preview 工具预览生成的矢量线效果。如果效果满意，则用 Vectorization/Generate Features 工具生成初步的矢量水边线，并自动输出到预先新建的 shp 图层中。如果效果不满意，需要调整 Vectorization Setting 中的参数设置，进行重新提取。

（3）矢量水边线手动修正与整饰。初步生成的矢量水边线需要进行少量的修正，来改善水边线的提取效果和精度。修正方式有两种：一种是在生成矢量水边线前，首先用 ArcScan/ Raster Cleanup 工具将部分不需要参与矢量化的像元或者噪声像元擦除，那么生成的矢量水边线就相对比较规则；另一种是在生成矢量水边线后，在 ArcEdit 编辑工具中对水边线矢量对象进行编辑，把原始的海岸带假彩色遥感影像作为背景图像加载在矢量水边线图层下，对照着背景图像把错误的和不需要的水边线线段删除，或者对局部不连续的水边线进行手工微调，最终得到合适的矢量水边线结果。

6.2.4 瞬时水边线遥感提取成果

根据图 6.2 的瞬时水边线遥感提取技术流程，以多源遥感影像数据为支撑，提取了江苏省沿海的瞬时水边线。图 6.20 显示了辐射沙脊群南翼腰沙岸段高含水量潮滩经 TGDWI 指数增强处理后的水边线提取结果；图 6.21 显示了海州湾临洪河口水陆边界模糊条件下的潮滩水边线提取结果；图 6.22 显示了大丰区新洋河口至斗龙港岸段水陆边界清晰、岸线顺直条件下的淤泥质岸滩水边线提取结果。所使用的影像分别为 GF-1 号高分辨率卫星影像和 HJ-1A 低分辨率卫星影像。

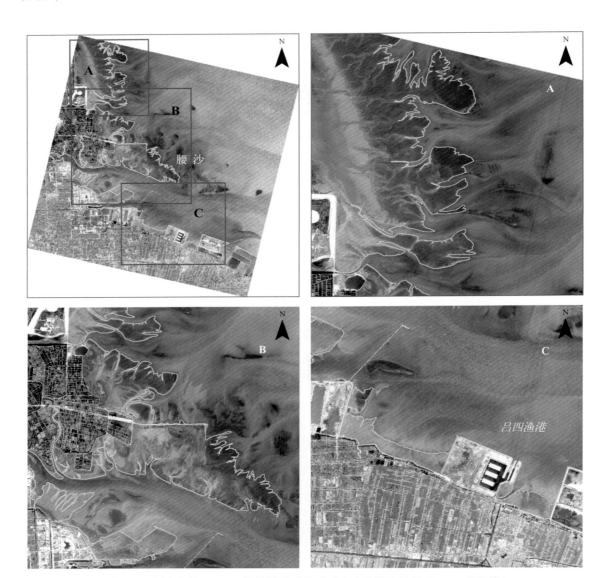

图 6.20　腰沙岸段 TGDWI 指数增强后的瞬时水边线提取结果（GF-1 号影像）

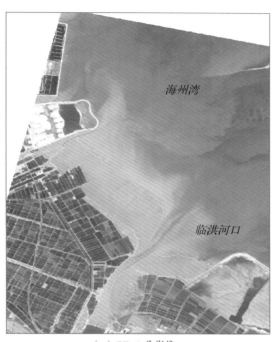 

（a）GF-1号影像　　　　　　　　　　　　（b）HJ-1A影像

图6.21　水陆边界模糊条件下的瞬时水边线提取结果

图6.22　水陆边界清晰条件下的瞬时水边线提取结果（GF-1号影像）

6.3　人工岸线遥感提取方法

人工岸线是由防潮堤、防波堤、护坡、挡浪墙、码头、盐养围堤等人工建筑物形成的岸线。从位置来看，人工岸线重点分布在砂质海岸、粉砂淤泥质海岸的高潮滩。随着水位的变化，高潮位时潮水前进至人工岸线外侧堤脚，人工岸线与海洋水体接触，如果岸线有块石护坡或者人工块体护坡的保护，会在护坡上形成深色的水浸痕迹。低潮位时堤前潮滩出露，人工岸线与滩涂邻接，如果滩涂进一步向海扩张，在人工岸线外侧滩面会有成片的植被带分布。由于淤泥质海岸的岸滩冲淤变化频繁，因此人工岸线可能随着进一步的沿海开发而向海推进，也可能被海水冲垮后退，从而发生海岸线位置的变化。

在海岸带区域，构成人工岸线的建筑物主要是石块、混凝土、砖石或者夯实的硬土，这些人工建筑物沿海岸线走向的方向分布，用于滩涂围垦、港口海岸工程建设或者保护自然岸线不被海水侵蚀。由于材质的不同，在遥感影像上人工岸线与相邻地物相比有明显的光谱和形状差异。在光谱上，人工岸线地物以高反射率、高亮色调为主；在形态上，人工岸线主要呈线状、细长条状分布，根据人工岸线作用的不同，走向有的顺直，有的曲折。近年来，人工岸线遥感提取主要采用两种方法，一种是目视解译，根据事先建立的遥感解译标志，利用手工勾绘的方式对人工岸线进行识别和勾画；另一种是计算机自动提取，采用遥感图像分类结合边缘检测实现人工岸线的自动提取。在自动解译方法中，虽然现有的监督分类方法能够直接对人工建筑物进行分类，但是可以看到这些基于像元的分类方法主要依据的是像元光谱的波段内特征或波段间差异，而对人工建筑物本身的形态特征以及空间关系特征等没有加以利用。因此，除了直接采用监督分类方法以外，还可以采用面向对象的遥感影像分类结合形态学边缘提取方法进行人工岸线遥感提取（贾明明等，2013；高燕等，2014；吴小娟等，2015）。面向对象的人工岸线提取方法有两种处理方式，一种是基于人工岸线的光谱、形态特征建立专家知识规则，采用目标识别的方式，直接对人工岸线进行提取；另一种是以图像分割基元为对象，在光谱、形态特征空间内进行地物的全要素监督分类，然后从中分离出人工岸线。从目前的研究来看，由于海岸带遥感影像中人工岸线的光谱、形态特征明显，利用面向对象的遥感处理方法进行人工岸线提取，是一个重要发展方向。综上所述，人工岸线遥感提取的概要实现流程如图 6.23 所示。

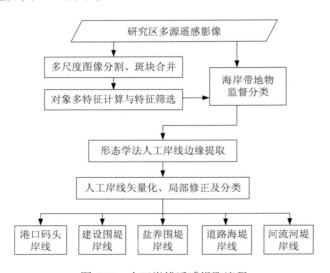

图 6.23 人工岸线遥感提取流程

针对面向对象的人工岸线遥感提取，主要涉及的过程如下。

1）图像多尺度分割与基元合并

首先根据遥感影像的分辨率以及影像中主要人工建筑物的尺寸信息如海堤、道路的宽度等，确定合适的图像分割尺度，进行图像分割处理，得到分割斑块也称为分割基元，作为图像分类的基本单元。图像分割采用自主开发的基于硬边界限制与基元二次合并的遥感图像分割方法（HBC-SEG），利用亚基元分割、多光谱边缘提取、分阶段基元合并等方式，将图像边缘嵌入基元合并过程，来实现高分辨率遥感影像的快速、高精度分割（Wang et al.，2014）。具体技术流程如图 6.24 所示。HBC-SEG 实现步骤为：①首先使用多光谱 Canny 边缘检测算子计算获取遥感影像边缘，采用基于边缘约束的分水岭分割方法进行图像分割，获得初始亚基元；②运用迭代的方法进行边缘约束的亚基元合并，直到所有的亚基元合并代价均大于所设置的一个较大的合并代价阈值 T_Max，停止迭代；③在执行上一步的基础上，再使用一个小阈值 T_Scale，对已有基元进行逐层的放弃边缘约束的基元再合并，直到再次合并后的基元合并代价均大于此阈值为止，完成对图像的分割。

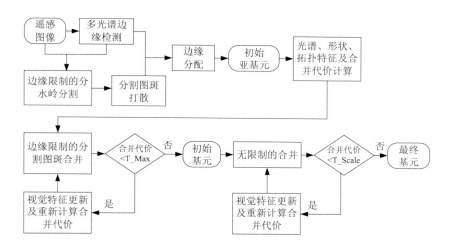

图 6.24　边缘约束的多精度分割方法流程

由于海岸带地物大小不一，一般来说，图像需要在不同的尺度上进行分割，得到合适的分类基元。图像进行多尺度分割时，影像分割斑块的大小和数量随尺度的调整而变化（吴小娟等，2015）：给定的分割尺度值越大，所生成的对象层内多边形面积就越大，斑块越粗，斑块数量也越少，所需分割时间也越短，然而会忽视细节体现，因此适宜进行比如海水、滩涂、植被等大目标地物的提取；分割尺度值越小，分割生成的对象层内多边形面积越小，斑块数量也越多，所耗时间也较长，但是可以更好地区分细节，因此进行道路、堤坝等人工建筑物提取时要选择相对较小的分割尺度。如果需要进行分割处理的图像区域内地物类型比较复杂，地物大小也不均一，一般采用多尺度分割的方法，通过建立多个分割尺度图层，进行分层、逐步提取，在能够获得完整、均一的海域对象的前提上，依据分割效率达到最高的原则确定合理的分割尺度。

以江苏省南通市如东洋口渔港经济区为例，图 6.25 显示了分别采用 10、20、30、50、80 分割尺度得到的图像分割结果，使用的数据源为 2008 年 12 月 12 日的 SPOT 卫星遥感影像，影像分辨率为 10 m。图像分割参数设置如下：波段权重均为 1，光谱因子权重为 0.9，形状因子权重为 0.1。在形状因子权重中，平滑度、紧凑度权重初值均取 0.5。此外，图像分块、合并边缘和亚基元尺度的默认参数为 1 024、256 和 30。从分割效果对比来看，80 尺度对大块的滩涂植被、光滩、水体、农作物有较好的区分；30、50 尺度能够将道路、堤坝斑块分割得比较完整，道路边缘显示比较清晰；20 尺度以下图像分割图斑显得比较破碎。因此，对于 10 m 分辨率的遥感影像来说，提取道路、堤坝类型的地物，采用 30 尺度进行分割效果较好，同时分割效率也较高。

（a）原始假彩色图像

（b）10 尺度分割

（c）20 尺度分割

（d）30 尺度分割

（e）50 尺度分割

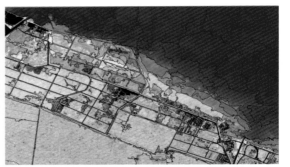

（f）80 尺度分割

图 6.25　江苏省南通市如东洋口渔港经济区多尺度分割效果

2）基元多特征提取、表达及筛选

在图像分割的基础上，针对遥感影像中存在的地物类型，分别选择多个分割基元作为代表样本进行多特征计算与统计，提取其光谱、边缘、形状、纹理、空间关系等特征，进行特征筛选，确定出用于影像要素分类的分类特征。根据海岸带地物的实际状况，结合对影像的观察及经验分析，选择的主要特征如下：①光谱特征，包括图像各波段上同类型地物基元的光谱均值、方差、植被指数 NDVI 和水体指数 NDWI；②形状特征，重点选择能够表达基元大小不变性及旋转不变性的参数，主要有面积、周长、矩形度、圆形度、主轴长度、主轴方向、长宽比、形状指数等；③空间关系特征，包括相邻基元之间的平均灰度值差值、公共边界与基元周长比等。各特征参数的计算方法及功能描述如表 6.2 所示。

表 6.2 基元表达的主要特征参数及其计算方法

特征	参数	计算方法	功能
光谱特征	光谱均值	第 n 波段图像上同类型基元斑块的平均光谱值	区分不同地物的色调差异
	光谱方差	第 n 波段图像上同类型基元斑块的光谱方差	区分不同地物的色调均匀度或偏差
	NDVI	$(R_{nir} - R_r) / (R_{nir} + R_r)$，$R_{nir}$ 和 R_r 分别为斑块在近红外波段和红波段的反射率或灰度值	区分植被与其他地物
	NDWI	$(R_g - R_{nir}) / (R_g + R_{nir})$，$R_g$ 和 R_{nir} 分别为斑块在绿波段和近红外波段的反射率或灰度值	区分水体与其他地物
形状特征	面积	基元斑块包含的像元个数。可使用种子填充算法来计算	区分大小不同的地物对象
	周长	基元斑块的边缘长度。通过在对斑块轮廓进行跟踪时计数来计算	反映斑块边缘的总长度
	矩形度	A/A_{MER}，斑块面积 A 和包围该斑块的最小外接矩形面积 A_{MER} 的比值	反映物体对其外接矩形的填充程度
	圆形度	p^2/A，斑块周长 p 的平方与斑块面积 A 的比值	刻画物体边界的复杂程度
	长宽比	W_{MER}/L_{MER}，外接矩形 MER 的宽 W_{MER} 与长 L_{MER} 的比值	区分细长物体与方形或者圆形物体
	形状指数	$e/4\sqrt{A}$，A 为斑块面积，e 为斑块和其他相邻斑块共用的边数之和	描述斑块边缘的平滑度
空间关系特征	相邻对象平均灰度差值	斑块和其相邻斑块的平均灰度值的差值	描述空间邻接地物的灰度差异
	相邻对象公共边界比	p/PB，p 为斑块周长，PB 为斑块和其相邻斑块的公共边界的长度	描述空间邻接地物的公共边界特性

3）图像二级分类体系分类

确定了分类特征以后，可以计算分割图像中各斑块的特征值，形成多维特征空间，然后将图像中各斑块在特征空间中的值映射到 [0, 255]，得到利用特征值表达的影像地物灰度图像。然后分别为各类地物挑选样本，采用基于统计学习的 SVM 非线性分类器，或者最近邻法、贝叶斯法等分类方法，对样本进行训练，在已构建的多维特征空间中对海岸带地物进行分类，区分出其中的道路堤坝等人工建筑物，作为人工岸线提取的本底。

江苏省海岸线
时空变化遥感监测技术、方法与应用

　　针对不同特征信息的组合应用，采用二级分类的方式进行地物提取，二级分类体系如表 6.3 所示。分类时，特征信息使用情况如下。①用光谱特征进行一级地物分类，区分出水体、滩涂、植被和工业用地。②用形状特征和空间关系特征进行二级地物分类。对于水体一级类，根据斑块面积大小结合形状指数，区分出海洋水体、养殖水体和其他水体 3 个二级类，如果有入海河流，可加入长宽比特征，对河流进行识别；对于滩涂一级类，综合利用形状特征和空间关系特征，区分出未开发滩涂（光滩）和已开发滩涂两个二级类；对于植被一级类，根据空间关系特征，区分出滩涂植被和农田植被两个二级类；对于工业用地一级类，采用矩形度、长宽比和圆形度 3 个形状特征，区分出建设用地、工矿用地和道路堤坝 3 个二级类，必要时可以用空间关系特征辅助进行建设围堤、堤坝等构成人工岸线的人工建筑物与陆地道路的分离。③如果需要进一步细分，可以采用三级分类体系，例如，将滩涂植被细分为具体的植被类型如芦苇、米草、盐蒿等。

表 6.3　面向对象的海岸带地物二级分类体系

一级类		二级类	
类别	分类时使用的特征	类别	分类时使用的特征
水体	水体指数 NDWI	海洋水体、养殖水体、其他水体	面积、形状指数
		入海河流	长宽比
滩涂	光谱均值、方差	未开发滩涂、已开发滩涂	形状指数、相邻对象公共边界比
植被	植被指数 NDVI	滩涂植被、农田植被	相邻对象平均灰度差值
工业用地	光谱均值、方差	建设用地、工矿用地	矩形度、圆形度
		道路堤坝	长宽比

　　选择 2009 年江苏省南通市海门滨海新区建设用海的 SPOT-5 多光谱影像进行面向对象的图像分类试验，影像空间分辨率为 10m，分类方法为 SVM 支持向量机法。图 6.26 显示了面向对象图像分类的过程和各阶段的图像处理结果，分割图像使用的分割尺度为 20，可见农田植被斑块、养殖水体斑块的边缘比较清晰。样本选取图像显示了用不同颜色区别的不同地物斑块样本选取结果，分类结果图像显示了二级分类体系的分类结果。由于面向对象的二级图像分类方法可以综合使用基元的多种特征信息，因此分类更加方便，分类结果更加准确。

　　4）分类后处理

　　从图 6.26 中可以看出，综合多特征的面向对象遥感影像分类可以在海岸带取得理想的分类效果，但是计算机自动分类不可避免会产生错分现象。对于人工建筑物这类具有特定形状、特定位置的地物类型，采用目视判别结合属性修改的方法，可以将可能错分成人工建筑物的小斑块的属性修改成其他地物类型，如图 6.27 中的 A、B 所示，修改后使得堤坝看起来比较顺直和自然，没有不合理的突出部分。同样，也可以将本来属于堤坝而被错分成其他地物类型的小板块属性修改成道路堤坝，如图 6.27 中的 C 所示，使间断的道路堤坝变得连续。图斑属性手动调整好后，使用小图斑合并功能，将空间上相邻的同一类型地物斑块合并成一个对象，减少分类结果图层的复杂程度。

110

（a）原始影像

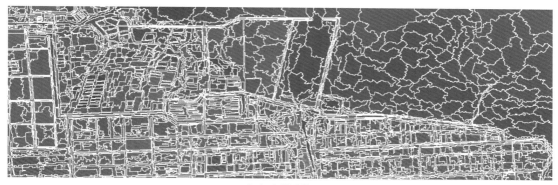

（b）分割图像

（c）样本选取图像

（黄色样本：工业用地；蓝色样本：水体；绿色样本：植被；灰色样本：滩涂）

（d）分类结果图像

图 6.26　面向对象的人工岸线分类过程

（a）修改前 （b）修改后

图 6.27　错分斑块属性手工调整

5）人工岸线提取与类型定义

海岸带地物要素分类好以后，根据属性类别，分离出其中属于人工岸线的栅格对象，形成二值影像，然后利用边缘检测算子，提取出完整的人工岸线，在栅格矢量化处理以后，按照人工岸线分类体系，完成人工岸线的类型划分。根据人工岸线的遥感判别标志，道路海堤海岸、建设围堤海岸、盐养围堤海岸的人工岸线提取围堤与滩涂邻接的外边界线；港口码头海岸提取码头、突堤、沿岸海堤等与水体邻接的外边界线；河流河堤海岸提取入海河流两侧的河堤边缘线以及跨河的涵闸、桥梁等向海一侧边缘线。图 6.28 显示了连云港市灌云县徐圩港区岸段的人工岸线遥感提取结果，采用的遥感影像为 2016 年 2 月 3 日的 GF–2 号高分辨率卫星遥感影像。可以看到，在该岸段从北往南依次分布有道路海堤岸线、港口码头岸线、盐养围堤岸线和河流河堤岸线。

图 6.28　面向对象的人工岸线遥感解译结果

6.4 植被岸线遥感提取方法

不同类型的滩涂植被有自身的生长周期，在遥感影像上表现出不同的光谱特征，而且与相邻的潮间带光滩、海洋水体有明显的光谱差异。可以通过监督分类的方式进行海岸带地物遥感分类，从中分离出滩涂植被，然后提取出植被与光滩邻接的边界线，作为潮滩的植被岸线。植被分离的另一种方法是通过计算归一化差值植被指数 NDVI，通过给定合适的阈值，进行图像密度分割，也可以从遥感影像中得到植被的空间分布。由于滩涂植被的生长主要是自然竞争的结果，植被带的边缘形态不规则，同时植被生长和扩张与滩涂淤长密切相关，人类进行滩涂围垦会占用植被空间资源，造成植被岸线的人为间断。所以在进行植被带边缘提取时，需要进行局部的目视解译修正，提高植被岸线的提取精度。图 6.29 给出了植被岸线遥感提取的技术流程。图 6.30 显示了江苏省盐城湿地珍禽国家级自然保护区核心区岸段的植被岸线遥感提取结果，采用的遥感影像为 2014 年 1 月 26 日的 GF-1 号高分辨率卫星遥感影像。

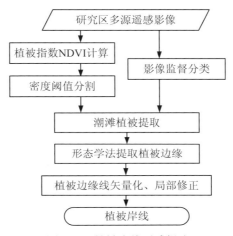

图 6.29 植被岸线遥感提取

图 6.30 植被岸线遥感解译结果

6.5　海岸线遥感推算方法

海岸线遥感推算方法的流程框架如图 6.31 所示。

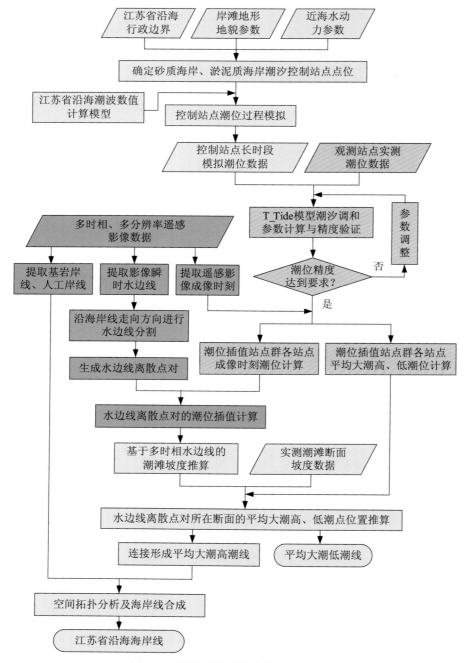

图 6.31　海岸线遥感推算总体技术流程

海岸线遥感推算主要分为 4 个部分：潮位控制站点的确定及潮汐过程推算、潮位插值站点群的潮汐调和计算、水边线离散及离散点高程赋值、潮位特征线推算与海岸线合成。各部分的主要任务如下。

1）潮位控制站点的确定及潮汐过程推算

以江苏省的行政界线图为基础，参照全省的海岸线形态、岸滩冲淤变化状况以及潮滩宽度、坡度、植被分布等信息，重点在砂质海岸和粉砂淤泥质海岸确定 10 ～ 15 个潮位控制站点，这些站点与已有的实测潮位站点一起，构成江苏省沿海水边线潮位插值校正所需的潮位插值站点群。对于所筛选的潮位控制站点，利用所构建的江苏省沿海高精度潮波数值计算模型进行潮位过程模拟，将控制站点的经纬度转化为模型正交曲线网格的行列号，提取出网格点上长时间序列的潮位过程模拟结果，作为潮位控制站点的潮汐过程模拟数据。

2）潮位插值站点群的潮汐调和计算

收集全省的实测潮位数据，和潮位控制站点的潮位模拟数据一起，根据潮汐调和计算原理，利用 T_Tide 模型选择合适的分潮类型和分潮数，进行潮汐调和计算，分别率定出潮位插值站点群中每个站点的潮汐调和参数，并模拟出每个站点的平均大潮高、低潮位值。根据收集的多时相、多分辨率卫星遥感影像的成像时刻，计算出成像时刻每个站点的潮位值。

3）水边线离散及离散点高程赋值

利用多时相、多分辨率卫星遥感影像提取出基岩岸线、人工岸线和瞬时水边线。对于同一年份的多时相遥感水边线，在沿海岸线走向方向将水边线按固定长度间隔进行分割处理，得到水边线离散点对。根据点对在潮位插值站点群中的位置情况，以与点对相邻的两个潮位插值站点在影像成像时刻的潮高数据为基准，采用线性插值修正方法，实现水边线离散点对中每个离散点的潮位插值，获得离散点的高程。

4）潮位特征线推算与海岸线合成

根据两个时相水边线离散点对的不同潮位值计算高差，利用离散点对的平面位置计算平距，推算出离散点对所在断面的岸滩平均坡度，进而根据该断面的平均大潮高、低潮位值推算出平均大潮高、低潮点位置。将沿海岸线走向方向的平均大潮高、低潮点依次连接成线，得到江苏省沿海的平均大潮高、低潮线。把平均大潮高潮线和遥感解译的基岩岸线、人工岸线进行空间拓扑分析和海岸线合成处理，得到江苏省沿海的海岸线。

6.5.1 水边线分割与离散

对以遥感瞬时水边线为代表的线性地物进行分割和离散，主要有以下两个目的。

（1）瞬时水边线不是一条等高线。水边线是遥感影像成像时刻影像上水体与潮滩的水陆分界线，由于影像覆盖的空间范围大，地球的纬度方向的曲率变化不能忽略；同时由于潮波传播变形的原因，不同纬度的潮位涨落具有一定的时滞效应，同一时刻水边线上不同位置的地方具有不同的潮位。因此，如果对水边线按照成像时刻的潮位来赋值，必须首先对水边线按照一定的距离间隔进行分割，离散成多个相邻的散点，然后根据散点距离潮位站的远近，把潮位站的潮位线性插值到散点上，最终得到遥感影像成像时刻与水边线离散点位置对应的正确潮位值。

（2）一般来说，岸滩的蚀退与淤长方向与自然状态下海岸线的走向方向是近似垂直的，分析岸滩的冲淤状态时，需要沿垂直海岸线走向方向对海岸线进行分割处理，然后按照一定时间段内不同海岸线与基准岸线之间的距离变化，计算海岸线的冲淤速率。此时也需要对海岸线进行分割与离散处理。特别是当岸线不是顺直的，具有较多的曲折变化，或者在河口、

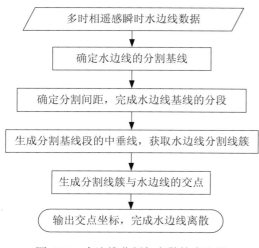

多时相遥感瞬时水边线数据

↓

确定水边线的分割基线

↓

确定分割间距，完成水边线基线的分段

↓

生成分割基线段的中垂线，获取水边线分割线簇

↓

生成分割线簇与水边线的交点

↓

输出交点坐标，完成水边线离散

图 6.32　水边线分割与离散技术流程

潮沟附近岸线曲率较大时，还需要对岸线进行加密分割处理，以体现曲折岸段的冲淤变化特征。

基于以上两个原因，需要结合 GIS 空间分析技术，实现线性对象的分割与离散。图 6.32 显示了水边线分割与离散的技术流程。

水边线分割与离散的主要步骤如下，所有操作均在 ArcGIS 10.2 中完成。

（1）水边线基线确定。将多时相瞬时水边线统一转换为大地坐标系，对于江苏省来说，可采用 UTM 投影，WGS–84 坐标系，取北半球 51 带；或者采用 Gauss-Kruger 投影，WGS–84 坐标系。转换成大地坐标系的目的是可以采用固定距离来实现基准岸线的等分分割。坐标系确定好以后，将多时相瞬时水边线矢量图层叠加在一起，依据外推包络线的方法，在所有水边线的外侧（海水一侧）做一条与水边线、海岸线走向基本平行的平行线，作为水边线的分割基线，也称基准岸线。如果后期还要做潮间带岸滩变化分析，建议分割基线的位置位于平均大潮低潮线外侧为宜。对于辐射沙脊群中部内缘区和南翼近岸的大型潮沟，可以添加一些潮沟中轴线，作为辅助的分割基线，来分割潮沟两侧的水边线。图 6.33 显示了江苏省的水边线分割基线。

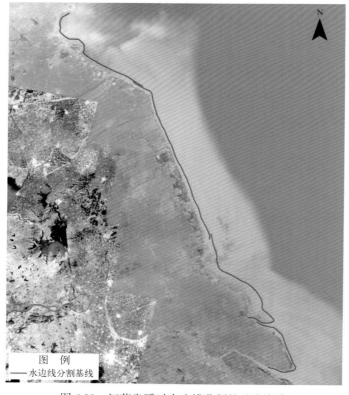

图　例
—— 水边线分割基线

图 6.33　江苏省瞬时水边线分割的基准岸线

（2）水边线分割基线的等距分段处理。由于岸滩冲淤变化集中在海岸线垂直方向，而在沿海岸线走向方向不会特别剧烈，因此取 500 m 间隔作为水边线分割基线的等分距离。在编辑状态下，选中基线对象，利用 ArcGIS 的 Divide 工具，进行水边线基线的等分分割。基线分割以后，会自动生成多条小线段，不利于后续处理，因此需在编辑状态下，选中所有小线段，进行线段合并处理，使得小线段的端点变成同一条折线的内部节点（Vertex）。对于由于水边线基线段不能等分而形成的多余节点，如图 6.34 所示，选择将其删除。

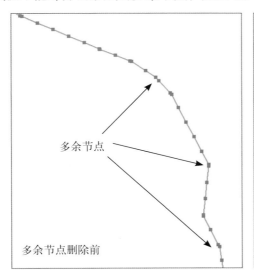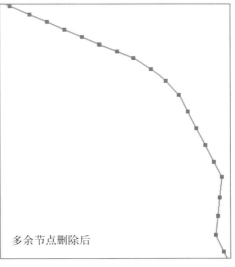

多余节点

多余节点删除前　　　　　　　　　多余节点删除后

图 6.34　水边线基线段合并及多余节点删除

（3）水边线分割线簇生成。在编辑状态下，对每个基线段选择线段的中点（Midpoint），做过中点的垂线（Perpendicular），形成基线段的中垂线集，作为基线段的分割线。注意分割线的长度要保证能够与所有的水边线相交。如果岸段顺直，此时基线段与前后的线段一起近似直线分布，所得到的分割线之间基本互相平行，这种情况下的分割线分布是比较理想的。但是如果岸段弯曲，特别是在入海河口或者大型潮沟入海口附近，岸线曲折分布，基段段与前后的线段一起形成折线，那么由中垂线形成的分割线会相互交叉，这样导致在后期进行水边线分割时，水边线离散点按位置排序会产生次序上的混乱或前后跳跃。这时需要根据基线的弯曲情况，在基线段上适当添加节点，减小节点间的间距，同时对分割线的走向作一定的微调，使得调整后的分割线以扇状分布，这样分割线或者分割线的延长线相交于扇形的圆心。调整的结果既能够使分割线基本与岸滩相垂直，又能够保证水边线离散点位置按大小次序排列。图 6.35 显示了调整后的分割线的两种分布形态。按照 500 m 的间隔，全省水边线基线的分割线大约有 1 100 条左右。

（4）水边线离散点对生成。在 ArcMap 中，利用 ArcToolbox 工具的 Data Management Tools/General/Merge 图层合并功能，将分割线 Shp 文件与需要提取离散点的水边线 Shp 文件合并成一个 Shp 文件。然后打开 Topology 扩展模块，在编辑状态下，选择 Planarize Lines 打断线功能，将合并文件里的线打断。为了得到水边线与分割线的交点，可以作如下 4 步处理。①利用属性选择功能，选择合并文件中的水边线，将其删除。②选中所有打断的分割线，进行 Merge 处理，目的是合并被打断的分割线的前一个终点和后一个起点，否则会存在重复的线段端点，增加处理难度。③选择 Data Management Tools/Features/Feature Vertices To Points

功能，生成包含 Vertices 节点的点对象 Shp 文件。此时的 Shp 文件中，包括了水边线分割点以及分割线的两个端点，把分割线端点删除，剩下的就是所需的水边线分割点。④将分割点的 x、y 坐标输出，得到水边线离散点结果。图 6.36 显示了利用上述方法对 2012 年冬季大丰港岸段 RapidEye 高分辨率卫星遥感影像和 HJ-1B 低分辨率卫星遥感影像提取的瞬时水边线的离散结果。

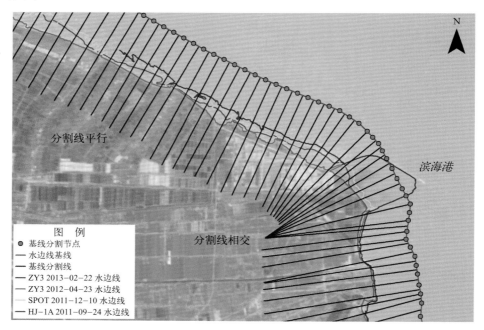

图 6.35　水边线基线的分割线的两种形态

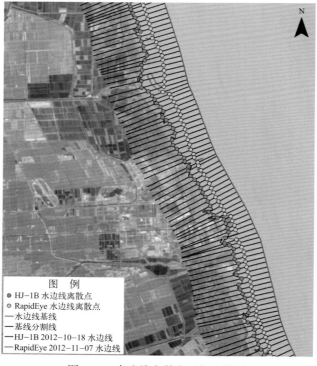

图 6.36　水边线离散点对提取结果

6.5.2　水边线离散点潮位插值计算

江苏省的大陆海岸线总体以南北向顺直分布为主，大致位于 31°37′—35°08′N，由地球曲率变化、潮波传播变形等引起的遥感成像时刻的水位变化主要表现在纬向方向，而在经向方向水位变化受制于潮间带宽度，变化较小，可以忽略。因此，水边线离散点的潮位插值主要在纬向方向上进行，从而简化为一维线性数据插值问题。图 6.37 显示了水边线离散点潮位插值计算的相似三角形原理。首先确定距离水边线离散点最近的两个相邻潮位插值站点，然后以离散点与潮位插值站点之间的纬度差作为权重，采用线性插值校正的方法，完成离散点的潮位值推算。

假定遥感影像成像时刻潮位站 1 的潮高为 H_1，潮位站 2 的潮高为 H_2，离散点 i 距离潮位站 1 和潮位站 2 的纬度差分别为 ΔY_1 和 ΔY_2，那么离散点 i 的潮高由下式计算：

$$H_i = H_2 + (H_1 - H_2) \times \frac{\Delta Y_2}{\Delta Y_1 + \Delta Y_2} \tag{6.15}$$

按照上述方法对水边线的所有离散点逐一进行推算，即可完成水边线离散点的潮位插值计算。

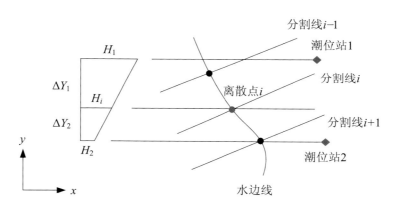

图 6.37　水边线离散点潮位插值计算示意图

6.5.3　岸滩剖面平均坡度计算

根据参与计算数据的不同，岸滩平均坡度计算方法有两种，一种是基于多时相水边线推算的平均坡度，这种方法一般适用于岸滩宽广平缓、两条水边线能明显分离的淤泥质海岸的淤长岸段；另一种是基于实测高程推算的平均坡度，这种方法适用于岸滩较短、坡度较陡的砂质岸段以及淤泥质海岸的冲刷岸段，这些岸段的水边线往往聚集在一起，此时如果用多时相水边线来推算平均坡度，相邻水边线之间高差大，平距小，计算得到的平均坡度误差会较大。基于实测高程推算岸滩剖面平均坡度的方法见基础数据与处理部分所述。

基于多时相遥感水边线推算岸滩平均坡度的方法的基本原理是：首先在每个年度分别提取两个时相不同潮位条件下的水边线，通过水边线离散及离散点潮位插值处理，分别计算出同一岸滩剖面上的两个水边线离散点的潮位值，确定高差 Δh；然后根据水边线离散点的平面位置差异，计算得到平距 L；最后利用高差与平距之比，求出岸滩的平均坡度 S。计算公式如下：

$$S = \Delta h / L \qquad\qquad (6.16)$$

这种方法要求两条水边线之间的平距越大越好。方法的优点是实时性好，只要有两个时相的水边线，结合潮位计算就可以推算岸滩的坡度，而且求出的坡度沿海岸线走向方向各不相同，可以体现岸滩坡度的空间差异性变化。缺点是在一个岸滩剖面只能给出一个坡度值，不能体现岸滩垂直方向的坡度变化，因此对上凸型断面、下凹型断面、双 S 型断面，只能给出平均的坡度变化趋势。如果要表现岸滩垂直方向的坡度变化，就需要提供多条瞬时水边线数据参与计算。

基于全省 1 100 条分割线及提取的瞬时水边线，去除部分滩涂狭窄的岸段、工程区之间的河口地区及异常点，2016 年基于两时相遥感水边线可推算的坡度共计 453 个。选用搜集到的时间相近的实测坡度进行精度验证，结果显示，2016 年推算得到的岸滩剖面平均坡度的平均误差 2.9%，均方根误差 0.48‰。均方根误差低于所推算坡度值一个数量级，认为推算的岸滩剖面平均坡度值偏离程度较小，与实际情况基本吻合，可用于潮位特征线推算。

6.5.4 潮位特征线推算

潮位特征线主要指平均大潮高潮线和平均大潮低潮线。需要在水边线离散点潮位计算的基础上，结合岸滩坡度信息，利用岸滩剖面的平均大潮高、低潮位值与水边线离散点的潮位差，推算出平均大潮高、低潮位点在平面上的位置，然后沿海岸线走向方向把所有高潮潮位散点依次连成一条折线，得到平均大潮高潮线。同理，把所有低潮潮位散点依次连成一条折线，得到平均大潮低潮线，从而完成潮位特征线的推算。岸滩剖面的平均大潮高、低潮位值的推算方法与水边线离散点潮位插值计算方法一致，区别在于插值时把潮位插值站点在水边线成像时刻的潮位值换成该站点的平均大潮高、低潮位值即可。

根据搜集的潮位数据，利用 T_Tide 模型计算各个潮位站点的调和常数，表 6.4 列出了 T_Tide 模型推算得到的江苏省沿海主要潮位站点的平均大潮高、低潮位值，基准面为平均海平面（许家琨等，2007）。

表 6.4　主要潮位站点平均大潮高、低潮位　　　　　　　　　　（单位：cm）

站点名称	连云港	响水近海	滨海	扁担河口	射阳河口
平均大潮高潮位	249	190	153	128	166
平均大潮低潮位	−278	−164	−142	−130	−161
站点名称	大丰港	梁垛河口	方塘河口	洋口港	吕四港
平均大潮高潮位	204	265	356	317	290
平均大潮低潮位	−285	−345	−348	−330	−298

6.5.4.1　基于多时相水边线的潮位特征线推算

当潮滩比较宽平，两条水边线潮差较大时，相邻水边线在平面位置上明显分离，如图 6.38 所示，可利用多时相水边线赋有的潮位信息来计算断面平均坡度，从而推算平均大潮高、低潮点位。

图 6.38　江苏省中部淤泥质海岸 2014 年瞬时水边线遥感提取结果

　　图 6.39 显示了基于多时相水边线的潮位特征线推算方案。图中：(X_0, Y_0)、(X_1, Y_1) 为分割线上待推算的平均大潮高潮、低潮点位，$(X_2, Y_2) \sim (X_n, Y_n)$ 为分割水边线得到的水边线离散点对，h_0、h_1 为由潮汐调和计算得到的潮高基准面上的平均大潮高、低潮潮位值，$h_2 \sim h_n$ 为遥感影像成像时刻瞬时水边线离散点对应的潮位值。

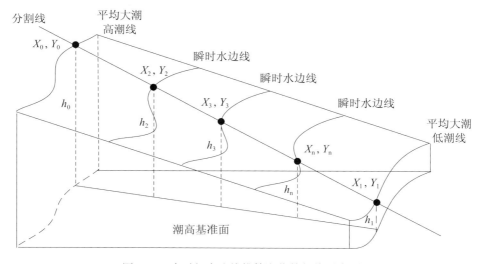

图 6.39　多时相水边线推算潮位特征线示意图

根据图 6.39，高潮点位（X_0, Y_0）推算公式如下：

$$\frac{X_2 - X_3}{X_0 - X_3} = \frac{h_2 - h_3}{h_0 - h_3} = \frac{Y_2 - Y_3}{Y_0 - Y_3} \tag{6.17}$$

$$X_0 = (X_2 - X_3) \times \frac{h_0 - h_3}{h_2 - h_3} + X_3 \tag{6.18}$$

$$Y_0 = (Y_2 - Y_3) \times \frac{h_0 - h_3}{h_2 - h_3} + Y_3 \tag{6.19}$$

低潮点位（X_1, Y_1）推算公式如下：

$$\frac{X_2 - X_3}{X_2 - X_1} = \frac{h_2 - h_3}{h_2 - h_1} = \frac{Y_2 - Y_3}{Y_2 - Y_1} \tag{6.20}$$

$$X_1 = (X_3 - X_2) \times \frac{h_2 - h_1}{h_2 - h_3} + X_3 \tag{6.21}$$

$$Y_1 = (Y_3 - Y_2) \times \frac{h_2 - h_1}{h_2 - h_3} + Y_3 \tag{6.22}$$

6.5.4.2　基于实测平均坡度的潮位特征线推算

当潮滩狭窄、坡度较陡时，多时相水边线往往聚集在一起，如图 6.40 所示。继续利用多时相水边线来推算岸滩平均坡度会带来很大误差，此时可以利用实测平均坡度来进行潮位特征线推算。

图 6.40　江苏省北部砂质海岸 2014 年瞬时水边线遥感提取结果

图 6.41 显示了基于实测平均坡度的潮位特征线推算方案。图中：(a_1, b_1)、(a_2, b_2) 为分割线的两个端点坐标，α 为岸滩平均坡度角，α_1、α_2 为岸滩平均坡度角在 x、y 方向的投影角，其余变量定义同前。

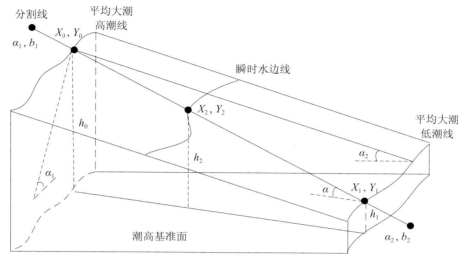

图 6.41 实测平均坡度推算潮位特征线示意图

根据投影关系，坡度角的投影计算公式如下：

$$\tan \alpha_1 = \tan \alpha \frac{\sqrt{(a_1 - a_2)^2 + (b_1 - b_2)^2}}{a_1 - a_2} \tag{6.23}$$

$$\tan \alpha_2 = \tan \alpha \frac{\sqrt{(a_1 - a_2)^2 + (b_1 - b_2)^2}}{b_1 - b_2} \tag{6.24}$$

利用坡度角的投影，得到高潮点位 (X_0, Y_0) 推算公式如下：

$$X_0 = X_2 + \frac{h_0 - h_2}{\tan \alpha_2} \tag{6.25}$$

$$Y_0 = Y_2 + \frac{h_0 - h_2}{\tan \alpha_1} \tag{6.26}$$

低潮点位 (X_1, Y_1) 推算公式如下：

$$X_1 = X_2 + \frac{h_1 - h_2}{\tan \alpha_2} \tag{6.27}$$

$$Y_1 = Y_2 + \frac{h_1 - h_2}{\tan \alpha_1} \tag{6.28}$$

利用实测平均坡度进行潮位特征线推算还需要注意，由于江苏省岸滩地貌条件复杂，开展断面高程测量需要大量的人力和物力，任务艰巨，实测断面高程资料较少。因此，利用实测断面的平均坡度开展潮位特征线的位置推算，还需要对坡度数据进行插值处理，得到全省各分割断面的平均坡度值。

根据实际观测可知，岸滩坡度的变化主要是发生在垂直岸线方向，而在沿海岸线走向方向上岸滩坡面连续，坡度变化差异不大，因此可以采用线性插值法或平均分段法来获得任意岸滩断面的平均坡度。线性插值法是以需要插值的岸滩断面距相邻两条实测断面的距离远近为权重，采用线性加权插值，把相邻实测断面的平均坡度分配到当前岸滩断面，这种方式得到的岸滩断面的平均坡度值是线性变化的。平均分段法是将实测断面之间的距离进行均分，把每条实测断面的平均坡度赋给其两侧中线范围内的岸滩断面，这种方式得到的岸滩断面的平均坡度值是阶跃变化的。

6.5.4.3 潮位特征线推算结果对比

采用上述两种潮位特征线推算方法，在江苏省中部的射阳河口至条子泥岸段分别进行了平均大潮高、低潮线推算模拟，图 6.42 显示了推算结果对比。

从宏观的空间分布来看，可以得出以下推断。

1）由于推算方法的差异，两种推算方法得到的平均大潮高、低潮线在空间形态上呈现不一样的分布特征

基于实测平均坡度的潮位特征线推算方法利用了一条水边线资料，然后按照岸滩断面的平均坡度大小，将水边线离散点的潮位与平均大潮高、低潮位之差转化为水平方向的距离，向两侧扩展，实现方法类似于以水边线为基础向两侧按一定距离构筑了一条缓冲区条带，因此得到的平均大潮高、低潮线基本上与原水边线的走向、形态一致，两条线之间的宽度变化取决于所在岸滩平均坡度的变化以及高、低潮位的大小。基于多时相水边线推算的平均大潮高、低潮线使用了两条水边线信息，两条水边线在平面位置上相隔较远，空间形态不一，计算得到的各岸滩断面的坡度也各异，所以虽然推算得到的平均大潮高、低潮线的空间走向和宽度变化没有明显的规律，但是更能体现岸滩空间资源的实际变化趋势，高潮线的形态也更贴近于实际的海岸线形态。

2）两种推算方法得到的平均大潮高、低潮线结果的吻合程度与实际岸线的形态密切相关

在岸线顺直、岸滩相对平坦的岸段，比如辐射沙脊群北翼的射阳河口至川东港岸段，两种方法推算得到的平均大潮高、低潮线结果非常接近，如图 6.42(a) ~ (c) 所示。这与该岸段持续的、小规模的、有序的滩涂围垦开发策略有关，导致现有的岸线逐渐顺直化，整个岸段也大体平行向海淤长，此时两种推算方法都能得到令人满意的推算结果。在岸线曲折的岸段，比如辐射沙洲内缘区的条子泥岸段，两种方法推算得到的平均大潮高、低潮线差异较大，如图 6.42(d) 所示。由于岸线曲折，水边线也相对曲折，而在该地区潮滩宽平，岸滩平均坡度小，利用实测平均坡度推算的平均大潮高、低潮线类似于在水边线基础上，按平均坡度的大小进行了放大处理，突出了水边线的曲折特征，因此推算的平均大潮高、低潮线看起来过分曲折，结果具有较大的不确定性，可信度不强。基于多时相水边线的推算过程使用了两条水边线，两条水边线的变化趋势是不一样的，其中潮位较低的水边线走向相对比较曲折，潮位较高的水边线靠近海岸，由于岸段人工围垦开发的原因，水边线走向相对规则。因此，可以利用潮位相对较高的水边线的位置信息来协调和牵制另一条潮位相对较低的水边线，使得最终的推算结果的曲折度下降。

（a）射阳河口岸段　　　　　　　　　　　（b）新洋河口—四卯酉河口岸段

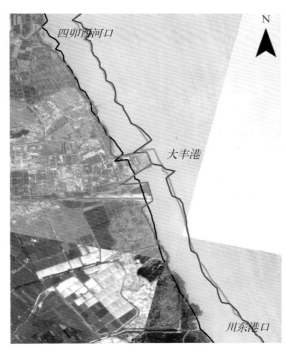

（c）四卯酉河口—川东港岸段　　　　　　　（d）川东港—条子泥岸段

图 6.42　潮位特征线推算结果对比

3）在入海河口附近，基于多时相水边线推算的平均大潮高、低潮线变化相对剧烈且变化
幅度大，基于实测平均坡度的推算结果过渡相对自然

根据入海河流的来水来沙量、河口挡潮闸的排水控制情况以及河口是否有治导工程等因

素，入海河口附近的水边线形态不一，推算得到的平均大潮高、低潮线也有较大差异，代表性的对比可见射阳河口和斗龙港，如图 6.42(a)、(b) 所示。从低潮位的遥感影像来看，从潮滩植被区到光滩区，随着河道中线的向北摆动，斗龙港入海河口在潮间带光滩部分有明显的弯曲，越往海方向河口宽度越大，因此近岸高潮位的水边线曲率较小，低潮位的水边线弯曲比较明显，这样导致基于多时相水边线推算的平均大潮高、低潮线结果表现出异常的折线形态，明显不符合实际情况，而基于实测平均坡度推算的结果过渡自然。在筑有双导堤的射阳河口，由于导堤截断了沿岸流输运，河口流速减缓，泥沙落淤，因此低潮条件下，新淤长的岸滩基本与导堤相垂直，提取的水边线结果变平直。高潮条件下的水边线与原有的盐养围堤岸线形态相近，与导堤之间呈一定的角度，所以从推算的平均大潮高、低潮线对比来看，两者对低潮线的推算结果非常接近，但是基于实测平均坡度的推算结果明显高潮线偏离实际海岸较远，误差较大；而基于多时相水边线的推算结果落在高潮滩的植被区或盐养区，具有更强的合理性。

4）在人工岸线主导的岸段，利用多时相水边线推算的平均大潮高潮线优于基于实测平均坡度的推算结果

以大丰港区岸段为例，从图 6.42(c) 的推算结果来看，该岸段海岸线以港口码头岸线为主，由于提取的高潮位下的水边线贴近人工岸线边缘，因此利用多时相水边线推算的平均大潮高潮线基本与港口码头岸线、盐养围堤岸线和建设围堤岸线相重合。而基于实测平均坡度推算的平均大潮高潮线不考虑人工岸段后方的实际布局，直接从突出的港口码头岸线中间穿过，这是与实际情况不符的。

因此，总体来看，两种潮位特征线推算方法各有优劣。综合考虑，建议在淤长型粉砂淤泥质海岸等岸滩宽平的海岸，采用基于多时相水边线的潮位特征线推算方法；在侵蚀型淤泥质海岸、砂质海岸等岸滩狭窄陡峭的海岸，采用基于实测平均坡度的潮位特征线推算方法；而在河口区域、特殊的人工岸线区域，两种方法推算得到的潮位特征线都需要参考当地海岸的特性进行调整或取舍，以得到符合海岸实际的推算结果。

6.5.5 海岸线合成

在获得平均大潮高潮线、人工岸线和基岩岸线的基础上，基于 GIS 拓扑处理，叠加获得江苏省的海岸线。海岸线合成遵循以下两个原则。①在砂质海岸和粉砂淤泥质海岸，推算的平均大潮高潮线如果在人工岸线的向海一侧，取平均大潮高潮线为海岸线；如果在人工岸线的向陆一侧，取人工岸线为海岸线。②在基岩海岸，以基岩岸线为海岸线。

图 6.43 显示了江苏省北部海州湾海域 2016 年的遥感海岸线合成结果，在海岸线推算的基础上对自然岸线和人工岸线进行了二级细分。可以看到，海州湾的自然岸线包含了砂质岸线、基岩岸线、淤泥质岸线、河口岸线、自然恢复的自然岸线和整治修复的人工海滩岸线 6 个二级类，人工岸线包含了建设围堤岸线、港口码头岸线、盐养围堤岸线、道路海堤岸线和河流河堤岸线 5 个二级类。从空间分布来看，海州湾的自然岸线以砂质岸线、淤泥质岸线和基岩岸线为主，人工岸线以道路海堤岸线和港口码头岸线为主。

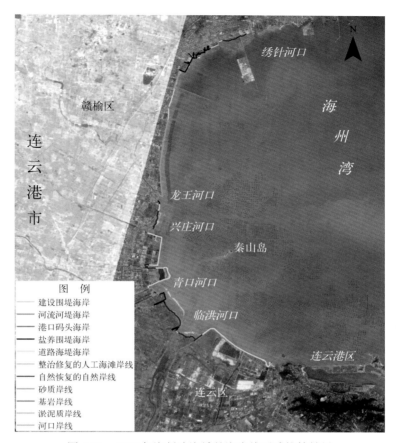

图 6.43 2016 年海州湾海域的海岸线遥感推算结果

6.6 岸线岸滩动态变化分析方法

6.6.1 海岸线变迁分析

利用遥感推算的多时相海岸线数据,可以开展不同时空尺度下的海岸线变迁分析,研究海岸线长度变化、分形维数变化和类型转化特征,计算海岸线的蚀退和淤长速率,并在此基础上,分析岸线变化原因,总结岸线变化规律。图 6.44 显示了基于多时相海岸线数据的岸线变迁动态分析方案。

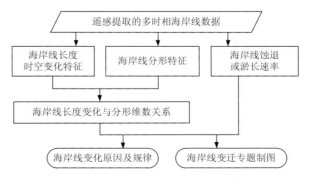

图 6.44 海岸线变迁动态分析方案

6.6.1.1 海岸线变迁量化分析

目前量化分析海岸线变迁的方法主要有基线法、面积法、动态分割法和缓冲区覆盖法。其中基线法能够反映海岸线变化的空间分布特征，面积法能够反映岸线变化摆动影响范围，这两种方法是常用的岸线变迁分析方法。

1）基线法

基线法最早由 Dolan 等研究美国新泽西州南部海岸时空变化时提出（Dolan et al., 1978），其基本原理如图 6.45 所示。基线法首先由海岸线向陆或向海纵深确定基线（Baseline），基线可以是一条，也可以是多条，但需使海岸线在基线的同一侧；然后从基线向海岸线一侧做垂直断面（Transect）i，断面 i 和断面 i+1 之间的距离称为基线采样间隔（Transect space）L。每个断面与各个时期的海岸线相交。图中，岸线 o 表示统计时段内的最早一期岸线，岸线 y 表示最晚一期岸线，岸线 j 表示中间时段的岸线。可以通过垂直断面上各个交点至基线的距离来统计海岸线的变化距离，并计算岸线变迁速率。

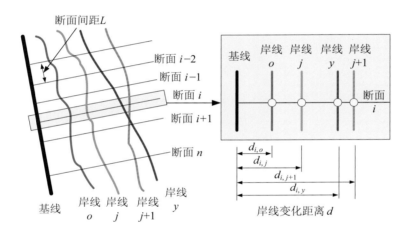

图 6.45　基线法海岸线时空变化分析原理

基线法常用的统计指标有海岸线净移动距离（Net Shoreline Movement, NSM）、海岸线移动最大距离（Shoreline Change Envelope, SCE）、端点变化率（End Point Rate, EPR）、线性回归率（Linear Regression Rate, LRR）、加权线性回归率（Weighted Linear Regression Rate, WLR）和最小中位数平方回归率（Least Median of Square, LMS）。其中，SCE、NSM 和 EPR 需要两条海岸线即可计算，而 LRR、WLR 和 LMS 需要 3 条以上的海岸线来参与拟合计算。各统计指标的计算方法如下。

（1）海岸线净移动距离 NSM

$$NSM_i = d_{i,y} - d_{i,o} \qquad (6.29)$$

式中，$d_{i,y}$ 为 i 断面与最晚一期岸线交点到基线的距离，$d_{i,o}$ 为 i 断面与最早一期岸线交点到基线的距离。因此 NSM_i 代表了 i 断面在统计时段内的海岸线变化距离。

（2）海岸线移动最大距离 SCE

$$SCE_i = d_{i,far} - d_{i,near} \qquad (6.30)$$

式中，$d_{i,far}$ 为 i 断面与离基线最远岸线的交点到基线的距离，$d_{i,near}$ 为 i 断面与离基线最近岸线的交点到基线的距离。因此 SCE_i 代表了 i 断面在统计时段内海岸线变化的最大距离。

（3）端点变化率 EPR

$$EPR_{i,j} = \frac{d_{i,j} - d_{i,o}}{T_j - T_o} \qquad (6.31)$$

式中，$d_{i,j}$ 表示 i 断面上任意 j 时刻海岸线与基线的距离，T_j 和 T_o 分别表示岸线 j 和最早一期岸线的获取时间（年）。EPR 计算的是某一时间段内的岸滩冲淤速率，如果数值为正，表明岸线向海推进，潮滩淤长，计算结果为岸滩淤积速率；反之，表明岸线向陆退缩，潮滩冲刷，计算结果为岸滩冲刷速率。

EPR 的优点是计算简便，只要有两个海岸线的年份，就可以计算得到海岸线的变化速率。缺点是如果在这两个年份之间有更多的岸线数据可用，那么可能会忽略掉岸滩在该时段内的淤蚀特性、冲淤强度或周期性变化趋势。因此，EPR 法只能够反映海岸线的时段变化特征，但是不能反映海岸线变化过程的信息（孙丽娥等，2013）。

（4）线性回归率 LRR。将 i 断面上多时相海岸线与基线的距离形成数据序列，与海岸线的提取时间进行最小二乘线性回归拟合，得到的拟合线的斜率即为所求的线性回归率 LRR。从拟合采用的数据来看，斜率的单位为 m/a，因此 LRR 代表的是海岸线的变化速率。具体计算公式如下：

$$d = a_i x + b_i \qquad (6.32)$$

$$b_i = \frac{n \sum_j^n x_{i,j} d_{i,j} - \sum_j^n x_{i,j} \sum_j^n d_{i,j}}{n \sum_j^n x_{i,j}^2 - (\sum_j^n x_{i,j})^2} \qquad (6.33)$$

$$LRR_i = a_i = \frac{\sum_j^n d_{i,j} - b_i}{\sum_j^n x_{i,j}} \qquad (6.34)$$

式中，a_i 和 b_i 分别为 i 断面上回归线的斜率和截距，d 和 x 分别代表距离和时间，因此 $d_{i,j}$ 和 $x_{i,j}$ 分别为 i 断面上 j 时刻海岸线与基线的距离以及海岸线的提取时间（年），n 为 i 断面线与海岸线的交点数。

LRR 的特点是全部数据参与计算，但是容易受到孤立点效应的影响，并且和其他指标如 EPR 相比，往往会造成对海岸线变化速率的低估。因此 LRR 适用于线性均变趋势性强的海岸，不适合振荡性变化强的海岸。

（5）加权线性回归率 WLR。在线性回归率计算的基础上，以岸线误差的平方倒数为权重，进行最小二乘法加权线性回归拟合，得到的拟合线的斜率即为所求的加权线性回归率 WLR。具体据计算公式如下：

$$d = a_i x + b_i \qquad (6.35)$$

$$w_{i,j} = \frac{1}{e_{i,j}^2} \qquad (6.36)$$

$$b_i = \frac{n \sum_j^n w_{i,j} x_{i,j} d_{i,j} - (\sum_j^n x_{i,j})(\sum_j^n d_{i,j}) / (\sum_j^n w_{i,j})}{n \sum_j^n w_{i,j} x_{i,j}^2 - (\sum_j^n w_{i,j} x_{i,j})^2 / (\sum_j^n w_{i,j})} \qquad (6.37)$$

$$WLR_i = a_i = \frac{\sum_j^n w_{i,j} d_{i,j} - b_i}{\sum_j^n w_{i,j} x_{i,j}} \qquad (6.38)$$

式中，$w_{i,j}$ 为 i 断面上 j 时刻海岸线在回归计算中被赋予的权重，$e_{i,j}$ 为 j 时刻海岸线的位置误差。式（6.36）表明，岸线的位置误差越大，在线性回归分析过程中被赋予的权重值就越小，对拟合结果的影响也就越小。

在进行加权线性回归分析的同时，还需要同步计算决定系数 WR2（Weighted R-Squared）、标准差 WSE（Weighted Standard Error）和误差置信区间 WCI（Weighted Confidence Interval）等指标，来评估所得速率值的稳健性与可靠性。只有当绝对速率大于绝对误差置信区间，即岸线位置的变化量大于误差量时，所得加权回归速率表明的岸线变化量及变化趋势才是有效的。

（6）最小中位数平方回归率 LMS。在普通和加权最小二乘回归分析中，采用尽量减少残差平方和的方式来进行最佳曲线拟合，得到线性回归率 LRR 和加权线性回归率 WLR。而在最小中位数平方回归分析中，是用平方残差的中值代替平均值，即用中位数平方和代替了残差平方和，来确定最佳拟合曲线。至于最小中位数平方回归率 LMS 的计算方法，则和 LRR 的计算方法是一致的。最小中位数平方回归是一种更加稳健的回归估计方法，能够最大程度地减少异常值对整个回归方程的影响。但是在计算 LMS 过程中会将岸线变迁速率的突变值作为奇异值进行剔除，因此会导致实际计算的岸线变化率偏低。

2）面积法

岸线变迁的结果是带来海岸带面积的变化。通过面积变化来分析海岸线的时空变化，也是海岸线变迁分析的一种有效方法（高义，2011）。其原理如图 6.46 所示。

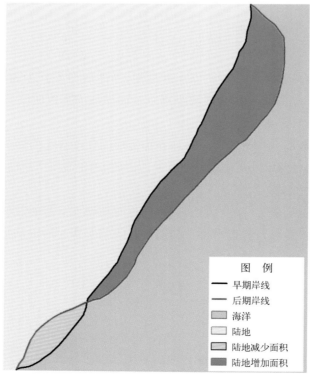

图 6.46　面积法原理示意图

　　海岸线在空间位置上的迁移会直接导致海岸带的陆地面积发生相应的变化。海岸线向海迁移，意味着由于岸滩淤长、滩涂围垦等原因导致海岸带陆地向海推进，陆地面积增加；海岸线向陆迁移，则表明由于海岸侵蚀等原因导致海岸带陆地向陆后退，陆地面积减少。

　　具体分析时，可以在 ArcGIS 中将两个时相的海岸线叠加，利用 ArcToolbox 工具中的 Data Management Tools\Features\Feature To Polygon 功能，把两条海岸线要素相交形成的封闭区域生成多边形。然后以早期岸线为基准，如果生成的多边形在早期岸线的向海一侧，说明这部分岸段的岸线向海推进；如果在早期岸线的向陆一侧，说明岸线后退。用陆地增加面积减去陆地减少面积，如果在某岸段内区域净增面积为正值，说明整个岸段的海岸线整体在向海迁移；相反如果是负值，说明海岸线整体在向陆迁移。

　　通过基线法和面积法对比可以看出，面积法能够反映海岸线摆动导致土地变化的面积数量及其分布，分析岸线摆动的影响范围，判断海岸开发利用方式，但是不能反映海岸线变化的空间分布特征，而基线法的优点是能够反映海岸线变迁速率的空间分布特征。因此，综合利用基线法和面积法的优点，将两者有机结合，进行海岸线变迁分析，则分析结果既能反映海岸线距离的空间变化，又能反映岸线摆动区内的土地开发方式变化。

6.6.1.2　海岸线分形分析

　　海岸线长度是海岸线的基本特征量，但由于在不同尺度下测量的岸线长度有显著差异，也就是说，不同空间分辨率的遥感影像提取的同一段海岸线的长度往往不相等。因此，通常情况下岸线长度值不能作为岸线特征的描述量与岸线变化特征的表征量。Mandelbrot 在 1967 年提出了分形和分维的概念，认为分形维数是尺度变化下的不变量，由此为定量描述空间实体特征属性与空间尺度之间的关系提供了理论依据。

　　20 世纪 70 年代，随着遥感应用技术的兴起，遥感信息的空间尺度问题引起广泛关注。在分形理论下，海岸线的长度更确切地被认为是一个变量。遥感信息的空间尺度效应就是研究不同空间分辨率的遥感影像对同一地物监测结果的差异性。由于分形是尺度变化下的不变量，它不随尺度的变化而变化，因此在岸线变化的研究领域，常选择与岸线长度相关的分形维数反映岸线形态的弯曲与复杂程度，分形维数越高，表明岸线的弯曲度与复杂度越高。分形维数的变化速率能够刻画岸线复杂度的演变，也能够反映人为改造力的强度变化或海岸的侵蚀与淤积状态。

　　根据分形理论，海岸线分形维数的基本模型如下：

$$L(S) = K \times S^{1-D} \tag{6.39}$$

式中，$L(S)$ 为在观测尺度 S 下的海岸线长度，K 为常数，D 为海岸线的分形维数。对其两边取对数，可得：

$$\ln L(S) = (1-D) \ln S + \ln K \tag{6.40}$$

　　公式（6.40）给出了描述曲线长度特征随观测尺度变化的规律，是一种对数函数关系。对于遥感信息，上式描述了海岸线长度与遥感影像空间分辨率之间的关系。海岸线遥感信息的分形维数 D 是尺度变化下的不变量，在不同空间分辨率下，由式（6.39）可得以下两式：

$$L(S_1) = K \times S_1^{1-D} \tag{6.41}$$

$$L(S_2) = K \times S_2^{1-D} \qquad (6.42)$$

两式相除可得：

$$\frac{L(S_1)}{L(S_2)} = \left(\frac{S_1}{S_2}\right)^{1-D} \qquad (6.43)$$

通常分形曲线都满足 $D > 1$，因此将式（6.43）转换为：

$$\frac{L(S_2)}{L(S_1)} = \left(\frac{S_1}{S_2}\right)^{D-1} \qquad (6.44)$$

上式是海岸线遥感信息空间尺度转换模型，在多源遥感信息综合应用中，可以统一多源遥感信息的空间尺度。

国家质量技术监督局规定，在地形图航空摄影测量与数字化过程中，分辨率应为 $0.3 \sim 0.5$ mm 地图单位。以 0.3 mm 为例，该值可以看作在进行数字化海岸线时采用的尺度就是 0.3 mm 的地图距离。由此可以估算出 1 : 10 000 和 1 : 50 000 地形图数字化中的空间尺度分别为 3.0 m 和 15.0 m。因此，可以得到基于比例尺的遥感信息空间尺度转换模型（张华国等，2006）：

$$\begin{cases} \dfrac{L_M}{L_R} = \left(\dfrac{S_R}{S_M}\right)^{D-1} \\ S_M = 0.3 \times M/1\,000 \end{cases} \qquad (6.45)$$

式中，L_M 是转换后对应比例尺的地理曲线的长度，L_R 是原始的遥感信息的曲线的长度，S_R 是遥感图像的空间分辨率，M 为目标地图的比例尺的分母。该模型体现了地理曲线长度与遥感图像空间分辨率和目标图件比例尺之间的定量关系，可以用于基于比例尺的遥感信息空间尺度转换。

常见的岸线分形计算方法有量规法和网格法。经相关研究证明，不同比例尺下，网格法测量的岸线分形差异小于量规法（毋亭，2015）。同时，由于遥感影像本身是以固定分辨率的栅格来进行地物表达的，栅格分辨率类于与网格边长，因此利用网格法来进行遥感海岸线的分形研究有天然的优势，网格的边长即对应着海岸线分形维数基本模型中的观测尺度 S。

6.6.2　岸滩冲淤变化分析

岸滩冲淤变化主要表现在岸滩的面积大小变化和岸滩的冲淤体积变化两个方面。在需要进行岸滩冲淤动态变化分析的岸段，利用不同年份的断面线、海岸线和平均大潮低潮线，围成多时相的潮间带岸滩区域，通过分析岸滩的面积变化和平均宽度变化，可以了解潮间带空间资源的变化状况。利用多时相海岸线和平均大潮低潮线计算得到的断面平均坡度数据，可以分析岸滩地形剖面的形态变化，研究沿海岸线走向方向的地形起伏状况。然后利用岸滩平均面积和平均坡度计算潮间带的冲淤体积和冲淤厚度，根据冲淤厚度情况确定岸段的冲淤强度等级。这些定量分析指标可为了解岸滩的冲淤特性提供支撑，同时也为重点冲刷岸段的整治修复提供参考依据。图 6.47 列出了岸滩冲淤动态变化的分析流程与方案。

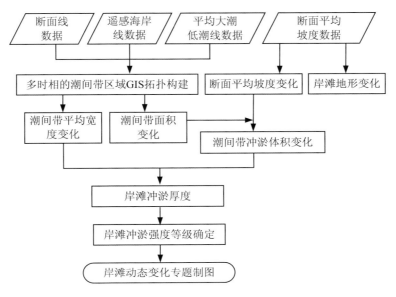

图 6.47　岸滩冲淤变化动态分析方案

6.6.2.1　岸滩面积变化分析

岸滩定义为由海岸线、平均大潮低潮线及县域海上行政分界线围成的潮间带区域。岸滩面积变化能够客观地反映海岸冲淤变化情况，可用面积变化强度 ACI（Area Change Intensity）来定量描述。ACI 定义为某一时段内潮间带面积的年均变化百分比，计算公式如下：

$$ACI_{i,j} = \frac{A_j - A_i}{A_i(T_j - T_i)} \times 100\% \tag{6.46}$$

式中，$ACI_{i,j}$ 为第 i 年至第 j 年的潮间带面积变化强度，A_i 为第 i 年的潮间带面积，A_j 为第 j 年的潮间带面积，T_j 和 T_i 分别为对应的年份。

6.6.2.2　岸滩冲淤体积变化分析

岸滩冲淤体积计算通过对岸滩断面的宽度和平均坡度综合分析得出，原理如图 6.48 所示。

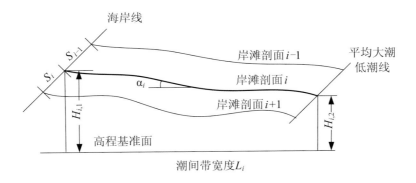

图 6.48　岸滩体积计算原理示意图

由于淤泥质潮滩断面坡度变化不会太剧烈，将地形作概化处理，来计算岸滩的体积。对于

指定岸滩剖面 i 来说，以高程基准面为统一参照基面，海岸线位置对应的高程 $H_{i,1}$ 由下式计算：

$$H_{i,1} = H_{i,2} + L_i \, \mathrm{tg}\alpha_i \tag{6.47}$$

式中，$H_{i,2}$ 为岸滩 i 在平均大潮低潮线位置对应的高程，由潮汐调和计算结合潮汐分带插值校正处理可以推算得到；α_i 为岸滩平均坡度，可以采用实测高程推算，也可以采用多时相遥感水边线推算得到；L_i 为潮间带宽度，利用海岸线和平均大潮低潮线的平面位置差计算。

因此，以高程基准面为统一参照基面，该岸滩剖面 i 形成一个如图 6.48 所示的梯形。再以该岸滩剖面位置为中心，向两侧扩展，形成一个楔形体，作为岸滩剖面 i 代表的岸滩沉积体，其体积大小为：

$$V_i = \frac{(H_{i,1}+H_{i,2})\,L_i}{2} \times \frac{(S_{i-1}+S_i)}{2} \tag{6.48}$$

式中，S_{i-1} 和 S_i 分别为相邻岸滩剖面至岸滩剖面 i 的距离。因此，该楔形体是由岸滩剖面 i 向两侧各扩展 S_{i-1} 和 S_i 的一半距离形成的。

考虑到该岸滩在不同时间段内会有冲淤变化，不仅滩面平均坡度会发生变化，而且海岸线位置、平均大潮低潮线的平面位置也有移动，因此在该时段内岸滩的体积变化量 ΔV_i 为：

$$\Delta V_i = V_{i,h} - V_{i,q} \tag{6.49}$$

式中，$V_{i,h}$ 和 $V_{i,q}$ 分别为岸滩剖面 i 在后一个时期和前一个时期的岸滩体积。该体积变化量代表了岸滩冲淤量：ΔV_i 为正，表明该岸滩在计算时段内产生淤积；反之，表明该岸段产生冲刷。

对岸滩的体积变化 ΔV_i 求和，可以得到岸段在计算时段内的冲淤量 V：

$$V = \sum_{i=1}^{n} \Delta V_i \tag{6.50}$$

式中，n 表示该岸段的分段数。

在已知岸滩的体积变化量 ΔV_i 的情况下，岸滩冲淤厚度由下式计算：

$$H_i = \frac{\Delta V_i}{L_i \times \frac{(S_{i-1}+S_i)}{2}} \tag{6.51}$$

利用岸滩冲淤厚度为指标，将岸滩冲淤状况分为 7 级，以此来评价岸滩冲淤的强度，分级情况如表 6.5 所示。

表 6.5　岸滩冲淤类型指标范围

冲淤状态	岸线类型		冲淤厚度 H 范围（cm）
侵蚀 ↑	侵蚀岸线	强侵蚀岸线	$H < -10$
		侵蚀岸线	$-10 \leq H < -5$
		轻微侵蚀岸线	$-5 \leq H < -2$
稳定	稳定岸线	稳定岸线	$-2 \leq H < 2$
↓ 淤长	淤长岸线	轻微淤长岸线	$2 \leq H < 5$
		淤长岸线	$5 \leq H < 20$
		强淤长岸线	$H \geq 20$

6.7 本章小结

本章重点介绍岸线岸滩信息遥感提取和动态分析过程中所使用的方法与处理手段。首先重点介绍了瞬时水边线、植被岸线、人工岸线的遥感提取方法，介绍了在潮位特征线推算基础上的海岸线推算及合成方法；然后基于提取的多时相海岸线，介绍了海岸线变迁量化分析的基线法和面积法，介绍了海岸线分形统计分析方法；最后依据多时相海岸线和平均大潮低潮线合成的潮间带岸滩区域，重点阐述了岸滩面积变化分析方法和冲淤体积变化计算方法。将所有的技术方法结合，形成基于遥感技术、GIS 空间分析技术和潮位模拟技术为一体的技术体系，实现岸线岸滩动态变化信息的遥感提取与分析。

参考文献

陈亮, 张友静, 陈波, 2007. 结合多尺度纹理的高分辨率遥感影像决策树分类 [J]. 地理与地理信息科学, 23(4): 18–21.

陈玮彤, 张东, 施顺杰, 等, 2017. 江苏中部淤泥质海岸岸线变化遥感监测研究 [J]. 海洋学报, 39(5): 138–148.

段瑞玲, 李庆祥, 李玉和, 2005. 图像边缘检测方法研究综述 [J]. 光学技术, 31(3): 415–419.

高燕, 周成虎, 苏奋振, 等, 2014. 基于多特征的人工海岸线提取方法 [J]. 测绘工程, 23(5): 1–5.

高义, 2011. 我国大陆海岸线 30 年时空变化研究 [D]. 北京: 中国科学院研究生院.

管宏蕊, 丁辉, 2009. 图像边缘检测经典算法研究综述 [J]. 首都师范大学学报 (自然科学版), 30(S1): 66–69.

贾明明, 刘殿伟, 王宗明, 等, 2013. 面线对象方法和多源遥感数据的杭州湾海岸线提取分析 [J]. 地球信息科学学报, 15(2): 262–269.

李德仁, 王树良, 李德毅, 等, 2002. 论空间数据挖掘和知识发现的理论与方法 [J]. 武汉大学学报 (信息科学版), 27(3): 221–233.

马小峰, 2007. 海岸线卫星遥感提取方法研究 [D]. 大连: 大连海事大学.

梅安新, 彭望琭, 秦其明, 等, 2001. 遥感导论 [M]. 北京: 高等教育出版社.

唐世浩, 朱启疆, 王锦地, 等, 2003. 三波段梯度差值植被指数的理论基础及其应用 [J]. 中国科学 (D 辑), 33(11): 1094–1102.

申文明, 王文杰, 罗海江, 等, 2007. 基于决策树分类技术的遥感影像分类方法研究 [J]. 遥感技术与应用, 22(3): 333–338.

孙丽娥, 马毅, 刘荣杰, 2013. 杭州湾海岸线变迁遥感监测与分析 [J]. 海洋测绘, 33(2): 38–41.

毋亭, 2015. 近 70 年中国大陆岸线变化的时空特征分析 [D]. 烟台: 中国科学院烟台海岸带研究所.

吴小娟, 肖晨超, 崔振营, 等, 2015. "高分二号" 卫星数据面向对象的海岸线提取法 [J]. 航天返回与遥感, 36(4): 84–92.

徐涵秋, 2005. 利用改进的归一化差异水体指数 (MNDWI) 提取水体信息的研究 [J]. 遥感学报, 9(5): 589–595.

许家琨, 刘雁春, 许希启, 等, 2007. 平均大潮高潮面的科学定位和现实描述 [J]. 海洋测绘, 27(6): 19–24.

曾俊, 2011. 图像边缘检测技术及其应用研究 [D]. 武汉: 华中科技大学.

张朝阳, 2006. 遥感影像海岸线提取及其变化检测技术研究 [D]. 郑州: 解放军信息工程大学.

张东, 李欢, 郑晓丹, 2013. 潮滩表层沉积物含水量的高光谱预测模型与反演分析 [J]. 地球信息科学学报, 15(4): 581–589.

张华国, 黄韦艮, 2006. 基于分形的海岸线遥感信息空间尺度研究 [J]. 遥感学报, 10(4): 463–468.

郑宗生, 2007. 长江口淤泥质潮滩高程遥感定量反演及冲淤演变分析 [D]. 上海: 华东师范大学: 32–33.

Dolan R, Hayden B, Heywood J, 1978. A new photogrammetric method for determining shoreline erosion [J]. Coastal Engineering, 2: 21–39.

Li X J, Damen M C J, 2010. Coastline change detection with satellite remote sensing for environmental management of the Pearl River Estuary, China [J]. Journal of Marine Systems, 82: S54–S61.

Mandelbrot B, 1967. How long is the coast of Britain? Statistical self-similarity and fractional dimension [J]. Science, 156(3775): 636–638.

McFeeters S K, 1996. The use of Normalized Difference Water Index (NDWI) in the delineation of open water features [J]. International Journal of Remote Sensing, 17(7): 1425–1432.

Wang Min, Li Rongxing, 2014. Segmentation of high spatial resolution remote sensing imagery based on hard-boundary constraint and two-stage merging [J]. IEEE Transactions on Geoscience and Remote sensing, 52(9): 5712–5725.

Zhu C, Zhang X, Luo J, et al., 2013. Automatic extraction of coastline by remote sensing technology based on SVM and auto-selection of training samples [J]. Remote Sensing for Land & Resources, 25(2): 69–74.

第7章 江苏省历史岸线岸滩时空动态变化

    利用遥感与 GIS 技术，分别提取了江苏省 1984 年、1992 年、2000 年、2008 年、2016 年 5 个年份的大陆海岸线，图 7.1 显示了对应时间段的大陆海岸线分布，海岸线的范围从北部海州湾的绣针河口至南部启东市的连兴河口。从海岸线的位置和形态对比分析可以看到，江苏省海岸线从 20 世纪 80 年代中期至今的 30 多年来，发生了比较明显的变化，总的趋势有 3 个：一是自然岸线逐渐减少并破碎化，人工岸线大幅增加，大量的淤泥质岸线由于岸滩侵蚀或者沿海开发建设，转变为人工岸线；二是在中部海岸的盐城地区，滩涂开发使得岸线逐渐顺直，海岸线长度缩短，而在南部海岸的南通地区，为了增加岸线利用率，岸线变得曲折，海岸线长度大幅增加；三是在淤泥质海岸，海岸线明显向近海一侧移动，近岸陆地面积增加。

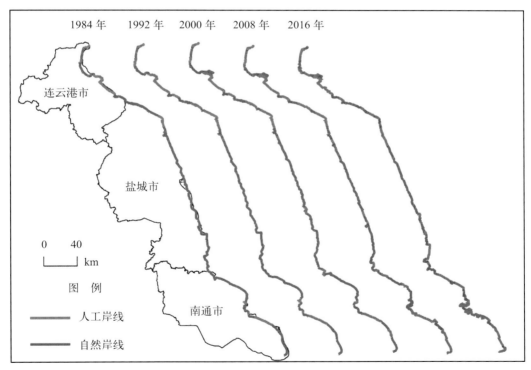

图 7.1　江苏省不同时期的大陆海岸线分布

7.1　海岸线长度变化

7.1.1　江苏省海岸线长度变化

    图 7.2 显示了江苏省大陆海岸线长度的变化趋势。

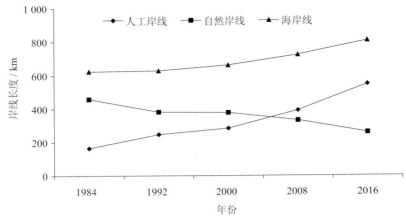

图 7.2　江苏省大陆海岸线长度变化趋势

1984—2016 年，江苏省的大陆海岸线长度发生如下变化。

（1）海岸线总长度不断增加。1984—2016 年，海岸线长度增幅 29.27%，年平均增加 5.53 km。总体来看，人工围垦特别是边滩围垦、低滩围垦以及重点区域建设用海内的工程建设，使得人工岸线变得曲折，海岸线长度整体增加。

（2）海岸线中的人工岸线长度明显增加。1984 年江苏省人工岸线长度为 164.63 km，到 1992 年快速增加至 246.99 km，增幅达 50.03%。1992—2000 年，人工岸线长度缓慢增加，而 2000 年以后，伴随江苏省北部的连云港港、中部的大丰港、南部的洋口港和海门港等为代表的沿海港口建设的有序推进，条子泥等大规模滩涂围垦工程建设，以及以大丰区、东台市等为代表的沿海市、区高涂围海养殖快速发展，人工岸线长度快速增加，平均保持每年 4.5% 以上的增幅。

（3）自然岸线长度明显减少。由于人工岸线的快速增加，全省自然岸线逐渐减少，主要的变化区域集中在废黄河三角洲以南的粉砂淤泥质海岸岸段。主要原因有两个：一是由于岸滩冲刷，部分自然岸线侵蚀后退至盐养围堤边缘，或者在冲刷严重岸段开展海岸线修复工程建设，岸线类型转变为人工岸线，这部分岸段主要分布在中山河口南至射阳河口北；二是岸滩向海淤长，人工围垦工程使得海岸线不断向海推进，起围水位不断降低，原有的自然岸线转为人工岸线，这部分岸段主要分布在射阳河口南至长江口。岸线类型的变化重点发生在 2000 年以后，全省自然岸线长度年均缩减 6.07 km。对比来看，2016 年的自然岸线长度仅为 1984 年的 56.39%。

7.1.2　沿海三市海岸线长度变化

图 7.3、图 7.4 和图 7.5 分别显示了江苏省沿海连云港、盐城、南通三市 1984—2016 年海岸线、自然岸线和人工岸线的长度变化趋势。在沿海三市中，盐城市海岸线最长，岸线长度呈振荡变化，总体逐渐增加，但是增幅不大。1984—2016 年，岸线小幅增加 10.5 km，主要原因是盐城市内的海岸线本身比较顺直，即使修建了人工岸线，也是以大致平行的方式向海推进，因此海岸线长度变化不大。连云港市的海岸线长度在沿海三市中最短，但是近年来由于

沿海的城镇化开发和港口填海工程建设，海岸线长度稳步增加。2016 年与 1984 年相比，海岸线共计增加了 76.48 km，海岸线长度年均增加 2.32 km，年均增幅约 1.4%。南通市在 2000 年以前，岸线长度基本保持不变。2000 年以后，由于沿海开发速度加快，高涂围海养殖、沿海港口建设和通州湾开发使得人工岸线逐渐增多，岸线曲折度加剧，岸线长度快速增加。据统计，南通市的海岸线长度年均增加 2.9 km，年均增幅约 1.47%。

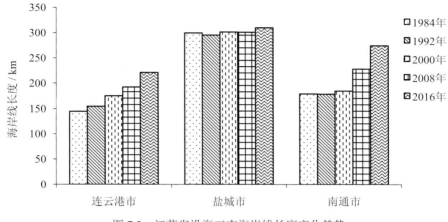

图 7.3 江苏省沿海三市海岸线长度变化趋势

从自然岸线变化来看，连云港市的自然岸线长度在 1984—2016 年总体保持小幅下降，自然岸线长度年均减少 0.23 km，年平均降幅约为 0.1%。具体到不同的时间段，由于临洪河口南侧滩涂的盐田开发利用及岸滩淤长，连云港市的自然岸线在 1992 年有较大幅度的减少，但到 2000 年后又重新恢复。盐城市在 1984—2016 年自然岸线逐年减少，年平均降幅约为 1.4%，每年平均减少 3.11 km。南通市在 1984—2016 年自然岸线年均减少 2.91 km，其中在 2000 年以前，自然岸线的年平均降幅大致为 0.7% ~ 1.4%，2000 年以后自然岸线快速减少，特别是 2008—2016 年的年平均降幅在 6.6% 左右。

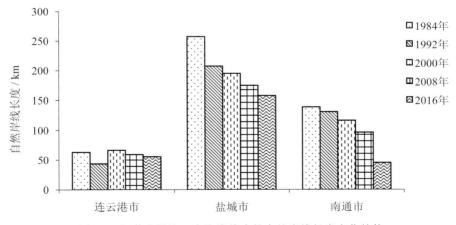

图 7.4 江苏省沿海三市海岸线中的自然岸线长度变化趋势

与海岸线中的自然岸线长度减少趋势相比，沿海三市的人工岸线长度快速增加，连云港市、盐城市、南通市的人工岸线年增加速率分别为 2.52%、5.25% 和 7.11%。

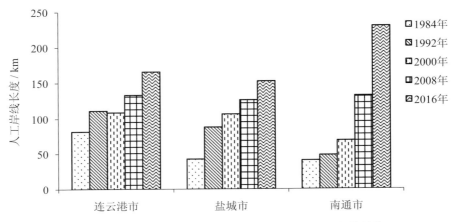

图 7.5　江苏省沿海三市海岸线中的人工岸线长度变化趋势

7.1.3　海岸线变化的空间表现

连云港市

连云港市由于港口建设以及围海养殖用海开发，海岸线长度不断增加，主要的变化区域包括海州湾柘汪河口—临洪河口岸段、连云港区—徐圩港区岸段，如图 7.6 所示。其中，柘汪河口两侧以高涂围海养殖和港口开发为主 [图 7.6(a)]，兴庄河口—西墅岸段以高涂围海养殖和滨海新城城镇开发为主 [图 7.6(b)]，岸线向海推进；连云港区—徐圩港区岸段进行港口开发，开展了大量围填海工程建设，港口码头岸线长度明显增加 [图 7.6(c)]。

（a）柘汪河口两侧岸段

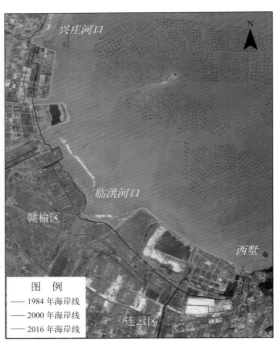

（b）兴庄河口—西墅岸段

图 7.6　连云港市海岸线重点变化区域

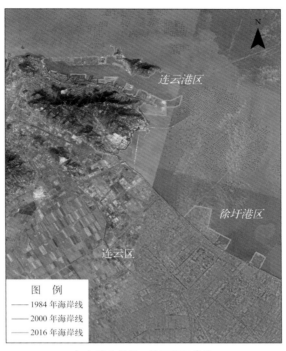

图 例
—— 1984 年海岸线
—— 2000 年海岸线
—— 2016 年海岸线

（c）连云港区—徐圩港区岸段

图 7.6 连云港市海岸线重点变化区域（续）

盐城市

盐城市海岸线整体较平直，近年来海岸线长度表现为振荡变化、总体小幅增加的趋势，岸线长度的变化多为岸线类型转变导致的人工岸线、自然岸线长度发生改变，但总的岸线长度变化不大。图 7.7 显示了盐城市海岸线的变化。在不同岸段，由于岸滩冲淤特性、地形地貌特征等的差异，海岸线变化表现出不同的规律。

（1）扁担河口以北岸段。该岸段以冲刷为主，岸线总体表现出整体后退的特征。但是由于岸滩狭窄，岸线较平直，因此虽然岸段冲刷后退，但对海岸线长度的变化影响不大 ［图 7.7(a)］。

（2）扁担河口至射阳河口岸段。扁担河口南侧至双洋河口岸段，岸滩冲刷严重，岸线后退；双洋河口南至射阳河口岸段由于围海养殖，岸线开始向海推进。总体来说，该岸段岸线相对顺直，岸线长度变化较小 ［图 7.7(a)］。

（3）射阳河口至条子泥岸段。该岸段位于辐射沙脊群北翼，岸滩以向海淤长为主，近年来岸滩围垦开发力度较大。根据不同年份海岸线位置的变化可以明显看到，由于大规模滩涂围垦建设，人工岸线逐渐增多，岸线大幅向海推进。但是由于在不同年份，盐养围堤、道路海堤等的曲折情况类似，只是岸线位置向海移动，因而岸线长度变化不大 ［图 7.7(b)］。

南通市

南通市由于沿海开发，大量建设人工围堤，海岸线的长度近年来有较大幅度的增加，如图 7.8 所示。南通市海岸线变化主要分布于 3 个区域。

（1）北凌河口至洋口港区岸段。岸线整体向海推进，岸线相对比较顺直。

（2）东凌港口至吕四港区岸段。由于开发区域建设用海，大量围填海工程建设使原有平

江苏省海岸线
时空变化遥感监测技术、方法与应用

顺岸线向海突出，岸线变得曲折，增加了有效岸线的同时，导致岸线长度大幅增加。

（3）蒿枝港口至连兴河口岸段。由于高涂围海养殖用海扩张，海岸线向海方向推进，岸线趋于顺直。

（a）射阳河口以北岸段

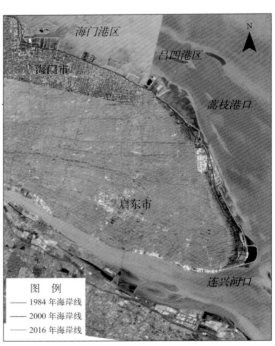

（b）射阳河口以南岸段

图 7.7　盐城市海岸线变化重点区域

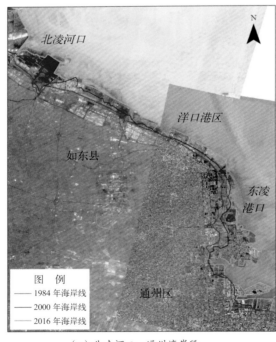

（a）北凌河口—通州湾岸段

（b）通州湾—长江口岸段

图 7.8　南通市岸线长度变化重点区域

7.2 自然岸线时空变化

7.2.1 连云港市自然岸线时空变化

连云港市的自然岸线分布如图7.9所示。自然岸线主要有柘汪河口至龙王河口之间的砂质海岸，西墅附近的砂质海岸，西墅至北固山东侧的基岩海岸，临洪河口两侧、埒子口及灌河口两侧的淤泥质海岸。从1984年和2016年自然岸线的对比来看，由于围海养殖、城镇建设以及港口开发等海岸带开发活动，2016年的自然岸线分布明显间断增多，连续性变差，自然岸线缩短。

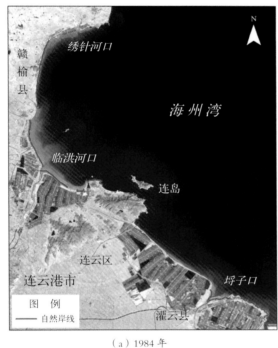

（a）1984年　　　　　　　　　　　　　（b）2016年

图7.9 连云港市自然岸线分布

7.2.2 盐城市自然岸线时空变化

盐城市的自然岸线分布如图7.10所示。1984年盐城市除滨海县的废黄河口两侧岸段（滨海港北至振东闸）以外，其余地区几乎均为连续分布的自然岸线，在自然岸线外侧能明显看到由北往南逐渐变宽的潮间带滩涂。进入20世纪90年代之后，废黄河口以南特别是振东闸至双洋河口岸段冲刷加剧，为此采用修建人工海堤的方式进行岸段保护与整治修复，自然岸线大幅缩短，该岸段仅在一些入海河口两侧有少量自然岸线分布。21世纪以后，随着沿海地区大量的高涂围垦，部分自然岸线被人工岸线所替代。但是由于射阳河口以南岸段总体以淤长为主，新修的人工岸线外侧植被扩张，会形成自然恢复的自然岸线，结果造成自然岸线向海一侧移动，岸线长度总体缩短。

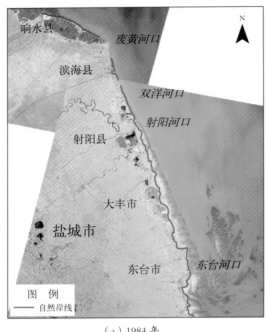

（a）1984 年

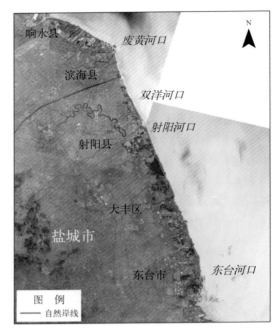

（b）2016 年

图 7.10　盐城市自然岸线分布

7.2.3　南通市自然岸线时空变化

南通市的自然岸线分布如图 7.11 所示。1984 年在南通市沿海，除东灶河口至蒿枝港口岸段为人工岸线以外，其余岸段基本都为自然岸线。到 2016 年，自然岸线仅零星分布在部分入海河口以及区域建设用海工程区之间的岸段。由于互花米草快速扩张，在部分垦区标准海堤外侧，形成较宽的植被分布带，岸滩向海淤长，又重新恢复形成部分自然岸线。

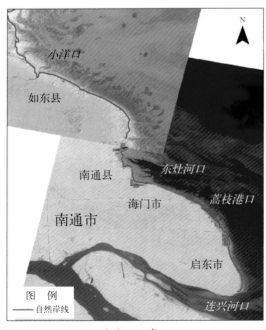

（a）1984 年

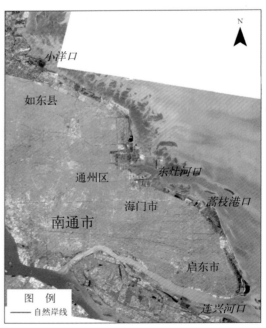

（b）2016 年

图 7.11　南通市自然岸线分布

7.3 海岸线变迁动态

利用基线法和面积法，以 500 m 为间隔，对历年遥感方法获取的海岸线按走向方向进行分割处理，计算岸线之间的变化距离，分析海岸线变迁的动态特征。考虑到在 1984—2016 年长时间段内，很多岸段都存在岸线类型之间的转换，因此在海岸线变迁动态分析中将岸线变化分为 4 类，其中岸线向海推进的分为淤长岸段和围垦岸段两种类型，岸线向陆后退的分为冲刷岸段和围垦被侵蚀岸段两种类型。各类型岸段分别描述如下。

（1）淤长岸段。指岸滩处于自然淤长环境中，岸线向海推进的自然岸线岸段。包括岸线在自然状态下向海淤长的岸段，以及原人工岸线经过长时间的植被生长、泥沙淤积或整治修复后恢复为自然岸线的岸段。淤长岸段的岸线类型为自然岸线。

（2）围垦岸段。指在原自然岸线或人工岸线的基础上，进一步向海匡围，造成海岸线人为向海推进而形成的人工岸线岸段。围垦岸段的岸线类型为人工岸线。

（3）冲刷岸段。指岸滩处于自然冲刷环境中，岸线向陆后退的岸段。原有的自然岸线冲刷向陆后退后，可能仍然为自然岸线，也可能被冲刷后退至人工岸线。冲刷岸段的岸线类型可以是自然岸线，也可以是人工岸线。

（4）围垦被侵蚀岸段。指人工岸线被侵蚀后退至向陆一侧的另一个人工岸线的岸段。围垦被侵蚀岸段的岸线类型为人工岸线。

此外，海岸线位置稳定的岸段主要有砂质海岸岸段、基岩海岸岸段和未发生变化的人工岸线岸段。

7.3.1 江苏省海岸线变迁动态

7.3.1.1 江苏省海岸线冲淤速率的时空变化

江苏省 1984—2016 年的海岸线变化情况统计如表 7.1 所示，图 7.12 显示了对应的岸线冲淤变化距离。

表 7.1 1984—2016 年江苏省海岸线冲淤变化统计

时间段	淤长岸段长度 (km)	平均淤长速率 (m/a)	冲刷岸段长度 (km)	平均冲刷速率 (m/a)	围垦岸段长度 (km)	平均围垦推进速率 (m/a)	围垦被侵蚀岸段长度 (km)	平均围垦被侵蚀速率 (m/a)
1984—1992 年	271.54	60.42	110.19	−24.20	49.75	46.79	15.27	−27.34
1992—2000 年	273.90	126.26	52.50	−16.75	47.16	115.01	29.69	−27.94
2000—2008 年	199.08	115.78	26.91	−7.26	191.07	154.96	26.57	−27.22
2008—2016 年	110.17	27.98	71.77	−16.31	272.11	218.70	18.99	−16.61
1984—2016 年	127.62	83.03	71.17	−10.81	401.21	87.63	25.95	−8.64

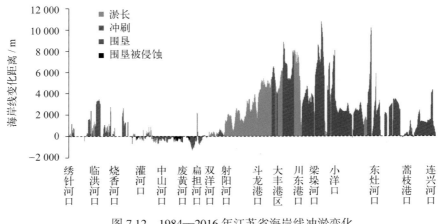

图 7.12   1984—2016 年江苏省海岸线冲淤变化

根据江苏省 1984—2016 年的海岸线位置变化分析，以灌河口、双洋河口为界，灌河口以北至绣针河口岸段以向海推进为主，灌河口至双洋河口岸段冲刷后退，双洋河口以南至连兴河口岸段整体向海推进。在长时间尺度上，江苏省的海岸线以整体向海推进为主，向海推进的主要原因是由于淤泥质海岸的岸滩淤长以及在此背景下的大规模滩涂围垦。自然岸线的向海淤长主要发生在辐射沙洲北翼，海岸线侵蚀后退主要发生在废黄河三角洲地区。从长时间尺度看，扁担河口至射阳河口为江苏省自北向南由侵蚀转为淤长的过渡岸段。

淤长岸段：主要分布在射阳河口至川东港，其余零散分布在一些入海河口，累计岸段长度 127.62 km。淤长岸段平均向海推进了 2 657 m，平均淤长速率 83.03 m/a。全省最大的岸滩淤长位置位于大丰区的川东港口岸段，最长淤长距离 8 078 m。

围垦岸段：主要分布在临洪河口至灌河口的淤泥质海岸岸段、大丰港北、竹港两侧、川东港南至连兴河口岸段，累计岸段长度 401.21 km。1984—2016 年间人工围垦岸段平均向海推进了 2 804 m，平均围垦向海推进速率 87.63 m/a。其中大丰港区建设使得岸线向海最大推进 6 537 m，东台市条子泥围垦工程使岸线向海最大推进 10 469 m，通州湾围填海工程使岸线向海最大推进 10 130 m，这三个岸段是全省围垦向海推进最远的区域。

冲刷岸段：重点分布在灌河口北至中山河口南岸段以及扁担河口北至双洋河口南岸段，累计岸段长度 71.17 km，岸线平均冲刷后退了 346 m，平均冲刷后退速率 10.81 m/a。最大冲刷岸段位于滨海县的二罾闸至南八滩闸之间，岸滩冲刷后退距离达 1 326 m。

围垦被侵蚀岸段：主要分布在中山河口至扁担河口，累计岸段长度 25.95 km，平均冲刷后退速率 8.64 m/a，在南八滩闸南侧，最大的围垦被侵蚀后退距离达 758 m。

7.3.1.2   江苏省海岸线冲淤引起的陆地面积变化

根据 1984—2016 年的海岸线位置变化，海岸线向海推进表示陆地面积增加，向陆后退表示陆地面积减少，统计出江苏省由于海岸线变化造成的陆地面积变化情况如表 7.2 所示。

总体来看，江苏省在 1984—2016 年由于淤长和围垦开发，沿海陆地面积增加 12.32×10^4 hm²；由于岸滩冲刷，陆地面积减少 3 171 hm²。因此，全省沿海陆地面积合计增加 12.01×10^4 hm²。

表 7.2 1984—2016 年江苏省岸段面积变化统计 （单位：hm²）

地区	增加的陆地面积	减少的陆地面积	合计
连云港市	6 694	433	6 261
盐城市	75 787	2 698	73 089
南通市	40 795	40	40 755
江苏省	123 276	3 171	120 105

7.3.2 连云港市海岸线变迁动态

7.3.2.1 连云港市海岸线整体变迁特征

连云港市 1984—2016 年的海岸线变化情况统计如表 7.3 所示，图 7.13 显示了对应的岸线冲淤变化距离。1984—2016 年，连云港市有部分岸段基本没有冲淤变化，这些岸段为岸线位置基本不变的稳定岸段，主要包括柘汪河口至龙王河口北的砂质岸线岸段、西墅的砂质岸线岸段以及烧香河口至埒子口的人工海堤岸段（徐圩港区岸段除外）。岸线位置发生变化的岸段以埒子口为界，埒子口以北至绣针河口岸段整体向海推进，埒子口以南至灌河口岸段向陆冲刷后退。

表 7.3 1984—2016 年连云港市海岸线变化情况统计

时间段	淤长岸段长度 (km)	平均淤长速率 (m/a)	冲刷岸段长度 (km)	平均冲刷速率 (m/a)	围垦岸段长度 (km)	平均围垦推进速率 (m/a)	围垦被侵蚀岸段长度 (km)	平均围垦被侵蚀速率 (m/a)
1984—1992 年	18.59	33.44	9.92	−15.30	31.22	39.90	4.60	−14.90
1992—2000 年	22.73	45.82	2.99	−42.93	11.96	32.90	11.40	−47.87
2000—2008 年	14.33	10.55	8.03	−7.83	25.52	55.58	4.63	−17.15
2008—2016 年	16.69	12.12	10.97	−10.68	45.76	157.62	4.24	−1.03
1984—2016 年	15.34	10.11	13.72	−5.62	69.52	41.35	9.26	−5.54

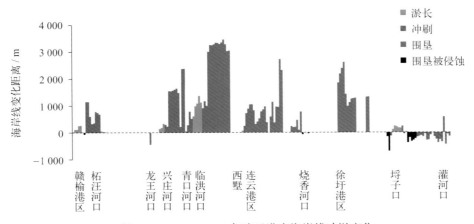

图 7.13 1984—2016 年连云港市海岸线冲淤变化

向海推进的岸段以围垦岸段为主，重点包括柘汪河口岸段、兴庄河口至临洪河口岸段、临洪河口至西墅岸段以及连云港区至徐圩港区的港口建设用海岸段，涉及岸线长度 69.52 km。该岸段的海岸线平均向海推进了约 1 435 m，平均围垦推进速率 41.35 m/a。自然岸线向海推进的淤长岸段主要分布于沙旺河口、临洪河口及埒子口等入海河口两侧，累计岸线长度 15.34 km，自然岸滩平均向海淤长速率 10.11 m/a。

向陆冲刷后退的岸段以冲刷岸段为主，主要分布在灌河口北侧，此外在龙王河口附近也监测到部分砂质海岸岸滩的冲刷，共计涉及冲刷岸线长度 13.72 km，岸滩平均冲刷后退速率 5.62 m/a。围垦被侵蚀岸段重点分布在埒子口南侧的岸外滩涂，紧邻河口的盐养围堤在不同的时间段处于修筑和冲毁之间变换，岸滩侵蚀后退速率 5.54 m/a。

7.3.2.2　连云港市海岸线变迁时空特征

1）连云港市海岸线变迁的时段特征

虽然总体来看连云港市的海岸线以整体向海推进为主，但是由于滩涂围垦规划、水动力条件变化等因素，岸线有可能在长时段内出现冲、淤之间的状态转换，同时岸滩的冲刷、淤积或者围海建设可能集中在某一短时间段内，岸滩在不同的时间段具有不同的冲淤变化强度，所以长时间尺度的岸线变迁分析会掩盖较短时间尺度内的岸线动态变化。基于此，对 1984—2016 年的长时段海岸线变迁特征进行分时段分析，图 7.14 显示了连云港市分时段的岸段冲淤变化。

从不同时间段的岸线变化对比来看，淤长岸段主要分布在临洪河口至西墅之间，1984—1992 年、1992—2000 年均有较大幅度的淤长，平均向海淤长距离为 300 ~ 400 m，其中 1992—2000 年的平均淤长速度最快，达 45.82 m/a。2000—2008 年该岸段相对稳定，小幅有冲有淤，但在 2008 年以后，由于围填海建设，该岸段被匡围，淤长岸段长度大幅减小。此外，在 2008—2016 年主要由于绣针河口南侧、沙旺河口及临洪河口北侧部分岸滩淤长，植被扩张，岸线自然恢复，使得淤长岸段零散分布。

围垦岸段是连云港市海岸线向海大幅推进的主要岸段。1984—1992 年，围垦岸段的主要工程为柘汪河口岸段、兴庄河口至青口河口岸段的高涂围垦工程和连云港区的港口填海工程。1992—2000 年的围垦岸段变化较小，主要是连云港区的港口建设。2008—2016 年的大规模区域用海建设，导致岸线快速向海推进，平均推进速率为各时段中最高，达 157.62 m/a。可以看到，全市围垦岸段长度呈逐年增长的趋势，平均围垦向海推进速率也在加快，表明连云港市的滩涂围垦和围填海造地步伐在逐步加快。

自然岸段的冲刷岸段重点分布在埒子口南至灌河口，主要发生冲刷的时间段在 1984—1992 年，冲刷岸段长度 9.92 km，岸滩平均冲刷后退速率 15.30 m/a。1992—2000 年，冲刷集中在龙王河口和灌河口，冲刷岸段短，但是冲刷强烈，平均冲刷后退速率达 42.93 m/a。2000 年以后，自然岸段的冲刷主要发生在龙王河口至临洪河口之间，与岸滩围垦后的自然岸线摆动有关，冲刷强度下降，冲刷岸段长度也不大。

围垦岸段的冲刷主要发生在 1992—2000 年，涉及围垦被侵蚀岸段长度 11.40 km，岸滩平均冲刷后退速率 47.87 m/a，重点发生在绣针河口至柘汪河口岸段、沙旺河口至青口河口岸段、埒子口南侧岸段，原因是部分低标准盐养围堤被冲毁，岸线后退。2000—2008 年，在埒子口至灌河口岸段监测到局部的盐养围堤冲刷后退的现象。2008 年以后，由于围堤建设标准提高，围堤比较稳固，围垦被侵蚀现象基本表现得很轻微。

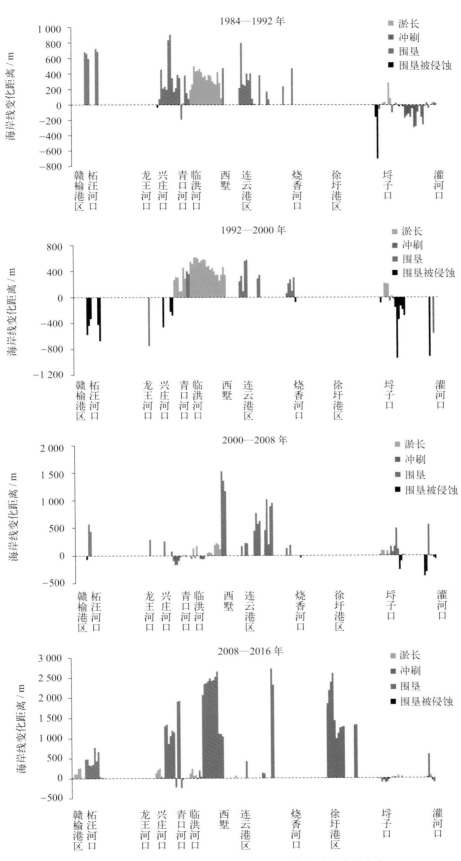

图 7.14 1984—2016 年连云港市海岸线分时段冲淤变化

2）连云港市海岸线变迁的空间特征

连云港市的淤长岸线主要分布在临洪河口两侧，1992—2000 年平均淤长速度最快，达 45.82 m/a。此外，2008—2016 年淤长岸段的增加，主要是因为赣榆港区及临洪河口北侧的淤泥质海岸淤长及岸线自然恢复。

绣针河口至龙王河口的砂质海岸处于轻微的侵蚀环境中，但由于建设了高标准的道路海堤，海岸线相对稳定。仅 1992—2000 年监测到绣针河口南侧存在围海养殖围垦区域被侵蚀或荒废，以及龙王河口的整治修复导致部分岸线后退。2008 年以后，绣针河口南侧约 7 km 的岸段处于较弱的淤积环境中，尤其在赣榆港区连接后方陆地的导堤建设后，导堤根部水动力条件减弱，岸滩有轻微淤长。

临洪河口两翼属于河口淤泥质潮滩，从长时间尺度来看处于淤长环境中，但其自然岸线的向海推进主要是由于不断向海围垦。1992—2008 年持续向海建设盐养围堤，人工围垦改变了潮滩的坡度，泥沙堆积范围也向海推进。同时，沿岸不规则的养殖围垦用海分布也使得临洪河口地区的岸线变得不太稳定，岸线有轻微摆动。临洪河口北侧 2008—2016 年的自然岸线的淤长，可以认为是人工岸线外侧在长时间泥沙淤积及植被生长后的自然恢复。临洪河口南侧至西墅岸段，2008—2016 年进行了更大规模的匡围，修筑了高标准的道路海堤海岸，该岸段的海岸线由自然岸线变为人工岸线。

连云港区至徐圩港区岸段由于港口开发建设，大规模增加了陆地面积、岸线曲折度和岸线长度，海岸线变迁一直以港口建设等人类开发活动为主。

埒子口南至灌河口北岸段处于废黄河三角洲北翼的冲刷环境，沿岸大多为建设标准较低的盐养围堤，近年来遥感监测到不断有少量的持续性向海围垦活动。由于浪流联合冲刷作用，该岸段海岸线一直处于变化中，整体呈侵蚀后退的趋势。但是近年来随着盐养围堤的加固，废黄河口北翼的围垦被侵蚀速率在不断下降，岸滩冲淤现象减弱。

7.3.2.3 连云港市海岸线冲淤导致的陆地面积变化

图 7.15 显示了连云港市海岸线变迁导致陆地面积变化的空间分布情况。1984—2016 年，连云港市进行了较多的区域用海建设活动，主要有海州湾内的滨海城镇开发建设，兴庄河口至临洪河口岸段的高涂围海养殖建设，以及连云港港的港口码头建设等，使得连云港市沿海陆地面积增加了 6 694 hm²。陆地面积减少主要发生在废黄河口北侧的埒子口至灌河口岸段，该岸段有轻微冲刷，陆地面积减少 433 hm²。全市沿海陆地面积合计增加 6 261 hm²。

图 7.15　1984—2016 年连云港市海岸陆地面积变化

7.3.3　盐城市海岸线变迁动态

7.3.3.1　盐城市海岸线整体变迁特征

盐城市 1984—2016 年的海岸线变化情况统计如表 7.4 所示，图 7.16 显示了对应的岸线冲淤变化距离。1984—2016 年，盐城市的岸线变化以双洋河口为界，表现出不同的冲淤形态。双洋河口以北至灌河口岸段，以冲刷岸段为主，包含部分围垦被侵蚀岸段，岸线形态整体表现为冲刷后退；双洋河口以南至方塘河口岸段，既有自然岸段的向海淤长，也有滩涂围垦导致的岸线向海推进，岸线形态整体表现为向海淤进。此外在灌河口南侧有小段岸线由于围海养殖，表现为轻微的向海淤进。

表 7.4　1984—2016 年盐城市海岸线变化情况统计

时间段	淤长岸段长度 (km)	平均淤长速率 (m/a)	冲刷岸段长度 (km)	平均冲刷速率 (m/a)	围垦岸段长度 (km)	平均围垦推进速率 (m/a)	围垦被侵蚀岸段长度 (km)	平均围垦被侵蚀速率 (m/a)
1984—1992 年	146.26	75.84	87.83	−25.82	9.05	103.76	10.67	−32.31
1992—2000 年	155.82	163.98	20.32	−11.37	23.40	112.44	18.29	−18.52
2000—2008 年	145.35	148.65	15.53	−6.72	52.89	180.19	21.94	−29.19
2008—2016 年	81.94	30.27	57.43	−18.09	69.53	209.85	14.76	−19.72
1984—2016 年	104.21	94.63	53.97	−13.19	93.95	130.52	16.69	−9.81

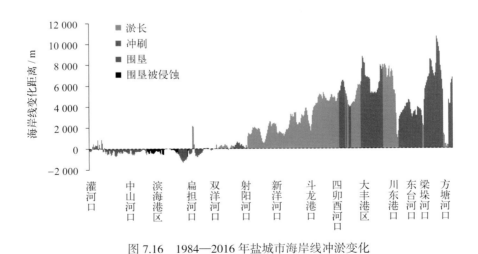

图 7.16　1984—2016 年盐城市海岸线冲淤变化

盐城市拥有漫长的自然淤长岸段，主要分布在射阳河口至四卯酉河口、大丰港北以及川东港南侧，长度 104.21 km，1984—2016 年间平均淤长宽度约 3 000 m，平均淤长速率 94.63 m/a。自然岸段淤长最快的地点在川东港南侧的大丰麋鹿国家级自然保护区，向海淤长距离 8 078 m。

围垦向海推进的岸段主要分布在四卯酉河口至大丰港、王港河口至竹港口、东台河口至方塘河口，少量分布在运粮河口至射阳河口，围垦岸段长度 93.95 km，围垦平均向海推进宽

度约 4 300 m，平均向海推进速率 130.52 m/a。围垦向海推进最远的地点位于辐射沙洲内缘区的条子泥垦区，累计向海匡围了 10 469.13 m，可见盐城市有较高的滩涂围垦强度。

冲刷最强烈的岸段位于滨海县振东闸至射阳县的扁担河口南侧。1984—2016 年岸滩平均冲刷后退了约 700 m，其中最大的冲刷后退距离为 1 326.36 m，位于二罾闸与南八滩闸之间。灌河口南至中山河口南岸段也受到冲刷的影响，平均后退了约 340 m。总体来看，盐城市全市的冲刷岸段长度有 53.97 km，平均冲刷后退速率 13.19 m/a。

围垦被侵蚀岸段重点分布在中山河口南至滨海港，岸段长度 16.69 km，岸线平均冲刷后退速率 9.81 m/a。

此外，盐城市在滨海港南至振东闸有小段稳定岸线。

7.3.3.2　盐城市海岸线变迁时空特征

1）盐城市海岸线变迁的时段特征

图 7.17 显示了盐城市分时段的岸段冲淤变化。从不同时间段的岸线变化对比来看，自然岸线的冲刷主要发生在 1984—1992 年，主要的冲刷岸段为灌河口至滨海港北，平均冲刷距离约 300 m；其次在振东闸至射阳河口，平均冲刷距离约 150 m。此外在东台河口两侧，由于岸外潮滩宽阔，潮沟摆动产生局部岸段的冲刷。总体冲刷岸段长度 87.83 km，平均冲刷后退速率 25.82 m/a。1992—2008 年，自然岸段的冲刷相对比较微弱。2008—2016 年，自然岸段的冲刷表现出两个趋势，一是岸段冲刷范围从射阳河口向南延伸至斗龙港口附近，虽然冲刷强度不大，但是岸段冲刷与淤长转换的空间节点有南移趋势；二是在扁担河口两侧和双洋河口两侧岸段，岸滩平均冲刷后退 350 m 左右，冲刷强度明显较以前年份加大。

自然岸段的淤长主要发生在双洋河口至方塘河口岸段。在 1992—2000 年和 2000—2008 年两个时间段，岸滩整体向海快速淤进，淤长岸段长度分别为 155.82 km 和 145.35 km，岸滩平均向海淤长 1 440 m 和 1 350 m，平均淤长速率分别达 163.98 m/a 和 148.65 m/a。淤长最快的岸段集中在斗龙港口至四卯西河口岸段。2008—2016 年，虽然新洋河口至川东港岸段仍然在向海淤长，涉及淤长岸段长度 81.84 km，平均向海淤长距离约 270 m，但是淤长速率已经大幅减缓，为 30.27 m/a，约为 1992—2008 年岸滩淤长速率的 1/5。

盐城市的大规模滩涂围垦集中在 2000 年以后。根据该市的滩涂围垦规划和沿海港口开发规划，在不同的时间段，围垦的范围和强度有所差异。1992 年以前，滩涂围垦相对较少，主要位于新洋河口北侧和竹港口岸段，围垦岸线开始向海推进，围垦岸段长度较短，为 9.05 km，岸线向海推进速率 103.76 m/a。1992—2000 年的围垦主要有大丰港岸段和川东港南侧岸段，围垦岸段长度 23.40 km，岸线向海推进速率 112.44 m/a。2000—2008 年的围垦岸段主要有 3 处，分别为大丰港北、竹港口岸段以及方塘河口南侧，围垦岸段长度大幅增加，为 52.89 km，岸线向海推进速率也增加至 180.19 m/a。2008—2016 年，滩涂围垦规模进一步加大，围垦集中在大丰港至方塘河口岸段，特别是东台河口两侧的高涂匡围以及条子泥垦区的大规模围垦，使得围垦岸段长度进一步增加，达到 69.53 km，围垦岸线向海推进速率也大幅增加，达 209.85 m/a。

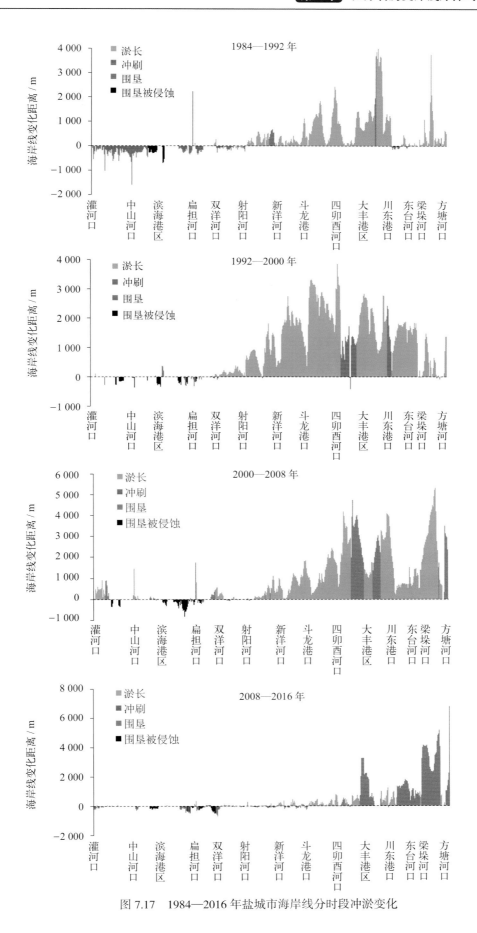

图 7.17 1984—2016 年盐城市海岸线分时段冲淤变化

2）盐城市海岸线变迁的空间特征

从岸段本身的冲淤变化来看，灌河口至射阳河口在 1984—1992 年，由于沿海大多是低标准的盐养围堤海岸，岸线侵蚀后退最为严重。随着人类活动的不断增强，以及岸线的整治修复，岸线侵蚀后退速度逐渐减弱。该岸段常有养殖塘被冲垮荒废为自然岸线，随后又被重新围填的现象。2008 年后，废黄河三角洲岸段的岸线侵蚀状况有所改善，其中扁担河口两侧岸线侵蚀变化情况如图 7.18 所示。此外，双洋河口至射阳河口岸段在 1992—2000 年，岸线由侵蚀转为微弱的淤长，主要与互花米草的扩张有关。

射阳河口至方塘河口在 1984—1992 年，海岸线基本处于自然状态，围填海活动较少，人工海堤离平均大潮高潮线还有较远距离，岸线向海推进速率近似于当时的岸滩自然淤长速率。自 1992 年后，人类活动加剧，大规模的围填海活动向海推进，导致自然岸线向海推进速度加快。2008—2016 年，射阳河口至四卯西河口岸段基本稳定，岸滩的淤长与冲刷速率都较缓慢。四卯西河口至条子泥岸段海岸线整体向海推进情况如图 7.19 所示。新洋河口至斗龙港口岸段出现自然岸线轻微侵蚀的状况，导致整体冲刷岸段长度增加。

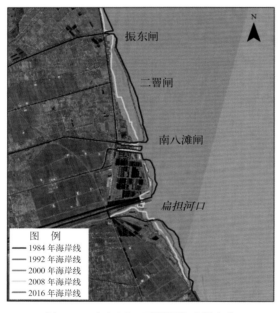

图 7.18 扁担河口两侧岸段冲淤变化

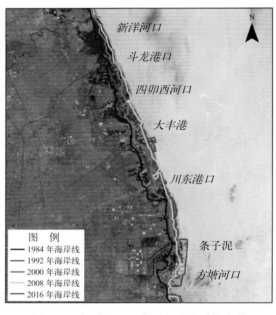

图 7.19 新洋河口—条子泥岸段冲淤变化

传统的观点认为，射阳河口是江苏省淤泥质海岸自北向南由侵蚀转为淤长的空间分界点，这一点根据 2000 年以前的遥感影像监测可以得到印证。但是近年来可以观测到江苏省淤泥质海岸发生冲淤转换的空间节点有逐步南移的趋势。在 2000 年以后，射阳河口两侧均有岸线向海推进和后退同时出现的现象，此时射阳河口两侧应为从北部侵蚀到南部淤长的过渡带。2008—2016 年，岸线自然后退的现象已向南延伸至新洋河口至斗龙港岸段，但海岸线冲淤变化的幅度都大幅减弱，从结果来看，射阳河口至斗龙港岸段成为北部侵蚀到南部淤长的过渡带。这一改变是滩涂空间资源的开发、江苏沿海泥沙来源供给和水动力作用三者互相协调、互相影响的结果。

7.3.3.3 盐城市海岸线冲淤导致的陆地面积变化

　　盐城市沿海陆地面积变化以射阳县的双洋河口为界，双洋河口以北至中山河口，处于冲刷环境中的废黄河三角洲地区，不断有新的围海养殖，也不断有养殖塘被冲垮，岸线一直在发生改变，总体表现为陆地面积减少，减少面积为 2 698 hm²。双洋河口以南至方塘河口，处于淤长环境中的辐射沙洲北翼及内缘区，重点在斗龙港口以南的大丰区和东台市，由于滩涂向海淤长，近年来开展了大规模的滩涂围垦造地，陆地面积总体增加 75 787 hm²。图 7.20 显示了盐城市海岸线变迁导致陆地面积变化的空间分布情况。1984—2016 年，盐城市的陆地面积总体增加了 73 089 hm²。

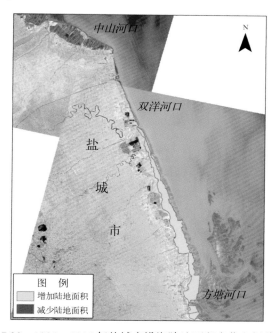

图 7.20　1984—2016 年盐城市沿海陆地面积变化空间分布

7.3.4　南通市海岸线变迁动态

7.3.4.1　南通市海岸线整体变迁特征

　　南通市 1984—2016 年的海岸线变化情况统计如表 7.5 所示，图 7.21 显示了对应的岸线冲淤变化距离。由于腰沙岸段岸线曲折，腰沙内部的部分自然岸线未参与统计。

表 7.5　1984—2016 年南通市海岸线变化情况统计

时间段	淤长岸段长度 (km)	平均淤长速率 (m/a)	冲刷岸段长度 (km)	平均冲刷速率 (m/a)	围垦岸段长度 (km)	平均围垦推进速率 (m/a)
1984—1992 年	106.69	40.70	12.44	-20.42	9.47	8.67
1992—2000 年	95.35	72.95	29.18	-18.25	11.80	193.43
2000—2008 年	39.40	21.48	3.36	-8.57	112.67	162.23
2008—2016 年	11.55	30.70	3.37	-0.41	156.83	245.19
1984—2016 年	8.07	45.59	3.47	-2.40	237.74	75.97

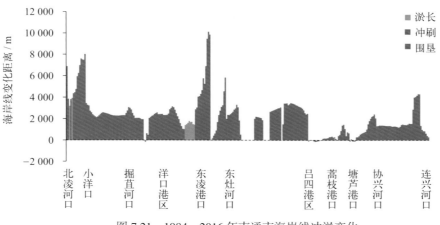

图 7.21　1984—2016 年南通市海岸线冲淤变化

　　1984—2016 年，南通市除了在东灶河口至吕四港区岸段有部分稳定岸线以外，全市的海岸线整体向海快速推进，推进方式以滩涂围垦为主，围垦岸段岸线外推距离比较均匀，体现出比较科学的围填规划。南通市的人工岸线向海推进强度与岸滩的宽度及冲淤特性密切相关。北凌河口至腰沙岸段属于辐射沙脊群南翼淤长岸段，岸滩宽阔，滩涂向海淤长，该岸段围垦岸线向海推进得相对较宽，平均向海推进距离约 2 500 m。腰沙以南至连兴河口属于长江口北侧稳定 - 轻微淤长岸段，围垦岸线向海推进相对较窄，平均向海推进距离约 1 400 m。全市围垦强度最大的区域有两段，分别位于北凌河口至小洋口岸段、东凌港口南部的冷家沙区域，最大向海推进距离分别为 8 041.98 m 和 10 130.58 m。总体来看，全市围垦岸段长度 237.74 km，平均向海推进速率 75.97 m/a。

　　自然淤长岸段少量分布在北凌河口和东凌港口北侧，岸段长度 8.07 km，平均淤长速率 45.59 m/a。冲刷岸段位于蒿枝港口北和塘芦港口南，涉及冲刷岸线长度 3.47 km，从长时间段来看，岸段冲刷强度比较轻微，岸段平均冲刷后退速率 2.4 m/a。

7.3.4.2　南通市海岸线变迁时空特征

1）南通市海岸线变迁的时段特征

　　图 7.22 显示了南通市分时段的岸线冲淤变化。根据分时段的海岸线变化特征分析，在 2000 年以前，南通市全市以自然岸滩的向海淤长为主，2000 年以后开始开展沿海的大规模滩涂围垦开发建设。1984—1992 年，全市淤长岸段长度为 106.69 km，平均向海淤长速率 40.70 m/a，代表性的岸段有两处：一是北凌河口至东灶河口岸段，自然岸线平均向海淤长距离约 400 m；二是塘芦港口至连兴河口岸段，平均向海淤长距离约 160 m。1992—2000 年，全市淤长岸段长度 95.35 km，有所缩短，但是岸段淤长速度加快，岸滩平均淤长速率 72.95 m/a。2000 年以后，由于滩涂围垦加快，自然岸线大量被人工岸线代替，淤长岸段长度大幅缩短。2000—2008 年，在小洋口北侧还能明显监测到自然岸滩淤长，但是在 2008—2016 年，全市的淤长岸段仅在东凌港口北侧、吕四港区至塘芦港口岸段零星分布，淤长岸段长度大幅下降至 11.55 km，淤长速率也下降至 30.70 m/a。

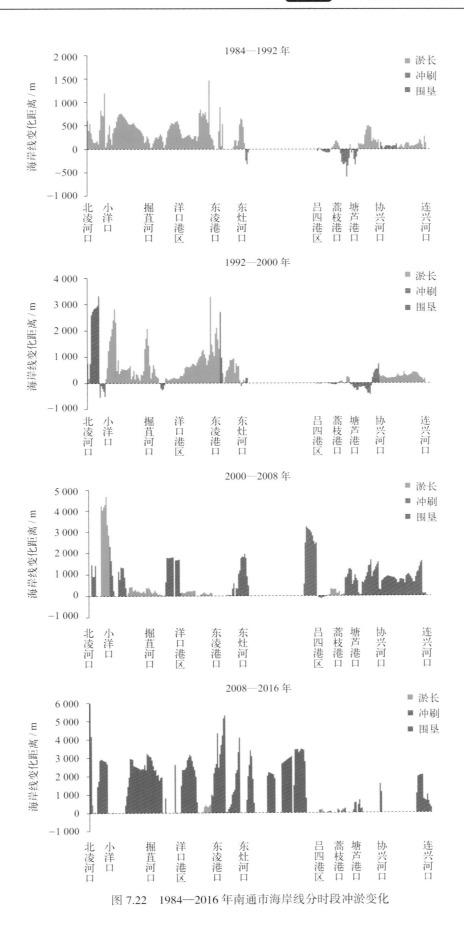

图 7.22　1984—2016 年南通市海岸线分时段冲淤变化

围垦岸段与淤长岸段的变化呈相反趋势。2000 年前，仅在协兴河口以及北凌河口南侧有少量围垦岸段。2000 年以后，全市的围垦岸段明显增多。2000—2008 年，北凌河口岸段、小洋口岸段、洋口港区岸段、东灶河口岸段、吕四港区岸段、蒿枝港口至连兴河口岸段纷纷进行滩涂围垦开发和区域用海建设，围垦岸段长度 112.67 km，围垦岸线平均向海推进速率达 162.23 m/a。2008—2016 年，南通市沿海基本以围垦岸段为主，岸线长度 156.83 km，围垦岸线平均向海推进速率进一步增加至 245.19 m/a，小洋口至吕四港区岸段的围垦开发力度进一步加大。

由于滩涂围垦修建了大量高标准人工海堤，南通市没有围垦被侵蚀的现象。全市在 2000 年前有部分冲刷岸段，重点分布在蒿枝港口与塘芦港口之间，在小洋口北和掘苴河口南有少量冲刷岸段存在。小洋口在 1992—2000 年监测到有岸线侵蚀后退，是由于河道左侧围填海工程建设，对河口进行了清理，改变了河口形态，使得自然岸线后退至人工岸线，但是冲刷强度不大。2000 年以后冲刷岸段主要分布在吕四港区至蒿枝港口之间，岸段冲刷强度已经很弱，2008—2016 年的平均向岸冲刷后退速率下降至 0.30 m/a。

在 2000 年前，东灶河口至吕四港区岸段以人工海堤为主，因此该岸段为稳定岸段，没有发生岸线的冲淤。但是在 2000 年以后，由于吕四渔港和吕四港区建设，该岸段已经逐渐转变为围垦岸段。

2）南通市海岸线变迁的空间特征

南通市的滩涂资源主要分布在辐射沙脊群南翼的北凌河口至东灶河口之间，潮滩宽阔，滩面潮沟密布，岸线曲折。1984—2016 年特别是 2000 年以后，该岸段进行了大规模的滩涂开发活动，淤长岸段及冲刷岸段都不断被围垦岸段所替代，围垦岸段长度不断增加。至 2016 年，该岸段 84% 的海岸均因滩涂围垦而向海推进。

东灶河口至蒿枝港口南侧岸段处于稳定–轻微淤长环境，但由于沿岸人工海堤的建设，使得岸线保持稳定，仅在东灶港及蒿枝港口两侧，原有滩涂的自然岸线部分表现为侵蚀后退。

位于长江三角洲北岸的协兴港口至连兴河口岸段原处于轻微的淤长环境中，当前海岸线也同样被新围填形成的人工岸线所替代。

7.3.4.3 南通市海岸线冲淤导致的陆地面积变化

经分析可知，南通市沿海在腰沙以北以淤长为主，以南至长江口以稳定–轻微淤长为主。2000 年以来南通市开展了大规模的沿海开发活动，进行工业用海和高涂围海养殖开发，沿海陆地面积增加了 40 795 hm²。启东市在蒿枝港口至协兴河口沿海岸段有少量侵蚀，导致沿海陆地面积减少 40 hm²。因此，总体来看，1984—2016 年，全市沿海陆地面积合计增加 40 755 hm²。图 7.23 显示了南通市海岸线变迁导致陆地面积变化的空间分布情况。

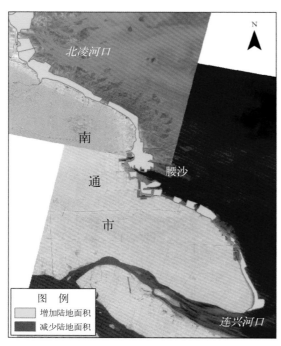

图 7.23　1984—2016 年南通市海岸陆地面积变化

7.4 岸滩变化动态

7.4.1 岸滩平均坡度变化

在 1984 年、1992 年、2000 年、2008 年和 2016 年 5 个年份，各挑选两个时相的遥感影像，提取瞬时水边线，在对水边线等分分割的基础上，进行水边线离散点潮位赋值处理，推算得到潮滩平均坡度，根据潮滩坡度的变化，分析岸滩的冲淤特征。近年来，随着人工海堤建设的向海推进，很多岸段的滩面变窄、岸滩变陡，搜集到的多时相遥感影像数据的水边线往往聚集在一起，难以用于坡度推算。因此，以 500 m 为间隔对江苏省的海岸线进行分段，在 1984 年可推算岸滩平均坡度的断面数有 786 个，而到 2016 年，可推算岸滩平均坡度的断面数降至 453 个，减少了将近 42%。

1）海州湾岸段

海州湾岸段的岸滩坡度变化情况如图 7.24 所示。整体来看，由北往南，以赣榆砂质海岸的海头垦区为界，垦区北侧的柘汪河口至海头垦区岸段，岸滩平均坡度由北往南逐渐增大；海头垦区南侧至临洪河口岸段，岸滩平均坡度逐渐减小。岸滩坡度变化与砂质海岸和淤泥质海岸的转换有关，在岸段的不同位置处，近年来能明显观测到沙滩强烈冲刷和沙滩泥化等现象。

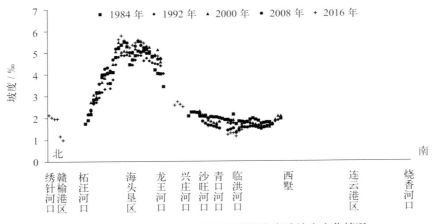

图 7.24　1984—2016 年海州湾岸段岸滩坡度变化情况

绣针河口南侧淤泥质海岸岸段 2016 年的平均坡度为 2.1‰，往南至赣榆港区，由于连接海岸的防波堤建设，近岸水流运动减弱，泥沙淤积，岸滩向海淤长淤高，坡度下降至 0.99‰，该岸段在遥感影像上可以监测到近期淤高的岸滩在进行匡围，用以作为赣榆港区的后方陆地用地。柘汪河口至龙王河口的砂质海岸坡度由北向南逐渐增加。柘汪河口的岸滩平均坡度为 2.4‰，到龙王河口北侧海头镇达到该段海岸坡度的最大值 5.6‰。龙王河口有河流来沙补给，坡度稍微平缓，平均坡度为 4.5‰。但是从 1984—2016 年的坡度变化来看，龙王河口岸滩的坡度从 1984 年的 4.0‰逐渐增加至 4.7‰，岸滩有变陡趋势。龙王河口以南至临洪河口主要为淤泥质海岸，岸滩坡度逐渐减缓至 1.4‰。临洪河口两侧的淤泥质潮滩由于处于向海轻微淤长的环境，2016 年的坡度相比以前的年份略有降低，从 1984 年的 1.7‰逐渐下降至 1.1‰，滩面逐年淤高。临洪河口至西墅岸段在 2008 年前为自然岸段，2008 年后被匡围，形成人工岸段。

该岸段坡度平缓，变化不大，1984 年平均坡度为 1.8‰，到 2016 年为 1.5‰，多年平均坡度约为 1.6‰。西墅至烧香河口岸段以基岩海岸和人工岸线为主，未作坡度推算。

2）废黄河三角洲岸段

图 7.25 显示了 1984—2016 年废黄河三角洲岸段的岸滩坡度变化情况。废黄河三角洲岸段整体处于侵蚀环境中，坡度变化较为剧烈，但在不同年份推算的岸滩平均坡度变化趋势是一致的，即在空间变化上总体表现为：①埒子口至中山河口岸段坡度相对较缓；②中山河口至双洋河口岸段坡度变化较大，坡度由北向南先是逐渐增大，在废黄河口至南八滩闸附近岸滩坡度达到最大值，然后逐渐减小；③双洋河口至射阳河口岸段坡度变化又趋于平缓。在时间变化上，整个岸段的平均坡度有整体逐渐变陡的趋势。

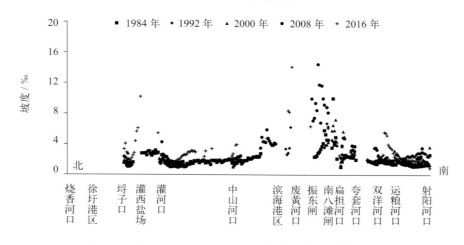

图 7.25　1984—2016 年废黄河三角洲岸段岸滩坡度变化情况

埒子口岸段的岸滩平均坡度总体表现为增加的趋势，1984 年坡度为 1.2‰，到 2016 年增加至 2.7‰，岸滩变陡，多年平均坡度 1.8‰。从埒子口往南至灌西盐场岸段，根据多年遥感监测对比发现，潮间带宽度变窄，岸滩坡度增加，特别是在 2016 年，该岸段坡度从 2.9‰逐渐增加至 6.1‰，个别断面岸滩坡度大于 10.2‰，从高分辨率遥感影像上能观察到部分盐养围堤被冲毁，岸线后退，岸滩陡化加快。灌西盐场向南至灌河口岸段自 1992 年以来为人工岸段，岸外滩涂狭窄，1984 年遥感监测的岸滩平均坡度为 2.6‰~3.2‰，坡度差异不大。灌河口南侧岸滩 2008 年以后，由于受灌河口整治和河口东、西导堤工程建设的影响，岸滩有向海淤长变宽的趋势，坡度变缓，2008 年为 1.9‰，2016 年小幅下降至 1.4‰，多年平均坡度 1.6‰。灌河口以南至中山河口岸段岸滩坡度相对平缓，但是该岸段的平均坡度从 1984 年的 1.6‰逐渐增加至 2016 年的 2.3‰，可以看到，从灌河口开始，废黄河三角洲岸段岸滩的冲刷逐渐开始加剧，岸滩坡度逐渐变陡。

中山河口至双洋河口岸段是废黄河三角洲区域也是全省岸滩平均坡度变化最剧烈的区域。从空间变化特征来看，由北往南岸滩平均坡度总体经历缓—陡—缓的变化，从而响应该区域的岸滩冲刷特性。中山河口至滨海港区北侧岸段岸滩狭窄，海岸线以人工岸线为主，人工海堤外侧岸滩平均坡度逐渐加大。根据 1984 年和 2008 年两个年度的坡度推算结果，该岸段的平均坡度从 1.7‰逐渐加大至 5.9‰。滨海港南侧的翻身河口至废黄河口岸段，2016 年的岸滩坡度从 8.4‰增加至 14.1‰。废黄河口至振东闸岸段由于岸滩冲刷严重，岸滩均为人工海堤控制。振东闸至南八滩闸岸段，1984—2000 年的岸滩平均坡度相对较缓，坡度变化范围为 3.7‰ ~ 5.1‰，但是到了 2008 年，平均坡度快速增加至 9.5‰，断面最大坡度 14.4‰，可见该岸段水动力强，岸滩冲刷后退，导致近岸出现陡坎，坡度加大。南八滩闸附近断面的平均坡度近年来在 4.3‰ ~ 8.1‰ 之间振荡，平均坡度 5.9‰，坡度变化与该岸段的盐养围堤修建与冲毁变化有关，影响了断面泥沙的淤积状态。南八滩闸以南至双洋河口岸段，多年平均坡度从 5.9‰ 下降至扁担河口的 3.4‰，再下降至双洋河口的 2.0‰，岸段平均坡度重新开始变缓。

双洋河口至射阳河口岸段长期以来岸滩平均坡度变化不大，基本维持在 2.0‰ ~ 2.2‰。射阳河口在 2000—2008 年岸滩有变陡的趋势，岸滩坡度从 3.0‰ 增加至 3.7‰，但是在射阳河口双导堤治导工程建设以后，河口拦门沙冲刷，在河口两侧岸滩有所淤积，河口北侧岸滩的平均坡度重新变缓至 1.1‰。

3）辐射沙脊群岸段

辐射沙脊群属于典型的淤长岸段，岸滩平坦，坡度较小，多年平均坡度在 1‰ 左右。但是可以明显看到在 2000 年以后，射阳河口至川东港口岸段的平均坡度有增大趋势，如图 7.26 所示。据统计，该岸段 1984 年、1992 年的整体平均坡度分别为 0.6‰ 和 0.7‰，但是到 2000 年、2008 年和 2016 年，岸滩整体平均坡度分别增加至 1.2‰、1.5‰ 和 1.8‰，这与该岸段滩涂资源开发后的岸滩淤积规律发生变化有关。川东港以南至东凌港口岸段坡度最为稳定，岸滩平缓，多年平均坡度约为 0.8‰，是辐射沙脊群区域岸滩平均坡度最平缓的区域。在东灶港至蒿枝港岸段，岸滩坡度开始增加，其中东灶河口的平均坡度为 1.0‰，蒿枝港口为 1.5‰。

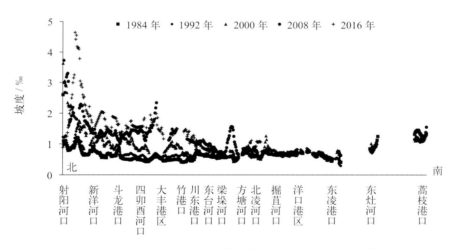

图 7.26　1984—2016 年辐射沙脊群岸段岸滩坡度变化情况

4）长江口北侧岸段

图 7.27 显示了 1984—2016 年长江口北侧岸段的岸滩坡度变化情况。长江口北侧岸段位于启东市，和辐射沙脊群岸段相比，岸滩整体平均坡度由辐射沙脊群岸段的 1.0‰ 增加至长江口北侧岸段的 2.3‰，岸滩坡度稍有变陡。从岸段自身的坡度变化特征来看，从蒿枝港口到兴垦垦区，岸滩坡度由缓逐渐变陡，从 1.5‰ 增加至 3.4‰；而后继续变缓，下降至 2.0‰。坡度最陡的区域位于塘芦港口至协兴河口之间，该岸段由于区域用海建设，人工海堤匡围后岸滩缩窄，坡度变大。

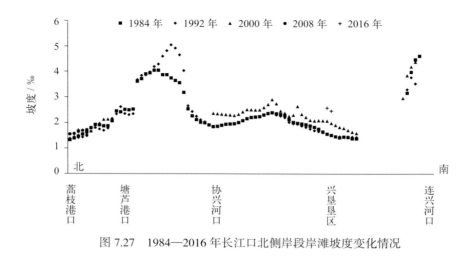

图 7.27 1984—2016 年长江口北侧岸段岸滩坡度变化情况

表 7.6 列出了江苏省主要岸段节点所在断面 1984—2016 年的岸滩坡度变化的具体统计结果。

表 7.6 江苏省不同岸段平均坡度变化（‰）

岸段位置	年份					平均
	1984	1992	2000	2008	2016	
柘汪河口	2.2	2.3	2.7	2.4	2.4	2.4
龙王河口	4.0	4.4	4.6	4.7	4.7	4.5
临洪河口	1.7	1.3	1.4	1.3	1.1	1.4
临洪河口—西墅	1.8	1.7	1.7	1.5	1.5	1.6
埒子口	1.2	1.5	1.9	1.7	2.7	1.8
灌河口	1.7	1.4	1.5	1.9	1.4	1.6
灌河口—中山河口	1.6	1.2	1.4	2.0	2.3	1.7
中山河口	1.5	1.4	1.5	2.0	3.2	1.9
废黄河口	—	3.5	—	—	8.2	5.8
振东闸—南八滩闸	3.7	5.1	4.1	9.5	6.1	5.7
南八滩闸	4.6	6.3	4.3	8.1	6.1	5.9
扁担河口	2.1	3.8	—	—	4.2	3.4
双洋河口	1.8	1.7	2.0	2.2	2.1	2.0
双洋河口—射阳河口	1.4	1.7	2.4	2.2	2.3	2.0
射阳河口	1.7	1.3	3	3.7	1.1	2.2
新洋河口	0.8	0.8	1.0	1.4	1.5	1.1
盐城丹顶鹤保护区	0.6	0.7	1.0	1.3	1.7	1.1

续表

岸段位置	年份					平均
	1984	1992	2000	2008	2016	
斗龙港口	0.7	0.8	1.2	1.1	1.3	1.0
大丰港	0.5	0.6	0.8	2.3	1.5	1.2
川东港口	0.5	0.6	0.6	1.1	1.2	0.8
大丰麋鹿保护区	0.5	0.6	0.8	1.1	1.1	0.8
方塘河口	0.7	0.7	0.9	0.8	0.7	0.8
掘苴河口	0.7	0.6	0.7	0.6	—	0.7
东凌港口	—	—	—	0.8	0.8	0.8
东灶河口	1.0	0.9	0.9	—	—	1.0
蒿枝港口	1.5	1.4	1.5	1.7	1.7	1.5
塘芦港口—协兴河口	3.1	3.6	—	—	—	3.4
协兴河口—兴垦垦区	1.9	1.7	2.2	—	—	2.0

"—"表示该年度该岸段位置没有合适的资料做坡度推算。

7.4.2 平均大潮低潮线变化

7.4.2.1 平均大潮低潮线整体变化

相对于平均大潮高潮线而言，平均大潮低潮线位于潮间带下部，不受人工岸线的直接影响，而且部分海岸的潮间带侵蚀是从潮间带下部开始的，因此对平均大潮低潮线的变化分析有助于全面了解海岸带实际的冲淤状态。

平均大潮低潮线的推算同样是在假设潮间带断面坡度大致均一的基础上。基于分割线推算各时段的平均大潮低潮线，对其离散点进行距离变化统计，结果如图 7.28 所示。

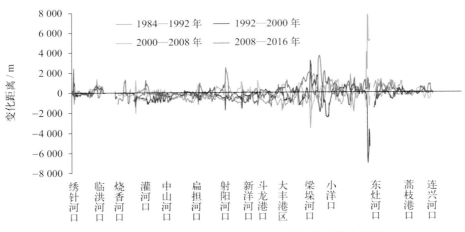

图 7.28 江苏省沿海不同年份平均大潮低潮线冲淤变化距离

　　平均大潮低潮线变化幅度最大的地区位于辐射沙脊群内缘区和腰沙地区，这两个地区的共同特点是大型潮汐汊道摆动明显，导致在岸段的相同位置冲刷与淤长交替发生，从而引起平均大潮低潮线位置发生变化。据统计，1984—1992 年、1992—2000 年腰沙地区的小庙洪水道摆动，造成平均大潮低潮线发生大幅度的变化，距离变化的最大值超过 7 000 m。而其余岸段在各时段的平均大潮低潮线变化距离均小于 2 000 m。

　　图 7.29 显示了 1984—2016 年平均大潮低潮线和海岸线变化距离的对比。从平均大潮低潮线的历年变化来看，淤长占优势的区域有临洪河口地区、梁垛河口至腰沙地区以及蒿枝港至连兴河口。冲刷占优势的地区有两段，一段是埒子口至扁担河口岸段，该岸段的平均大潮低潮线变化趋势与海岸线变化趋势一致；另一段是扁担河口至东台河口地区，该岸段平均大潮低潮线与海岸线的变化情况不同，这是由于 2000 年以后该岸段高强度的滩涂围垦和围填海开发活动使得海岸线快速向海推进，部分岸段的人类活动直接延伸到潮间带中上部，改变了潮滩地形和水动力条件，该岸段实际应处于轻微的冲刷环境中。总体来看，江苏省冲刷占优势的岸段长度大于淤长占优势的岸段，平均大潮低潮线的平均冲刷后退距离也大于向海推进距离，因此基于平均大潮低潮线的变化来分析，江苏省的潮间带下部有冲刷后退的趋势。

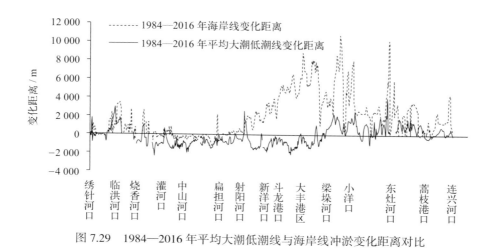

图 7.29　1984—2016 年平均大潮低潮线与海岸线冲淤变化距离对比

7.4.2.2　潮间带下部面积变化

　　将平均大潮低潮线变迁引起的潮间带面积变化与海岸线变迁引起的陆地面积变化进行对比，对比结果如图 7.30 所示。从长时间尺度来看，由于人类活动的影响，江苏省海岸线的侵蚀岸段主要分布在烧香河口至射阳河口之间的废黄河三角洲岸段。而通过平均大潮低潮线监测发现，潮间带下部的侵蚀不仅包括烧香河口至射阳河口之间的废黄河三角洲岸段，还包括绣针河口至龙王河口的砂质海岸、射阳河口至梁垛河口的辐射沙洲北翼岸段以及蒿枝港至协兴河口的长江口北侧岸段。但是从面积变化对比来看，由平均大潮低潮线向海推进引起的潮间带下部淤长面积为 22 958 hm²，由向陆后退引起的潮间带下部冲刷面积为 22 278 hm²，面积小幅增加 680 hm²，因此可见潮间带下部整体还处于轻微淤长状态，只是该淤长面积远小于由海岸线位置变化引起的全省沿海陆地面积增加量 12.01×10^4 hm²。

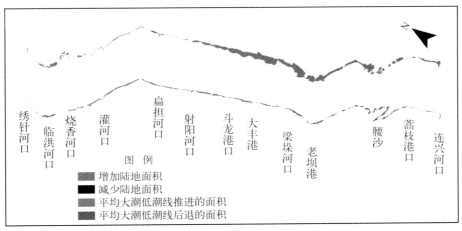

图 7.30　1984—2016 年海岸线及平均大潮低潮线变迁引起的面积变化对比

7.4.3　潮间带面积变化

　　潮间带为海岸线、平均大潮低潮线以及海上行政分界线围成的带状区域，据此生成江苏省 1984 年、1992 年、2000 年、2008 年、2016 年潮间带空间分布如图 7.31 所示，潮间带面积统计如表 7.7 所示。由于海岸线的大幅向海推进以及潮间带下部的轻微淤长，江苏省的潮间带面积呈逐年下降的趋势。1984 年全省潮间带面积为 2 717.47 km²，2016 年下降至 1 634.35 km²，减少了 1 083.12 km²，减少比例接近 40%，年平均减少 1.63%。

表 7.7　江苏省及沿海三市潮间带面积统计

地区	潮间带面积（km²）					年均增幅（%）
	1984 年	1992 年	2000 年	2008 年	2016 年	
连云港市	182.50	185.54	175.55	164.93	116.11	−1.45
盐城市	1 378.59	1 205.32	946.55	784.47	719.04	−2.08
南通市	1 156.38	1 222.53	1 115.12	1 039.53	799.20	−1.18
江苏省	2 717.47	2 613.39	2 237.22	1 918.93	1 634.35	−1.63

　　从沿海三市来看，潮间带面积均有不同程度的减少。其中，连云港市除了在 1992 年由于临洪河口南侧的潮滩淤长，导致全市潮间带面积小幅增加以外，总体以下降为主，由 1984 年的 182.50 km² 下降至 2016 年的 116.11 km²，潮间带面积合计减少 66.39 km²，年均减少 1.45%。盐城市潮间带面积减少幅度最大，2016 年的潮间带面积为 719.04 km²，从 1984 年以来，已经累计减少 659.55 km²，年均下降 2.08%。南通市潮间带面积在 1992 年小幅增加，来源于同期自然岸滩的快速淤长，此后由于滩涂围垦力度加大，潮间带面积减少，特别在 2008—2016 年表现出明显下降的趋势，2016 年潮间带面积为 799.20 km²，自 1984 年以来累计减少 357.18 km²，年均下降 1.18%。

　　图 7.32 显示了江苏省沿海三市的潮间带面积对比，可以看到江苏省潮间带资源主要分布在盐城市和南通市。相比于盐城市和南通市而言，连云港市由于砂质岸线和基岩岸线较长，岸滩坡度较陡，潮间带资源较少。1984 年连云港市、盐城市、南通市的潮间带面积比例约为

7：51：42，盐城市的潮间带面积占全省的一半。到2016年，三市的潮间带面积比例变为7：44：49，盐城市的潮间带面积比例减小，南通市的潮间带面积比例增加，这与盐城市的滩涂围垦开发强度持续加大有关。

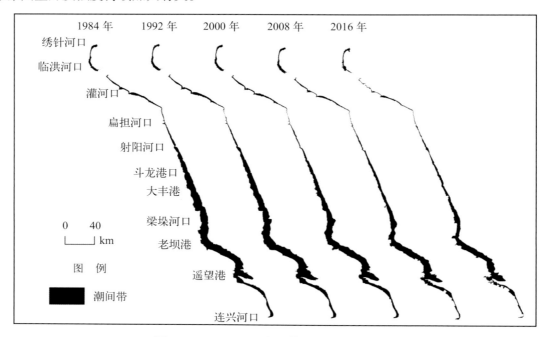

图 7.31　1984—2016 年江苏省潮间带空间分布

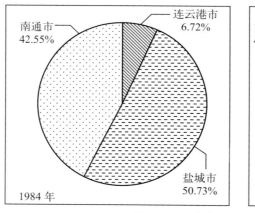
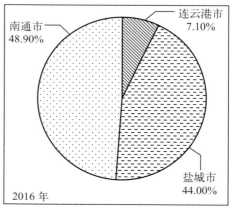

图 7.32　江苏省沿海三市潮间带面积对比

7.4.4　潮间带宽度变化

　　表 7.8 统计了沿海市、县、区根据潮间带面积和海岸线长度计算的潮间带岸滩平均宽度情况，图 7.33 显示了各市、县、区不同年份的潮间带宽度对比。

　　从多年的潮间带宽度对比看，全省沿海各县、市、区的潮间带宽度均表现出不同程度的缩短。赣榆区至滨海县、启东市的潮间带宽度变化相对较小，1984—2016 年的潮间带宽度缩短距离为 80 ～ 930 m，这与该区域岸线以稳定 - 微冲刷特性相关。而在射阳县到海门市岸段，潮间带宽度缩短距离都很大，1984—2016 年的平均缩短距离接近 3 200 m。其中，大丰区和通州湾示范区潮间带平均宽度分别减少了 5 898 m 和 6 220 m，变化最为剧烈。该岸段虽然以淤长为主，但是由于滩涂围垦强度大，反而导致潮间带宽度大幅缩短。

表 7.8　江苏省沿海市、县、区潮间带平均宽度

地区		潮间带宽度（m）					年均增幅（%）
		1984 年	1992 年	2000 年	2008 年	2016 年	
连云港市	赣榆区	2 127.32	2 110.68	2 119.44	2 164.91	2 047.84	-0.12
	连云区	1 728.60	1 783.82	1 748.76	1 587.41	800.25	-2.45
	灌云县	2 042.72	2 199.34	1 776.50	1 358.11	1 117.86	-1.93
	平均	1 938.58	1 983.20	1 898.41	1 773.57	1 348.88	-1.16
盐城市	响水县	2 563.89	2 745.71	2 128.89	1 859.89	2 285.45	-0.37
	滨海县	1 250.22	916.56	793.45	713.90	789.97	-1.47
	射阳县	3 017.42	2 561.65	1 668.38	1 569.53	1 522.75	-2.18
	大丰区	8 993.87	7 464.25	5 372.59	3 551.28	3 095.53	-3.38
	东台市	10 260.27	9 805.33	8 748.91	6 872.86	7 472.10	-1.02
	平均	5 518.44	4 826.48	3 732.00	3 067.55	2 947.28	-2.00
南通市	海安县	11 155.66	12 101.61	9 900.83	11 406.64	8 569.05	-0.85
	如东县	10 233.51	10 421.57	9 372.98	9 074.43	8 119.51	-0.74
	通州湾示范区	7 220.83	8 000.42	5 990.76	4 732.00	1 000.32	-6.18
	海门市	4 854.78	5 456.48	4 819.30	4 732.12	3 122.85	-1.41
	启东市	3 193.79	3 462.44	3 333.52	2 665.86	2 593.07	-0.67
	平均	6 237.44	6 496.51	5 946.76	5 523.88	5 170.89	-0.60

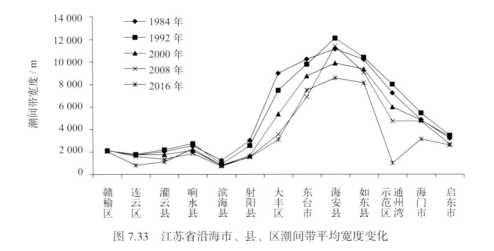

图 7.33　江苏省沿海市、县、区潮间带平均宽度变化

7.4.5　人工岸线建设面积变化

将相邻年份人工岸线围成的面积进行统计，分析人工建设增加的区域面积，以及由于侵蚀或者岸线治理导致的人工建设减少的面积，面积统计结果如表 7.9 所示，面积变化如图 7.34 所示。

表 7.9　人工建设导致的陆地面积变化统计　　　　　　　　　　（单位：hm²）

时间段	连云港市		盐城市		南通市		江苏省	
	面积增加	面积减少	面积增加	面积减少	面积增加	面积减少	面积增加	面积减少
1984—1992 年	1 563	46	12 655	292	1 317	0	15 534	338
1992—2000 年	2 022	261	36 604	397	4 134	0	42 760	658
2000—2008 年	1 619	103	31 875	865	19 402	0	52 897	968
2008—2016 年	5 455	228	13 577	303	23 835	0	42 868	531
1984—2016 年	10 185	164	94 011	1 157	48 688	0	152 885	1 321

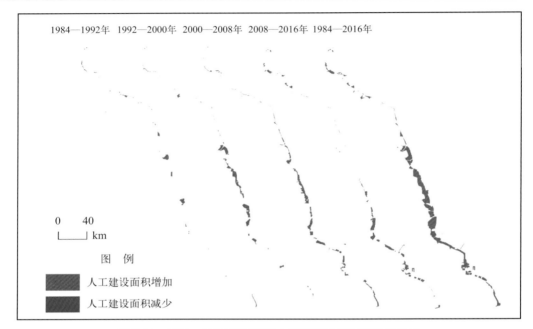

图 7.34　1984—2016 年江苏省人工岸线建设面积变化对比

1984—2016 年，江苏省的人工建设面积总体保持较高的增长速度。同时由于岸线整治修复，以及大量达标海堤的建设，人工建设被侵蚀的现象不断减少。

连云港市在 2008—2016 年增加人工建设面积最多，达 5 455 hm²，主要包括了临洪河口南侧新增的围填海工程以及连云港港的赣榆港区、连云港区和徐圩港区建设。1992—2000 年人工建设面积的减少主要发生在两处，一是绣针河口至临洪河口岸段的部分围垦区被侵蚀或荒废，二是埒子口南侧的围垦滩涂被侵蚀。2000—2016 年面积减少是因为临洪河口的河道治理，清理了河口地区的养殖塘。

盐城市在 1992—2008 年由于沿海地区进行了大量的高涂围海养殖开发活动，人工建设面积增长最快。2008—2016 年人工建设面积的增加主要是由于条子泥垦区及大丰港港区的建设。人工建设面积减少的区域主要发生在废黄河三角洲地区，2000—2008 年废黄河口至扁担河口之间有近 500 hm² 的养殖围垦区被侵蚀，是导致该时段人工建设面积减少的主要原因。

南通市在 1984—2016 年人工建设面积增长速度不断加快，面积快速增加，到 2016 年整个沿海地区几乎全部布局有围填海工程，其中主要包括了腰沙地区的通州湾建设，南通港洋口港区、海门港区和吕四港区的港口建设，以及多个沿海工业园区的开发建设。

7.4.6 人工岸线建设面积与陆地面积变化对比

在海岸线的变化统计中发现，大部分自然岸线的向海推进都受到人工建设向海推进的影响（主要分布在盐城市射阳河口至梁垛河口），人工围垦很容易影响潮上带及潮间带上部的地形，改变泥沙淤积的动力环境，使得平均大潮高潮线向海推进。因此，人工海岸的向海推进与海岸线的向海推进具有一定的相关性。图7.35显示了1984—2016年由海岸线变迁引起的陆地面积变化与人工海岸建设引起的面积变化的对比，表7.10统计了对应的面积变化大小。

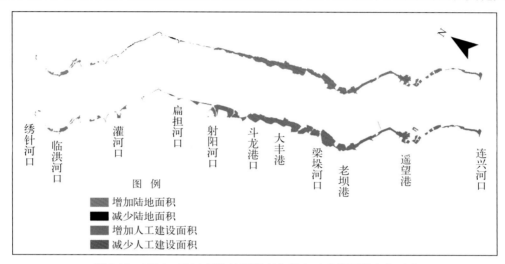

图 7.35 1984—2016 年陆地面积变化及人工建设面积变化对比

表 7.10 1984—2016 年净增加的陆地面积和人工建设面积　　　　　　　　（单位：hm²）

	连云港市	盐城市	南通市	江苏省
净增加陆地面积	6 261	73 089	40 755	120 736
净增加人工建设面积	10 005	90 853	50 293	151 151

根据两者的相关性可以看出，全省海岸线的向海推进主要原因是人工建设，即使在自然岸线分布较多的江苏省中部，陆地面积的增长速度也低于人工建设面积的增长速度。可见，海岸线中自然岸线的淤长速率，并不是完全受自然条件控制，在很大程度上也受人工岸线建设的影响。

7.5 岸线岸滩总体变化特征

根据1984—2016年的卫星遥感监测，江苏省岸线岸滩冲淤动态变化情况如下。

（1）海岸线长度不断增加。由于滩涂围垦以及重点区域建设用海内的工程建设，增加了大量的人工岸线，大陆海岸线长度在1984—2016年增幅29.27%，海岸线长度增加最快的区域在南通市。

（2）岸滩淤长和蚀退具有分段性特征。从长时间尺度看，江苏省岸滩整体以向海推进为主，主要原因是有规划的滩涂围垦。从空间分布来看，以灌河口、双洋河口为界，灌河口以北至绣针河口岸段以向海推进为主，灌河口至双洋河口岸段冲刷后退，双洋河口以南至连兴河口岸段整体向海推进。

（3）淤长岸段长度缩短，平均淤长速率下降。1992—2000年全省淤长岸段273.9 km，平均淤长速率126.26 m/a；2008—2016年，全省淤长岸段110.17 km，平均淤长速率下降至27.98 m/a。近年来，淤长岸段主要集中在辐射沙洲北翼的射阳河口至川东港南岸段。

（4）冲刷岸段长度与平均冲刷速率呈增大—减小—增大的振荡趋势。冲刷岸段主要位于废黄河三角洲地区。由于加大围海养殖，修建低标准海堤，灌河口至扁担河口岸段在1992—2008年冲刷得到一定程度的抑制，但是2008—2016年冲刷逐渐加剧，冲刷岸段长71.77 km，平均冲刷后退速率16.31 m/a。近年来，冲刷岸段重点分布于滨海县振东闸至射阳县双洋河口南岸段。

（5）沿海陆地面积总体增加。由于岸滩淤长和围垦开发，江苏省沿海陆地面积增加 12.32×10^4 hm²；由于岸滩冲刷，陆地面积减少3 171 hm²，全省沿海陆地面积合计增加 12.01×10^4 hm²。

（6）潮间带面积逐年减少，滩涂空间资源下降。由于海岸线大幅向海推进以及潮间带下部（重点在大丰—东台岸段）的轻微冲刷，江苏省的潮间带面积逐年下降，由1984年的2 717.47 km² 下降至2016年的1 634.35 km²，减少比例接近40%。

（7）潮间带平均宽度逐渐缩短，坡度逐渐陡化。由于潮间带面积减少，全省沿海各县、市、区的潮间带宽度均表现出不同程度的缩短。2016年潮间带宽度最宽的是东台市、海安县和如东县，分别为7.5 km、8.6 km和8.1 km。与1984年相比，江苏省沿海岸滩平均宽度缩短了近3 km。

7.6 本章小结

本章重点介绍了江苏省海岸线和岸滩资源的长时间尺度下的时空动态变化特征。1984—2016年，以8年为时间间隔划分时间段，按照江苏省全省、沿海三市、沿海市－县－区的三级行政区域进行空间划分，以及按照地貌单元对岸段进行空间划分，分析了不同时空尺度下的海岸线长度变化、海岸线冲淤速率变化以及海岸线冲淤引起的陆地面积变化，利用面积法分析了岸滩冲淤变化动态，统计了岸滩平均坡度变化、潮间带面积变化和平均宽度变化。

第 8 章　江苏省现状岸线岸滩时空动态变化

　　了解江苏省现状海岸线的变迁特征、岸滩的冲淤动态以及植被岸线的进退，有助于掌握江苏省岸线岸滩的最新变化规律与变化趋势。因此，以覆盖江苏省沿海的高分辨率卫星遥感影像数据为主、中低分辨率卫星遥感影像数据为辅，提取了 2014—2015 年的江苏省植被岸线和人工岸线，推算并合成了 2014—2015 年的江苏省大陆海岸线，结合历史岸线反演中得到的 2016 年江苏省大陆海岸线，综合分析了江苏省现状岸线岸滩的时空动态变化。

8.1　海岸线分布与组成

8.1.1　海岸线分布

8.1.1.1　海岸线一级分类分布

　　2014 年、2015 年的江苏省海岸线一级分类分布如图 8.1、图 8.2 所示。总体上，江苏省的现状海岸线以人工岸线为主，自 2000 年以来，由于持续的海岸带开发利用，人工岸线长度开始超过自然岸线。沿海岸可见漫长的道路海堤岸线和盐养围堤岸线连续分布，自然岸线间断分布在人工岸线之间。

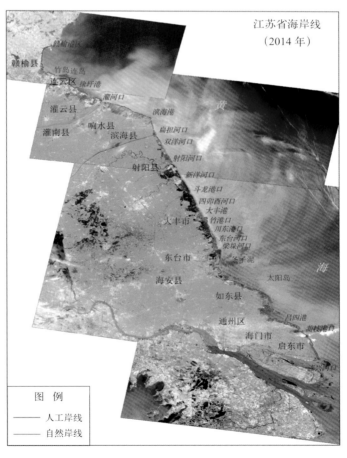

图 8.1　2014 年江苏省海岸线一级分类分布

图 8.2　2015 年江苏省海岸线一级分类分布

8.1.1.2　海岸线二级分类分布

对海岸线一级分类按照遥感解译标志和海岸带属性进一步细分，得到江苏省沿海三市的海岸线二级分类分布图，如图 8.3、图 8.4 和图 8.5 所示。

连云港市的自然岸线类型丰富，其中砂质岸线断续分布在赣榆区的柘汪河口—木套河口岸段以及韩口河口—龙王河口岸段；基岩岸线分布在连云区的西墅至北固山岸段；整治修复的人工海滩岸线位于西墅的人工沙滩和北固山东南侧的人工沙滩；此外，在兴庄河口、临洪河口、埒子口和灌河口附近有自然恢复的自然岸线。由于连云港市沿海潮流动力作用强，自然状态下砂质海岸和粉砂淤泥质海岸受到冲刷，全市范围内大量建设人工达标海堤，因此，连云港市的人工岸线中，道路海堤岸线比重最大。港口码头岸线是第二种主要的人工岸线类型，主要分布在连云港港的连云港区和徐圩港区。兴庄河口—临洪河口淤泥质岸段的高涂围海养殖开发，使得该岸段成为盐养围堤岸线的主要分布岸段。

盐城市的海岸线以自然岸线为主。自然岸线中，大部分为自然恢复的自然岸线，主要分布在灌河口南侧、中山河口两侧、大丰港北、双洋河口—新洋河口岸段、东台河口—梁垛河口岸段以及方塘河口两侧，少部分为自然淤泥质岸线，位于新洋河口至斗龙港的盐城湿地珍禽国家级自然保护区核心区岸段以及川东港两侧的大丰麋鹿国家级自然保护区岸段。人工岸线的分布与冲刷岸段的海岸带整治修复以及淤长滩涂的人工开发有关。射阳河口以北的海岸位于废黄河三角洲冲积平原，岸线向海凸出，中间高，两翼低，波浪能在此聚集，岸线冲刷严重，修建了大量的人工海堤，形成了漫长的道路海堤岸线。射阳河口以南，受岸外辐射沙脊群掩庇的区域潮滩宽平，向海淤长，近年来进行了大量的高涂围海养殖开发，形成了部分低标准的盐养围堤岸线，间断分布在斗龙港—川东港岸段。而大丰区南部至东台市的部分岸段，在围海养殖区外围修建了多段顺直的高标准达标海堤，因此虽然内部功能为围海养殖，但是形成的人工岸线类型认定为道路海堤岸线。港口码头岸线主要分布在大丰港区、射阳港区和滨海港区。

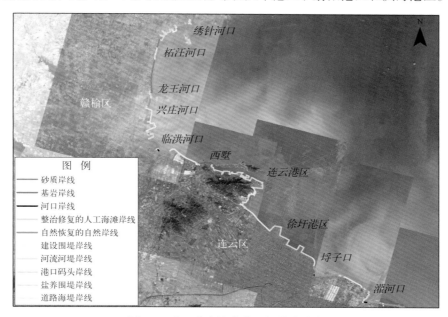

图 8.3 连云港市海岸线二级分类分布

（a）灌河口—射阳河口岸段

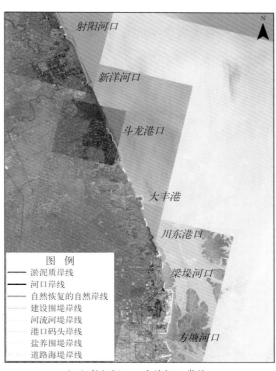

（b）射阳河口—方塘河口岸段

图 8.4 盐城市海岸线二级分类分布

南通市的自然岸线为自然恢复的自然岸线，主要分布在北凌河口—小洋口岸段、掘苴河口岸段以及洋口港南侧—东凌港北侧岸段。此外，在东凌港口南侧、通州湾北侧、蒿枝港口南侧、塘芦港口两侧有零星的自然岸线存在。南通市沿海可见连续分布的道路海堤岸线，主要分布在如东县的小洋口—洋口港岸段以及启东市的蒿枝港—连兴河口岸段。建设围堤岸线重点分布在东凌港口—海门港岸段。港口码头岸线主要分布在蒿枝港北岸段。盐养围堤岸线重点分布在通州湾北侧滩涂。

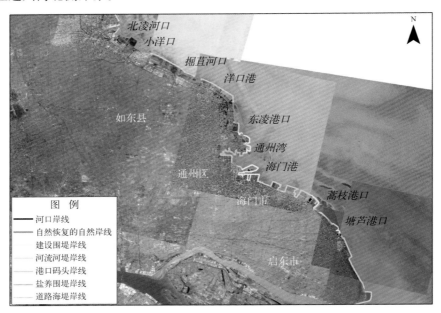

图 8.5 南通市海岸线二级分类分布

8.1.2 海岸线组成

2016 年的江苏省大陆海岸线中，不同类型的自然岸线占比如图 8.6 所示。在所有类型的自然岸线中，自然恢复的自然岸线最长，占全省自然岸线的 78%，这部分自然岸线主要分布于粉砂淤泥质海岸，在已有的道路海堤岸线、盐养围堤岸线等人工岸线外侧，淤泥质滩涂持续向海淤长，互花米草、芦苇等植被在滩面上生长和扩张，岸滩重新恢复了原有的自然岸线形态与功能。其次是淤泥质岸线，占 13.58%，主要分布在大型入海河口两侧以及辐射沙脊群北翼岸段。基岩岸线和砂质岸线分布在海州湾岸段，分别占 0.98% 和 4.36%。河口岸线占 2.39%。整治修复的人工海滩岸线占 0.69%。

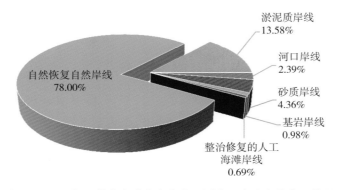

图 8.6 2016 年江苏省大陆海岸线中不同类型自然岸线占比情况

2016 年的江苏省大陆海岸线中，不同类型的人工岸线占比如图 8.7 所示，道路海堤岸线、盐养围堤岸线、港口码头岸线、建设围堤岸线和河流河堤岸线的长度比约为 45 : 18 : 18 : 13 : 6。江苏省现有的 5 种类型人工岸线以道路海堤岸线为主。在沿海三市中，连云港市的道路海堤岸线、盐养围堤岸线、港口码头岸线、建设围堤岸线和河流河堤岸线的长度比约为 38 : 11 : 36 : 4 : 11，全市的人工岸线以道路海堤岸线和港口码头岸线为主，合计占比达 74%。盐城市的道路海堤岸线、盐养围堤岸线、港口码头岸线、建设围堤岸线和河流河堤岸线的长度比约为 50 : 32 : 7 : 3 : 8，全市的人工岸线以道路海堤岸线和盐养围堤岸线为主，两者合计占比达 82%。南通市的道路海堤岸线、盐养围堤岸线、港口码头岸线、建设围堤岸线和河流河堤岸线的长度比约为 47 : 14 : 12 : 25 : 2，全市的人工岸线以道路海堤岸线和建设围堤岸线为主，合计占比超过 70%。

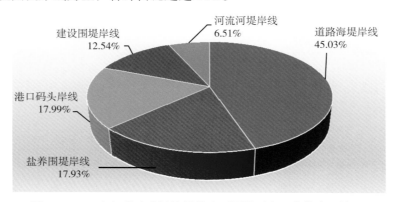

图 8.7 2016 年江苏省大陆海岸线中不同类型人工岸线占比情况

8.2 海岸线变迁动态

利用基线法，以 500 m 为间隔，对连云港市和南通市 2014—2016 年的海岸线、盐城市 2010—2016 年的海岸线按岸滩坡度方向进行分割处理，计算岸线之间的变化距离，分析和统计海岸线变迁特征，将岸线冲淤类型归并为侵蚀岸线、淤长岸线和稳定岸线三类，分析岸段的冲淤速率。

8.2.1 江苏省及沿海三市海岸线变迁特征

表 8.1 列出了江苏省及沿海三市海岸线总体冲淤变化状况。可以看到，近年来江苏省海岸线以稳定岸线为主，稳定岸线长度为 721.58 km 占全省海岸线的 89.47%；侵蚀岸线 59.43 km，占 7.37%；淤长岸线 25.53 km，占 3.16%。稳定岸线岸段中，人工岸线岸段 547.57 km，占 75.88%。沿海三市稳定岸线比例相近，连云港市、盐城市和南通市分别占 30.22%、32.71% 和 37.07%。

表 8.1 江苏省及沿海三市海岸线冲淤变化情况

地区	淤长岸线长度 (km)	比例 (%)	平均淤长速率 (m/a)	侵蚀岸线长度 (km)	比例 (%)	平均冲刷速率 (m/a)	稳定岸线长度 (km)	比例 (%)
连云港市	2.68	1.21	35.46	0.55	0.25	−22.66	218.04	98.54
盐城市	19.06	6.14	100.70	55.23	17.80	−127.11	236.04	76.06
南通市	3.79	1.38	69.50	3.65	1.33	−50.13	267.50	97.29

淤长岸段主要分布在连云港市的绣针河口南侧岸段，盐城市的四卯西河口至大丰港北岸段和川东港两侧岸段，南通市的辐射沙洲腰沙北部区域。连云港市、盐城市和南通市的淤长岸线比例分别为 10.50%、74.66% 和 14.85%，如图 8.8 所示，可见江苏省的淤长岸段主要集中在中部海岸的盐城市。

侵蚀岸段重点分布在盐城市的射阳河口至斗龙港区域。此外，通州湾、海州湾临洪河口南侧也有局部岸段发生侵蚀。连云港市、盐城市和南通市的侵蚀岸线比例分别为 0.93%、92.93% 和 6.14%，如图 8.9 所示。

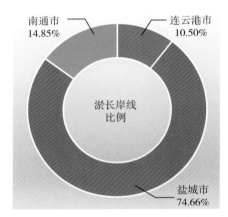

图 8.8　沿海三市淤长岸线对比

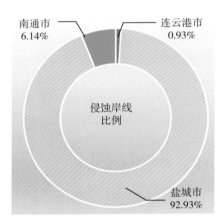

图 8.9　沿海三市侵蚀岸线对比

8.2.2　沿海市、县、区海岸线变迁特征

8.2.2.1　连云港市

表 8.2 列出了连云港市赣榆区、连云区和灌云县 2014—2016 年的海岸线总体冲淤变化情况。

表 8.2　连云港市 2014—2016 年海岸线总体冲淤变化情况

地区	淤长岸线长度 (km)	比例 (%)	平均淤长速率 (m/a)	侵蚀岸线长度 (km)	比例 (%)	平均冲刷速率 (m/a)	稳定岸线长度 (km)	比例 (%)
赣榆区	2.68	3.97	45.22	—	—	—	64.90	96.03
连云区	—	—	—	0.55	0.42	−51.67	130.26	99.58
灌云县	—	—	—	—	—	—	22.88	100
合计	2.68			0.55			218.04	

"—"表示该地区没有对应类型的岸线，因此不统计岸线长度、比例及冲淤速率。

连云港市的海岸线以稳定岸线为主，赣榆区、连云区和灌云县的稳定岸线长度分别为 64.9 km、130.26 km 和 22.88 km，占行政区的海岸线长度比例均超过 95%，这部分岸段主要是连云港市的基岩岸线岸段、砂质岸线岸段和人工岸线岸段。侵蚀岸线位于赣榆区和连云区，长度 0.55 km，重点分布在龙王河口南侧潮滩和临洪河口南侧潮滩，平均侵蚀速率达到 51.67 m/a。淤长岸线位于赣榆区，长度 2.68 km，主要分布在赣榆区的赣榆港区引堤根部附近的岸段，由于港区引堤的庇护，该岸段水动力减弱，岸滩有轻微淤长趋势，平均淤长速率 45.22 m/a。此外，在临洪河口以及埒子口也有少量岸滩淤长。可以看到临洪河口表现出北侧淤积、南侧冲刷的特征。

根据海岸线的变化特点，在连云港市选择了两个典型区进行重点分析，位置如图 8.10 所示，对应的岸线冲淤变化情况统计如表 8.3 所示。

表 8.3 连云港市典型区域岸线冲淤变化情况

区域位置	岸线长度 (km)	变化速率 (m/a)	最大变化距离 (m)	变化类型
绣针河口南	1.926	66.81	256.87	淤长
青口河口南—临洪河口北	4.136	−9.80	−303.40	冲刷

图 8.10 连云港市典型区域冲淤变化状况
①绣针河口南；②青口河口南—临洪河口北

　　1号区域位于通海大道以南的秦河村沿海外侧滩涂，滩涂有紫菜养殖筏架分布，岸滩有向海淤长趋势，淤长岸段长 1.926 km，平均淤长速率 66.81 m/a，如图 8.11(a) 所示。2 号区域位于青口河口南—临洪河口北，冲刷岸线长 4.136 km。该岸段的淤泥质潮滩能明显看到植被分布，植被一部分向海扩张，一部分向陆收缩，表现出振荡变化的特征，总体上岸滩年平均向陆小幅后退 9.8 m，最大冲刷距离 303.40 m，位于临洪河口南侧湿地，如图 8.11(b) 所示。

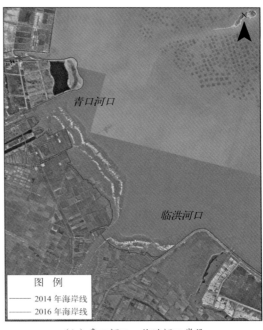

（a）绣针河口—柘汪河口岸段　　　　　　（b）青口河口—临洪河口岸段

图 8.11 连云港市典型区域岸线冲淤变化位置

8.2.2.2 盐城市

表8.4列出了盐城市各市、县、区2010—2016年的海岸线总体冲淤变化情况。总体来看，盐城市以稳定岸线为主，稳定岸线长度占全市岸线长度的76.06%，其中响水县和东台市均为稳定岸线，滨海县、射阳县和大丰区的稳定岸线分别占本行政区岸线的93.28%、66.76%和45.99%。淤长岸段分布在大丰区，长度19.06 km，重点分布在四卯酉河口—大丰港北岸段以及川东港口两侧岸段，平均淤长速率149.85 m/a。侵蚀岸段长55.23 km，分布在滨海县、射阳县和大丰区，分别有3.59 km、23.34 km和28.29 km，占比6.5%、42.27%和51.23%。2010—2016年，大丰区同时有侵蚀岸线和淤长岸线存在，并且有侵蚀和淤积转换过渡特征，因此可以判断，江苏省海岸线的蚀淤转换节点位于大丰区，大致位于斗龙港南侧。

表8.4 盐城市2010—2016年海岸线总体冲淤变化情况

地区	淤长岸线长度(km)	比例(%)	平均淤长速率(m/a)	侵蚀岸线长度(km)	比例(%)	平均冲刷速率(m/a)	稳定岸线长度(km)	比例(%)
响水县	—	—	—	—	—	—	33.06	100
滨海县	—	—	—	3.59	6.72	−13.67	49.93	93.28
射阳县	—	—	—	23.34	33.24	−82.75	46.87	66.76
大丰区	19.06	21.74	149.85	28.29	32.27	−209.69	40.32	45.99
东台市	—	—	—	—	—	—	65.87	100

"—"表示该地区没有对应类型的岸线，因此不统计岸线长度、比例及冲淤速率。

根据2010—2016年海岸线的变化特点，在盐城市选择了4个典型区进行重点分析，对应的岸线冲淤变化情况统计如表8.5所示，位置如图8.12所示。

表8.5 盐城市典型区域岸线冲淤变化情况

区域位置	岸线长度（km）	变化速率（m/a）	最大变化距离（m）	变化类型
中山河口—扁担河口	41.816	−21.15	−472.52	冲刷
双洋河口—运粮河口	12.075	−31.68	−436.80	冲刷
新洋河口—斗龙港	20.513	−110.71	−957.39	冲刷
川东港	11.301	48.37	559.97	淤长

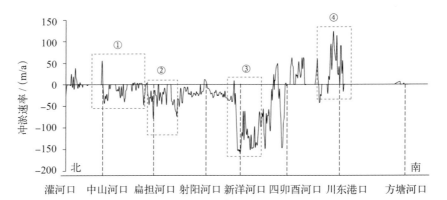

图8.12 盐城市典型区域冲淤变化状况

①中山河口—扁担河口；②双洋河口—运粮河口；③新洋河口—斗龙港；④川东港

　　1号区域位于中山河口至扁担河口。从2010—2016年的海岸线变化对比来看，该岸段岸线整体后退，表现出较强的冲刷特征。特别是在振东闸、南八滩闸、扁担河口、六垛闸附近岸段，原有的大量低标准围海养殖塘被海水冲刷打坏，岸线水毁倒坎严重，岸线后退，海滩上残留部分硬质土埂。图8.13显示了南八滩闸和扁担河口的现场冲刷情况。据统计，2010—2016年该岸段的平均冲刷后退速率为21.15 m/a。

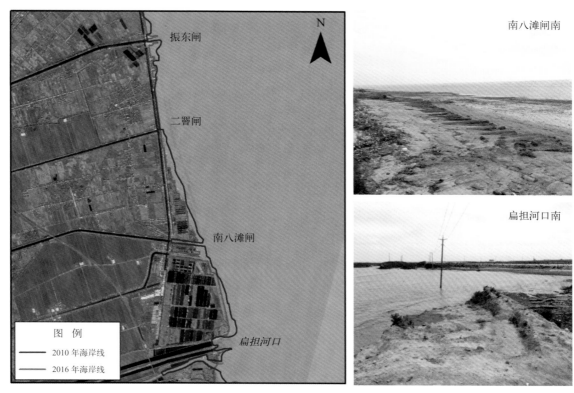

图8.13　振东闸—扁担河口岸段冲刷后退情况

　　2号区域位于双洋河口至运粮河口。受海水侵蚀影响，双洋河口两侧岸线明显后退，岸线曲折，海堤外侧的围海养殖塘同样水毁倒坎严重。遥感监测到岸线平均后退速率31.68 m/a，最大后退距离436.8 m，如图8.14所示。

　　3号区域位于新洋河口至斗龙港。盐城湿地珍禽国家级自然保护区核心区位于该岸段，没有人为开发活动，植被生长茂盛，岸滩宽平。遥感监测结果显示，该岸段的平均大潮高潮线有向岸推进的趋势，高潮线形成的痕迹线位于植被与光滩交界的向陆一侧，如图8.15所示。该岸段的变化趋势表现为平均大潮高潮线后退，平均大潮低潮线向海延伸，潮下带整体向海淤长。从海岸线变化来看，岸线呈冲刷趋势，岸线平均后退速率110.71 m/a。

　　4号区域位于川东港两侧潮滩。川东港北侧随着新竹垦区向海匡围，盐养围堤外侧潮滩向海推进，植被带宽平，形成自然恢复的自然岸线。南侧为大丰麋鹿国家级自然保护区，植被保护良好，岸滩向海淤进。图8.16显示了该岸段整体向海淤长的海岸线变化特征，岸线平均淤长速率24.27 m/a。

图 8.14 双洋河口—运粮河口岸段冲刷后退情况

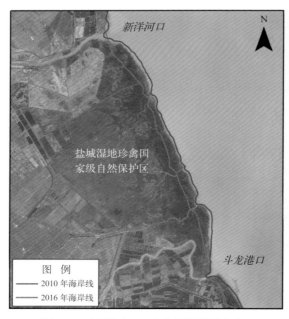

图 8.15 新洋河口—斗龙港海岸线变化

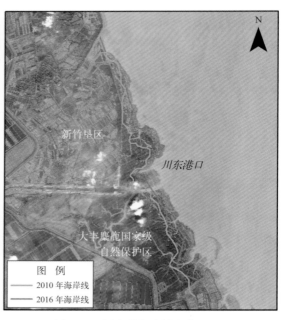

图 8.16 川东港海岸线变化

8.2.2.3 南通市

表 8.6 统计了南通市各市、县、区 2014—2016 年的海岸线总体冲淤变化情况。南通市基本以稳定岸线为主，近年来岸线变化很小，其中海安县、海门市均为稳定岸线。淤长岸线主要分布在如东县的东安闸北侧岸段，合计长 3.79 km。通州湾示范区和启东市有少量的侵蚀岸段，主要分布在通州湾北部滩涂和蒿枝港南部滩涂，合计长 3.65 km。

表 8.6 南通市 2014—2016 年海岸线总体冲淤变化情况

地区	淤长岸线长度 (km)	比例 (%)	平均淤长速率 (m/a)	侵蚀岸线长度 (km)	比例 (%)	平均冲刷速率 (m/a)	稳定岸线长度 (km)	比例 (%)
海安县	—	—	—	—	—	—	6.51	100
如东县	3.79	3.16	69.50	—	—	—	116.18	96.84
通州湾示范区	—	—	—	1.86	7.32	−129.86	23.59	92.68
海门市	—	—	—	—	—	—	22.32	100
启东市	—	—	—	1.79	1.78	−55.28	98.90	98.22

"—"表示该地区没有对应类型的岸线，因此不统计岸线长度、比例及冲淤速率。

图 8.17 显示了南通市海岸线重点冲淤变化区的岸段位置，表 8.7 列出了各岸段对应的冲淤变化速率。

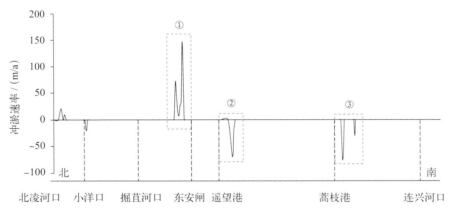

图 8.17 南通市典型区域冲淤变化状况

①东安闸北；②遥望港南；③蒿枝港南

表 8.7 南通市典型区域岸线冲淤变化情况

区域位置	岸线长度 (km)	变化速率 (m/a)	最大变化距离 (m)	变化类型
东安闸北	4.468	91.74	294.52	淤长
遥望港南	1.086	−39.04	−137.71	冲刷
蒿枝港南	0.599	−63.76	−151.08	冲刷

8.3 岸滩冲淤变化

8.3.1 潮间带面积变化

8.3.1.1 江苏省及沿海三市潮间带面积变化

海岸线和平均大潮低潮线分别代表了潮间带水位变动的最高和最低位置，将海岸线、平均大潮低潮线以及各行政区域的海上分界线组合在一起，形成江苏省及沿海三市封闭的潮间带面图层，表 8.8 分别列出了 2014 年、2015 年、2016 年的潮间带面积遥感监测结果。统计结果显示，2014—2016 年江苏省近岸的潮间带平均面积为 1 526.53 km²，其中连云港市最少，为 118.16 km²，占全省潮间带面积的 7.74%；盐城市和南通市潮间带面积相近，分别为 702.10 km² 和 706.26 km²，分别占 45.99% 和 46.27%。

表 8.8　江苏省及沿海三市潮间带面积统计

地区	潮间带面积（km²）				平均增幅（%）
	2014 年	2015 年	2016 年	平均面积	
连云港市	119.83	118.55	116.11	118.16	−1.56
盐城市	677.28	709.98	719.04	702.10	3.05
南通市	625.89	706.24	786.66	706.26	12.11
江苏省	1 423.00	1 534.77	1 621.81	1 526.53	6.76

从面积变化来看，2014—2016 年除了连云港市潮间带面积略有下降以外，盐城市和南通市潮间带面积均有较大增长。连云港市的平均降幅为 1.56%，盐城市和南通市的平均增幅为 3.05% 和 12.11%，全省潮间带面积的平均增幅为 6.76%。在海岸线位置相对固定的情况下，潮间带面积增长表明潮间带下部在向海延伸，沿岸泥沙主要发生垂向搬运，在潮下带堆积，潮滩有向海淤长淤高的趋势。

8.3.1.2 沿海市、县、区潮间带面积变化

表 8.9 列出了沿海市、县、区的潮间带面积统计情况，图 8.18 显示了各市、县、区的潮间带面积比例。可以看到，全省潮间带面积最大的 4 个行政区依次是如东县、东台市、大丰区和启东市，分别为 529.15 km²、293.66 km²、214.48 km² 和 150.28 km²，各自占江苏省潮间带面积的 34.66%、19.24%、14.05% 和 9.84%，合计占到江苏省潮间带面积的 3/4 左右。潮间带面积最小的 4 个行政区是灌云县、海安县、海门市和通州湾示范区，分别为 16.20 km²、13.26 km²、12.51 km² 和 1.07 km²，合计占江苏省潮间带面积的 2.82% 左右，这与各行政区的海岸线长度以及潮间带开发利用强度等有关。

表 8.9　江苏省沿海市、县、区潮间带面积统计

地区		潮间带面积（km²）				平均增幅（%）
		2014 年	2015 年	2016 年	平均面积	
连云港市	赣榆区	72.15	69.34	69.42	70.30	−1.89
	连云区	32.60	32.80	29.59	31.66	−4.59
	灌云县	15.08	16.41	17.10	16.20	6.51

续表

地区		潮间带面积（km²）				平均增幅 (%)
		2014 年	2015 年	2016 年	平均面积	
盐城市	响水县	66.42	63.63	65.30	65.12	−0.79
	滨海县	27.24	31.72	32.15	30.37	8.90
	射阳县	98.96	104.50	91.97	98.48	−3.20
	大丰区	205.32	220.86	217.26	214.48	2.97
	东台市	279.34	289.27	312.36	293.66	5.77
南通市	海安县	12.62	13.96	13.19	13.26	2.55
	如东县	471.91	536.98	578.55	529.15	10.77
	通州湾示范区	2.33	0.44	0.45	1.07	−39.42
	海门市	10.41	11.91	15.20	12.51	21.02
	启东市	128.62	142.95	179.27	150.28	18.27

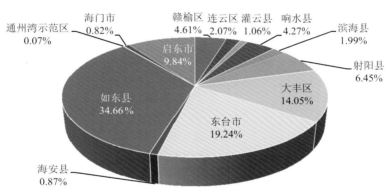

图 8.18 江苏省各沿海市、县、区的潮间带面积比例

图 8.19 显示了江苏省沿海各市、县、区的潮间带面积平均增幅。2014—2016 年，赣榆区、连云区、响水县、射阳县和通州湾示范区的潮间带面积有不同程度的减小，其中通州湾示范区的下降幅度最大，为 39.42%，这与近年来腰沙区域的开发密切相关。其他市、县、区的潮间带面积均表现出增加的趋势，尤其是南通市的如东县、海门市和启东市增幅较大，分别达10.77%、21.02% 和 18.27%。

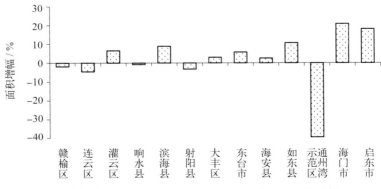

图 8.19 江苏省沿海市、县、区潮间带面积平均增幅

8.3.2 潮间带宽度变化

8.3.2.1 江苏省及沿海三市潮间带宽度变化

表 8.10 列出了根据潮间带面积和海岸线长度计算的沿海三市潮间带岸滩平均宽度。统计结果显示，南通市的潮间带岸滩宽度最宽，平均为 4.75 km，潮滩向海淤长较快，平均增幅为 9.00%。盐城市潮间带平均宽度为 2.86 km，也呈向海淤长趋势，平均增幅 3.50%。连云港市潮间带平均宽度为 1.37 km，近年来潮滩总体呈轻微侵蚀趋势，岸滩宽度平均降幅 1.49%。

表 8.10 江苏省沿海三市潮间带平均宽度统计

地区	潮间带宽度（m）				平均增幅（%）
	2014 年	2015 年	2016 年	平均宽度	
连云港市	1 390.26	1 382.78	1 348.88	1 373.97	−1.49
盐城市	2 751.92	2 883.14	2 947.28	2 860.78	3.50
南通市	4 352.40	4 728.18	5 170.89	4 750.49	9.00

8.3.2.2 沿海市、县、区潮间带宽度变化

江苏省沿海市、县、区的潮间带平均宽度统计如表 8.11 所示。

表 8.11 江苏省沿海市、县、区潮间带平均宽度统计

地区		潮间带宽度（m）				平均增幅（%）
		2014 年	2015 年	2016 年	平均宽度	
连云港市	赣榆区	2 173.69	2 091.29	2 047.84	2 104.27	−2.93
	连云区	859.15	864.83	800.25	841.41	−3.40
	灌云县	986.10	1 078.08	1 117.86	1 060.68	6.51
盐城市	响水县	2 327.48	2 212.65	2 285.45	2 275.19	−0.82
	滨海县	661.98	785.83	789.97	745.93	9.62
	射阳县	1 582.77	1 656.76	1 522.75	1 587.43	−1.71
	大丰区	2 863.48	3 079.09	3 095.53	3 012.70	4.03
	东台市	6 710.18	6 956.98	7 472.10	7 046.42	5.54
南通市	海安县	8 413.33	9 743.52	8 569.05	8 908.63	1.88
	如东县	7 139.19	8 133.16	8 119.51	7 797.29	6.88
	通州湾示范区	4 737.35	994.48	1 000.32	2 244.05	−39.21
	海门市	2 121.99	2 681.66	3 122.85	2 642.17	21.41
	启东市	1 911.51	2 007.31	2 593.07	2 170.63	17.10

图 8.20 显示了各行政区的潮间带平均宽度对比。从全省来看，总体上以辐射沙脊群顶点弶港为界，潮间带宽度从北往南由窄变宽，从赣榆区的 2 104 m 增加到海安县的 8 909 m，基本在弶港附近达到最宽；然后再由宽变窄，到最南端的启东市，潮间带宽度缩窄到 2 171 m。

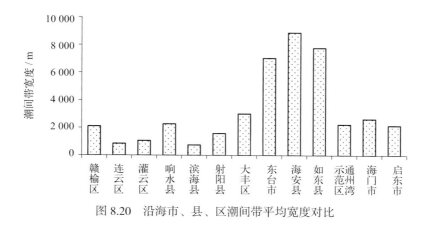

图 8.20 沿海市、县、区潮间带平均宽度对比

8.3.3 潮间带体积及冲淤厚度变化

8.3.3.1 江苏省及沿海三市潮间带体积及冲淤厚度变化

依据潮间带平均大潮高、低潮位高差的平均值作为潮间带平均厚度，利用不同年份的潮间带面积变化，推算出潮间带冲淤体积的变化，表 8.12 列出了 2014—2016 年江苏省及沿海三市潮间带体积冲淤状况和平均冲淤厚度。利用岸滩冲淤厚度 H 为指标，将岸滩冲淤等级分为 7 级，图 8.21、图 8.22 分别显示了 2015 年、2016 年江苏省海岸线冲淤类型的空间分布。

表 8.12 2014—2016 年江苏省及沿海三市潮间带冲淤状况统计

地区	冲淤体积（×10^6m^3）	冲淤厚度（cm）
连云港市	0.056 3	0.162
盐城市	−7.864 5	−2.853
南通市	0.038 1	0.032
江苏省	−7.770 2	−1.376

在苏北沿岸往复流的作用下，辐射沙洲陆岸岸滩的泥沙少量向海州湾和长江口输运。在旋转流的作用下，近岸部分泥沙向岸外辐射沙脊群输运，导致陆岸的泥沙搬运到潮间带以外。由于潮流动力对泥沙的搬运作用，连云港市、南通市的潮间带表现为轻微淤积，盐城市为冲刷。从冲淤体积对比来看，由于盐城市的潮间带冲刷量远大于连云港市、南通市的淤积量，因此江苏省潮间带总体表现为侵蚀。

图 8.21　2015 年江苏省海岸线冲淤类型

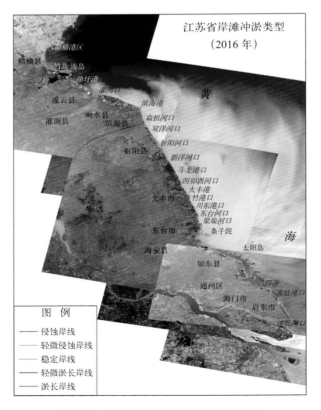

图 8.22　2016 年江苏省海岸线冲淤类型

8.3.3.2 沿海市、县、区潮间带体积及冲淤厚度变化

表 8.13 显示了江苏省沿海市、县、区的潮间带冲淤状况对比。2014—2015 年，岸滩冲淤表现突出的有 3 个地区：大丰区和滨海县整体以淤长为主，潮间带高程平均增高 4.34 cm 和 3.8 cm；射阳县整体表现为冲刷，潮间带表面平均下切 1.5 cm。由于水动力状况和泥沙输运规律的差异，3 个区域的冲淤特征各异。大丰区岸段的冲刷和淤积速率均较大，泥沙以垂向输移为主，泥沙向海搬运，使得潮间带下部整体淤高。滨海县有较长的侵蚀岸段，海岸线冲刷后退，潮上带侵蚀后退的泥沙向海搬运，使得潮下带滩面淤积增高。射阳县侵蚀岸段所侵蚀的泥沙总体上表现为随沿岸往复流输运的特征，但是射阳河口双导堤工程建设阻隔了泥沙的沿岸输移，堤脚附近水动力减弱，导致泥沙在靠近导堤的区域淤积增高，而远离导堤的岸段受导堤影响小，潮下带表面冲刷下切，因此射阳县的潮间带总体表现为冲刷下降特征。

2015—2016 年江苏省潮间带表现为冲刷的区域有连云区、灌云县、滨海县、射阳县、大丰区、通州湾示范区和启东市，其中连云区、灌云县、滨海县、通州湾示范区和启东市的岸滩冲刷非常轻微。冲刷较强的区域为射阳县和大丰区，潮间带表面平均下切厚度分别为 2.47 cm 和 5.76 cm。赣榆区、响水县、东台市、如东县表现为轻微淤积，其中东台市淤积量相对较大，潮间带表面平均增高 0.38 cm。

表 8.13 江苏省沿海市、县、区潮间带冲淤状况统计

地区		2014—2015 年		2015—2016 年	
		冲淤体积($\times 10^6 m^3$)	冲淤厚度（cm）	冲淤体积($\times 10^6 m^3$)	冲淤厚度（cm）
连云港市	赣榆区	0.041 4	0.059 7	1.208	0.062 1
	连云区	−0.010 2	−0.031 2	−0.052	−0.002 6
	灌云县	0.002 3	0.014 3	−0.393	−0.003 3
盐城市	响水县	0.000 5	0.000 8	0.298	0.005 5
	滨海县	1.377 9	4.344 3	−2.691	−0.006 8
	射阳县	−1.575 4	−1.507 6	−4.316	−2.474 7
	大丰区	8.382 0	3.795 1	−8.566	−5.764 9
	东台市	0.037 7	0.013 0	3.788	0.376 3
南通市	海安县	—	—	—	—
	如东县	−0.000 3	−0.000 1	1.006	0.087 2
	通州湾示范区	−0.000 4	−0.084 7	−5.815	−0.033 6
	海门市	—	—	—	—
	启东市	—	—	−2.584	−0.015 4

"—"表示数值很小，基本可以忽略冲淤体积和冲淤厚度变化。

图 8.23 显示了江苏省沿海各市、县、区潮间带冲淤厚度变化的对比。从变化趋势来看，近年来江苏省岸滩冲淤变化的典型区域分布在沿海中部的滨海县、射阳县、大丰区和东台市岸段，滨海县的潮间带由轻微淤积转为冲淤平衡，射阳县潮间带岸滩冲刷加剧，大丰区由淤积逐渐转为轻微冲刷，东台市由冲淤平衡转向轻微淤长，其余岸段均为稳定岸线。

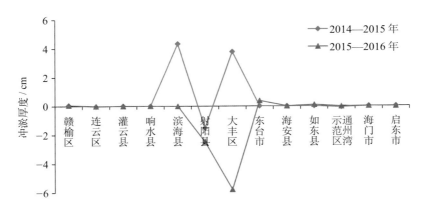

图 8.23　江苏省沿海市、县、区潮间带冲淤厚度变化对比

8.3.4　潮间带典型断面平均坡度变化

在滨海县、射阳县、大丰区和东台市岸滩冲淤变化典型岸段，设置了多条地形观测断面，观测岸滩剖面的平均坡度变化和变形，断面位置见第 3 章"基础数据与处理"所述。在江苏省中部的粉砂淤泥质海岸中，剖面形态有下凹型的侵蚀剖面、上凸型的淤积剖面和双 S 型的均衡剖面，不同的剖面形态指示了不同的岸滩冲淤状态。

1）BH01 断面

BH01 断面位于滨海县扁担河口北侧，图 8.24 显示了 2015 年秋季的现场测量过程。在 2015 年 10 月的断面高程测量中，BH01 断面整体比较平缓，高程由陆向海逐渐降低，断面形态如图 8.25 所示，断面平均坡度为 1.14‰。从断面形态来看，在距海岸线 25 m 处，断面有 20 cm 的升高，断面坡度为负。根据现场拍摄的照片来看，可能的原因是近岸的盐养围堤被冲垮，在围堤下部残留有少量的堤埂凸起。然后断面高程平稳下降，平均坡度约为 0.8‰。在距海岸线 300 ~ 450 m 范围内，断面坡度有所加大，平均坡度约为 1.8‰。在 450 ~ 550 m，断面坡度基本不变。因此可以看到，BH01 断面表现为双 S 型均衡剖面形态，总体应该以轻微淤积为主，这与滨海县 2015 年的冲淤体积变化规律是一致的。

图 8.24　滨海县 BH01 断面高程测量现场照片

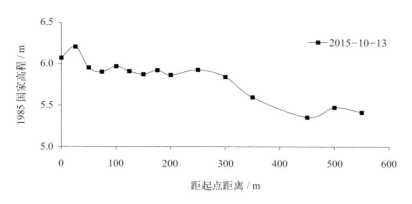

图 8.25　滨海县 BH01 断面高程测量结果

2）BH02 断面

BH02 断面位于滨海县振东闸南侧，图 8.26 显示了断面上部以及断面下部的现场测量过程，岸滩总体呈现双 S 型的均衡剖面形态，如图 8.27 所示。可以看到，断面上部坡度相对较陡，在距海岸线 120 m 以内岸滩平均坡度约为 14.5‰；断面下部坡度相对比较平缓，距海岸线 120 m 以外岸滩，滩面上布有整齐的紫菜筏架，平均坡度约为 1.95‰。整个岸滩剖面的平均坡度约为 4.2‰，具体测量时间和坡度计算结果如表 8.14 所示。BH02 断面的形态变化以及平均坡度变化反映了滨海海域夏秋季节风暴潮的作用对滩面形态重新塑造的影响。在风暴潮的作用下，潮间带上部冲刷，岸滩坡度变陡。到了冬季，以波浪和潮流的共同作用为主，在波流作用下，潮间带下部被侵蚀的泥沙向岸输运，形成滩肩，岸滩上部坡度变缓。该变化符合岸滩的短期周期性变化特征。

从滩面高程变化来看，在 2014 年的夏季、秋季和冬季，岸滩整体侵蚀下切，秋季和冬季的滩面比夏季滩面平均下切了 20 ~ 30 cm。由于潮间带高程整体变低，可以推断滩面下切冲刷的泥沙并没有堆积到潮间带下部，而是随着沿岸流的运动搬运到邻近海域。因此，BH02 断面的潮间带处于岸线侵蚀后退、下部向海淤长的状态，海岸线侵蚀将会严重影响人工海堤、养殖塘等的稳定与安全。

图 8.26　滨海县 BH02 断面高程测量现场照片

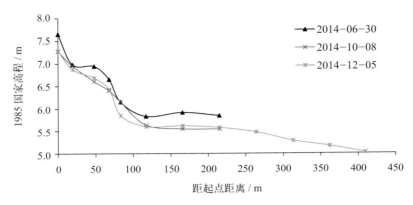

图 8.27 滨海县 BH02 断面高程测量结果

表 8.14 滨海县 BH02 断面平均坡度计算结果（‰）

断面编号	断面平均坡度			
	2014 年 6 月	2014 年 10 月	2014 年 12 月	平均
BH02	4.3	4.8	3.4	4.2

联系到整个滨海岸段，由于潮流动力强，岸滩侵蚀严重，在该岸段修建了人工海堤后，有人工海堤保护的岸线，岸滩侵蚀后退现象减弱，导致废黄河水下三角洲近岸侵蚀调整迅速，坡度加大，近岸水深逐渐加大，同时形成潮流冲刷通道，向岸逼近。自北向南，断面高程有逐渐增高的趋势，以废黄河口为界，岸滩先由宽逐渐变窄，然后重新变宽。岸滩整体处于以侵蚀后退为主的状态，且岸滩侵蚀速率较快，仅在局部河口地区有轻微的淤长。

3）SY01 断面

SY01 断面位于射阳县双洋河口南侧，岸滩宽度较窄，平均宽度在 800 m 以内，断面形态如图 8.28 所示，整体表现为近岸陡峭，潮间带下部坡度趋缓，为下凹状斜坡型侵蚀剖面。根据断面形态，SY01 断面以海堤下部为起点，在平均向海距离 100 ~ 150 m 范围以内，岸滩较陡，坡度为 8.4‰；距离海堤 150 m 以外，岸滩坡度平缓，减小到 1.6‰，在潮间带中下部，坡面形态基本保持不变。整个岸滩剖面平均坡度为 2.3‰，具体统计结果如表 8.15 所示。

SY01 断面在近岸的潮间带上部，秋、冬季节的滩面坡度陡于夏季，这与季风作用导致的近岸环流在秋、冬季节流速加强有关，结果使近岸岸滩高程降低，岸线后退，岸滩坡度变陡，近岸水体悬沙浓度增大。冲刷的泥沙并没有在潮间带下部堆积，而是被沿岸流输运到射阳河口北侧区域，产生了河口导堤北侧根部局部范围的沿岸淤积。

表 8.15 射阳县 SY01 断面平均坡度计算结果（‰）

断面编号	断面平均坡度				
	2014 年 7 月	2014 年 10 月	2014 年 12 月	2015 年 3 月	平均
SY01	2.1	2.3	2.2	2.5	2.3

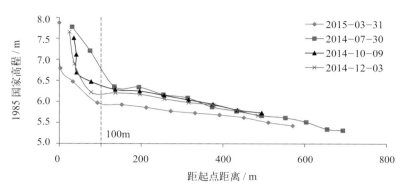

图 8.28　射阳县 SY01 断面高程测量结果

4）SY02 断面

SY02 断面位于运粮河口与射阳河口中间，代表了射阳河口北侧的岸段形态变化，图 8.29 显示了 SY02 断面的形态。该断面岸滩平均宽度在 1 400 m 左右，断面总体呈折线状下凹型的冲刷形态，具体表现为在近岸 100 m 附近，岸滩有明显的陡坎，平均坡度约为 13.6‰，与北侧的 SY01 断面相比，坡度更陡，陡坎距岸更近；而在 100 m 以外的潮间带中下部，岸滩明显变缓，并呈轻微的上凸形态，平均坡度约为 1.8‰。由于上部陡峭岸段宽度较短，因此岸滩整体的平均坡度约为 1.7‰，以下部的宽浅形态占优。不同季节的断面平均坡度具体测量结果如表 8.16 所示。

表 8.16　射阳县 SY02 断面平均坡度计算结果（‰）

断面编号	断面平均坡度						
	2014 年 7 月	2014 年 10 月	2014 年 12 月	2015 年 3 月	2015 年 9 月	2015 年 10 月	平均
SY02	1.6	1.7	1.7	1.5	2.8	1.1	1.7

从不同季节的断面形态对比来看，潮间带上部的陡峭岸滩保持稳定，坡度基本没有变化，近岸海堤附近的滩面在秋季比春季有 10 cm 左右的轻微淤高，会导致 10 m 左右的岸滩淤积和岸线向海推进，这与射阳河口北侧海岸线冲淤变化遥感分析的结论是一致的。潮间带中下部特别是在距岸 400 m 以外，岸滩呈现逐渐淤长淤高的趋势，秋季的滩面比春季的滩面平均淤高 20 ～ 35 cm。从岸段自身监测的形态来看，由于岸段上部不仅没有冲刷，反而有所淤高，因此泥沙主要是来自双洋河口以南岸段冲刷后的沿岸流输运导致的滩面沉积。

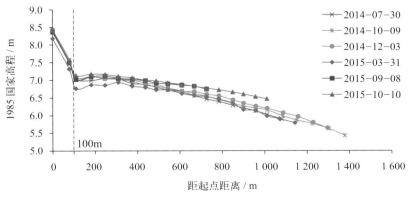

图 8.29　射阳县 SY02 断面高程测量结果

5）SY03 断面

SY03 断面位于射阳河口南侧生态路南，岸滩平均宽度约 1 300 m。断面形态与射阳河口北侧 SY02 断面类似，呈带陡坎的下凹侵蚀形态，如图 8.30 所示，具体表现为：距岸 120 m 左右的潮间带上部区域，平均坡度为 9.6‰，岸段陡峭；距岸 150 m 以外至 1 200 m 左右的潮间带中下部区域，岸滩坡度明显变缓，平均坡度约为 1.8‰。表 8.17 列出了 SY03 断面不同季节的断面平均坡度计算结果，综合来看，SY03 断面的平均坡度约为 1.9‰。

表 8.17　射阳县 SY03 断面平均坡度计算结果（‰）

断面编号	断面平均坡度					
	2014 年 7 月	2014 年 10 月	2014 年 12 月	2015 年 3 月	2015 年 9 月	平均
SY03	2.2	1.9	2.0	2.2	1.4	1.9

根据不同季节的断面形态对比，夏、秋季节在近岸附近的滩面比冬、春季节有 15 cm 左右的轻微淤高，导致 10 ~ 20 m 的岸滩淤积和岸线向海推进。潮间带中下部平均坡度变化不大，表现为轻微的侵蚀下降趋势，其中，冬、春两季侵蚀较多，滩面平均下降 20 ~ 35 cm。总体来看，夏、秋季节的剖面在风暴潮的作用下产生侵蚀，掀动的泥沙在波浪的作用下，向岸搬运，产生岸滩上部的淤积。到了冬、春季节，滩面会整体冲刷，岸线向陆后退。泥沙的搬运以自身岸滩的沙源调整为主，符合稳定 – 轻微侵蚀岸段的断面形态变化特征。

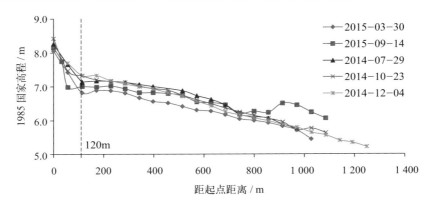

图 8.30　射阳县 SY03 断面高程测量结果

6）XYGB 断面

XYGB 断面位于新洋河口北侧，岸滩宽度逐渐增大，平均宽度约为 2 000 m，如图 8.31 所示。与该断面以北的射阳县其他岸滩剖面相比，从 XGBG 断面开始，岸段近岸的陡坎下凹形态消失，滩面总体比较平缓。根据 2015 年 4 月的断面高程测量结果，岸滩平均坡度在 1.4‰ 左右。该岸段的断面形态属于侵蚀型断面向淤长型断面过渡的中间形态，与新洋河口向北摆动，河流下泄的泥沙在河口堆积导致岸滩滩面淤长有关。

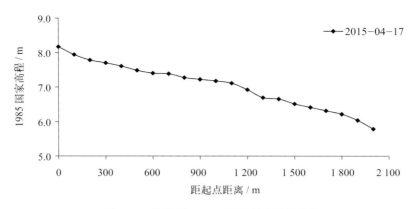

图 8.31 射阳县 XYGB 断面高程测量结果

7）SY04 断面

SY04 断面位于新洋河口南侧盐城湿地珍禽国家级自然保护区核心区的中港路附近，岸滩平均宽度约为 1 600 m，如图 8.32 所示，该断面同样没有近岸的陡坎下凹形态。由此可以看出，新洋河口以南的岸滩剖面逐渐开始从侵蚀形态向淤长形态过渡。表 8.18 显示了 SY04 断面在不同季节的岸滩平均坡度计算结果，滩面总体比较平缓，岸滩平均坡度在 1.4‰左右。

表 8.18 射阳县 SY04 断面平均坡度计算结果（‰）

断面编号	断面平均坡度			
	2014 年 7 月	2014 年 10 月	2014 年 12 月	平均
SY04	1.2	1.4	1.7	1.4

从季节变化来看，夏季、秋季、冬季 SY04 断面整体表现为近岸岸滩冲刷、滩面高程降低，潮间带下部滩面淤高的趋势。在夏、秋季节，岸滩上部侵蚀，泥沙向岸滩中下部搬运堆积，潮沟消失，主要表现为波浪作用下的断面横向形态调整。而在秋、冬季节，岸滩表现为整体冲刷下切趋势，滩面下切幅度为 35～50 cm，冲刷的泥沙主要被沿岸流作用向南搬运到岸外区域堆积。

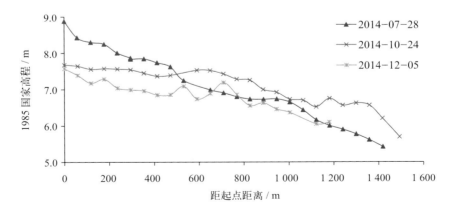

图 8.32 射阳县 SY04 断面高程测量结果

联系到整个射阳岸段，由北往南，岸滩平均宽度变化范围为 800 ～ 2 000 m，呈现逐渐变宽的趋势。在新洋河口以北，岸段剖面形态以带近岸陡坎的下凹冲刷形态为主，近岸陡峭，平均坡度在 10‰左右；岸滩中下部平缓，略带上凸形态，平均坡度约为 2‰。在新洋河口以南，岸滩宽平，以淤积形态为主，近岸陡坎消失，平均坡度约为 1.5‰，断面形态变化规律不定，主要受波浪季节性水动力条件变化影响，但整体开始出现冲刷特征，可见江苏省中部海岸的冲刷与淤长转换空间节点有南移的趋势。

8）DF01 断面

DF01 断面位于四卯酉河口北侧，断面起点位于植被岸线边缘，2014 年夏季、秋季大潮低潮期间测量断面长约 1 700 m，低于实际的滩面宽度。图 8.33 显示了 DF01 断面的形态，由于没有测量完全，仅可看出 DF01 断面在潮间带上部近岸的 500 m 范围内为下凹型，500 ～ 1 800 m 范围内为上凸型，但是下凹和上凸的曲率均不大，滩面比较平缓。表 8.19 显示了 DF01 断面在不同季节的平均坡度测量结果，平均坡度约为 1.4‰。

表 8.19　大丰区 DF01 断面平均坡度计算结果（‰）

断面编号	断面平均坡度			
	2014 年 7 月	2014 年 8 月	2015 年 6 月	平均
DF01	1.5	1.3	1.5	1.4

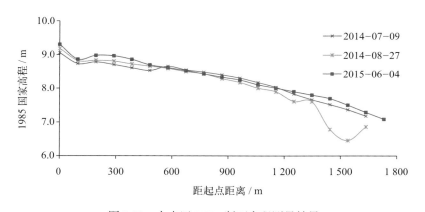

图 8.33　大丰区 DF01 断面高程测量结果

从夏、秋两个季节的断面形态对比来看，DF01 断面符合浪流相互作用下的均衡剖面变化规律：夏季在强风浪作用下，引起近岸的冲刷下切，泥沙搬运到潮间带中下部堆积，滩面增高，呈平缓的上凸形态，岸滩平均坡度增大；秋、冬季节，风浪作用减弱，潮间带中下部堆积的泥沙被波浪搅起，重新向近岸堆积，使得岸滩平均坡度减小。断面季节性形态变化的泥沙来源主要为断面自身性的物源调节。另外，在图 8.33 中可以看到，2014 年 8 月调查断面的下部有小型潮沟发育，形成一条深约 1 m、宽约 300 m 的潮沟，后期由于滩面调整，潮沟消失不见，可见该区域微地形变化频繁，泥沙输运规律复杂多变。

9）DF02 断面

DF02 断面位于大丰港一期工程北侧约 1.2 km 处，断面起点位于海堤堤脚，海堤向海一侧有约 400 m 宽的大米草植被带分布，植被带外为粉砂、细砂质光滩，图 8.34 显示了 DF02 断面的植被带现场分布情况。在植被带内，断面高程向海逐渐淤高，表明植被对水流有良好的消能作用，促使潮水挟带的细颗粒泥沙在植被滩上淤积。在植被带的外边缘，断面高程明显下降，下凹处为一条较宽的潮沟，由植被边缘开始向海发展，潮沟底高程比滩面平均高度下降 1 m 左右，潮沟蜿蜒向大丰港一期码头方向发展，逐渐宽平，从图 8.35 的岸滩断面形态可以明显看到该潮沟的存在。潮沟向海一侧的光滩呈轻微的上凸淤长断面形态，表明岸滩为淤长型岸滩。表 8.20 列出了 DF02 断面在不同季节的平均坡度计算结果，该岸滩的平均坡度为 1.7‰。

图 8.34 大丰区典型断面实测高程点位置

表 8.20 大丰区 DF02 断面平均坡度计算结果（‰）

断面编号	断面平均坡度			
	2014 年 7 月	2014 年 8 月	2015 年 6 月	平均
DF01	1.7	1.8	1.6	1.7

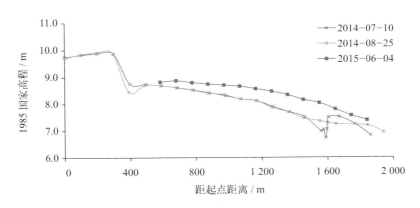

图 8.35 大丰区 DF02 断面高程测量结果

根据 2014 年夏、秋两个季节的断面形态对比，植被带的断面高程基本没有变化，岸滩保持稳定，表现出植被良好的固滩能力和挡潮能力。在潮间带中部的光滩部分，滩面的上凸形态保持不变，高程也基本没有变化。断面高程有变化的区域发生在岸滩的两条潮沟处。近岸的潮沟底高程小幅潮深，高程平均下降 30 cm 左右，形成扩大的水流下泄通道。而在潮间带的中下部，夏季测量时有一条下切的潮沟，潮沟向岸侧平缓，向海侧陡峭，宽度为 100 m 左右，潮沟从海堤开始发育，随着潮流下潮的方向逐步向大丰港一期码头方向发展，最终合并到码头前沿的水域。该潮沟在秋季测量时，由于自身的摆动，潮沟向海一侧的上凸滩面被削平，泥沙向岸推移，导致潮沟消失。从 2014 年和 2015 年的断面形态对比来看，2015 年的断面在潮间带中、下部平均比 2014 年高出 30 ~ 40 cm，这个观测结果和潮间带宽度变化及冲淤体积变化得出的结果是一致的，即潮下带逐渐向海淤长，滩面逐渐淤高。DF02 断面附近的潮滩断面形态主要属于具有自我调节能力的均衡剖面形态。潮沟的生成、摆动与消亡会引起断面的局部高程变化，但总体来说，岸滩在逐渐向海淤长，岸滩平均坡度小幅增大。

10）DF03 断面

DF03 断面位于竹港与川东港之间，岸滩宽广平坦，平均坡度约为 1.7‰，不同季节的断面平均坡度计算结果如表 8.21 所示。由于滩面泥泞，现场测量非常困难，3 次测量中每次仅测量了 800 m 左右的距离，为岸滩实际宽度的 1/4 ~ 1/3。从图 8.36 显示的潮间带上部断面形态来看，夏季为上凸型淤积断面形态，秋季为双 S 型均衡断面形态。

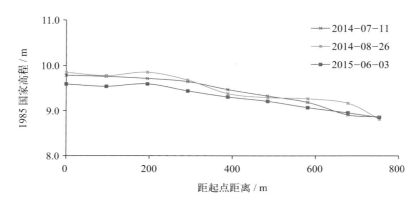

图 8.36 大丰区 DF03 断面高程测量结果

表 8.21 大丰区 DF03 断面平均坡度计算结果（‰）

断面编号	断面平均坡度			
	2014 年 7 月	2014 年 8 月	2015 年 6 月	平均
DF01	1.7	2.1	1.2	1.7

11）DT01 断面

DT01 断面位于东台河口南侧潮滩，断面平均坡度 0.7‰。从图 8.37 所示的 2015 年夏季断面测量结果来看，该断面在近海岸线 500 m 内表现出轻微下凹趋势，500 m 以外坡度稍缓，以大致均一的坡度变化。近岸发生轻微冲刷，与当地的围海养殖用海围堤建设有关，冲刷的泥沙向海搬运，使得潮间带中部和下部的滩面淤高，低潮线向海推进。

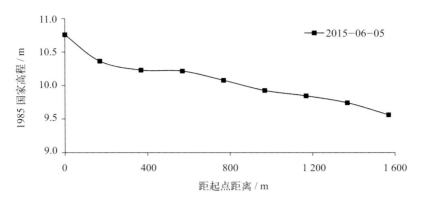

图 8.37 东台市 DT01 断面高程测量结果

12）DT02 断面

DT02 断面位于新围的条子泥垦区中部。根据表 8.22 统计的 2015 年夏、秋季节测量结果，该断面平均坡度 0.5‰。从图 8.38 所示的断面形态来看，该断面为上凸型淤积剖面。秋季断面相对于夏季断面来说，潮间带上部淤高约 10 cm，潮间带中部下切大约 30 cm，并且在距海岸线 2 200 m 左右的滩面有小型潮沟发育，这也表明该断面的季节性形态变化的泥沙来源主要为断面自身性的物源调节，调节结果是潮间带中部的泥沙一部分向岸堆积，一部分向海输运，平均大潮低潮线向海推进，潮下带变宽。

表 8.22 东台市 DT02 断面平均坡度计算结果（‰）

断面编号	断面平均坡度		
	2015 年 6 月	2015 年 9 月	平均
DT02	0.4	0.6	0.5

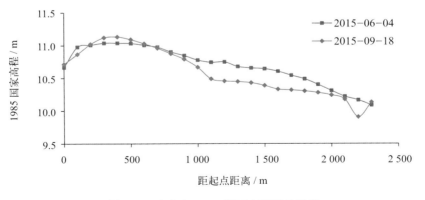

图 8.38 东台市 DT02 断面高程测量结果

8.4 植被岸线变化

8.4.1 江苏省及沿海三市植被岸线变化

植被岸线的分布和进退与潮滩的冲淤变化呈明显的正相关。因此植被岸线的变化能够指示和验证潮间带的冲淤特征。图 8.39、图 8.40 显示了遥感解译的 2014 年、2015 年江苏省植被岸线空间分布。表 8.23 统计了植被岸线的长度变化。

表 8.23　江苏省植被岸线长度

地区	岸线长度（km）			增幅（%）
	2014 年	2015 年	平均	
连云港市	25.81	27.46	26.64	6.41
盐城市	179.22	175.16	177.19	−2.26
南通市	70.45	61.95	66.20	−12.07
江苏省	275.48	264.58	270.03	−3.96

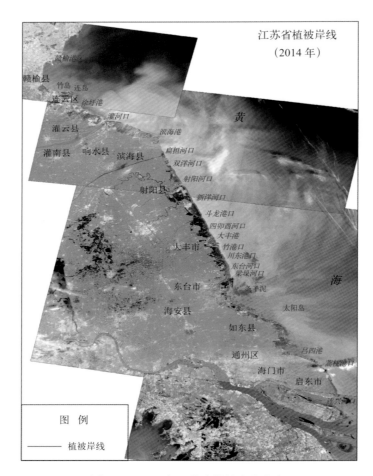

图 8.39　2014 年江苏省植被岸线分布

图 8.40 2015 年江苏省植被岸线分布

图 8.41 显示了江苏省及沿海三市植被岸线长度对比。江苏省的植被岸线平均长度约 270 km。沿海三市中,盐城市的植被岸线最长,为 177 km,占全省植被岸线的 65%;南通市次之,长 66 km,占 25%;连云港市植被岸线最短,占 10%。

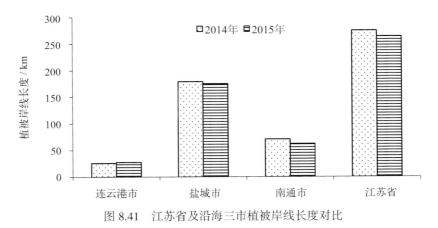

图 8.41 江苏省及沿海三市植被岸线长度对比

8.4.2 沿海市、县、区植被岸线变化

表 8.24 列出了 2014 年、2015 年江苏省沿海各市、县、区的植被岸线长度变化,图 8.42 显示了沿海市、县、区植被岸线长度的对比。总体来看,大丰区、射阳县、如东县和东台市

的植被岸线相对较长,均高于 25 km;连云区、灌南县、滨海县、海门市的植被岸线相对较短,低于 5 km。

表 8.24　江苏省沿海市、县、区植被岸线长度

地区		植被岸线长度（km）			增幅（%）
		2014 年	2015 年	平均	
连云港市	赣榆区	10.91	11.84	11.37	8.57
	连云区	5.03	3.83	4.43	−23.95
	灌云县	8.31	10.01	9.16	20.43
	灌南县	1.56	1.79	1.67	14.51
盐城市	响水县	18.07	15.47	16.77	−14.42
	滨海县	2.64	2.84	2.74	7.60
	射阳县	55.42	55.76	55.59	0.60
	大丰区	73.58	73.19	73.38	−0.53
	东台市	29.50	27.91	28.71	−5.41
南通市	如东县	52.92	44.06	48.49	−16.74
	通州湾示范区	7.45	9.60	8.52	28.95
	海门市	2.58	2.23	2.40	−13.70
	启东市	7.51	6.06	6.78	−19.29

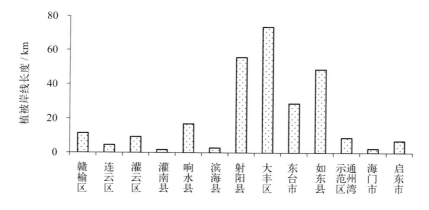

图 8.42　江苏省沿海市、县、区植被岸线长度对比

　　利用两个年份间植被岸线的变化距离,由北往南按 50 m 间隔进行分段处理,统计植被岸线的变化量,分析植被岸线的向海推进或向岸后退趋势,结果如下。

赣榆区

　　赣榆区的植被岸线主要分布在入海河口附近,在空间上显得较为破碎。如图 8.43 所示,2014—2015 年赣榆区的植被岸线变化明显的区域主要有 4 处,分别位于柘汪河口北、兴庄河口、青口河口以及临洪河口北侧。图 8.44 显示了植被岸线的空间分布与变化。

　　根据表 8.25 列出的典型岸段植被变化结果,2014—2015 年赣榆区植被岸线整体呈向海推

进趋势，植被岸线平均向海推进速率 14.09 m/a，最大向海推进距离 207.19 m，位于柘汪河口北侧。

（a）柘汪河口岸段

（c）青口河口岸段

（b）兴庄河口北侧岸段

（d）临洪河口岸段

图 8.43　赣榆区典型岸段植被岸线分布与变化

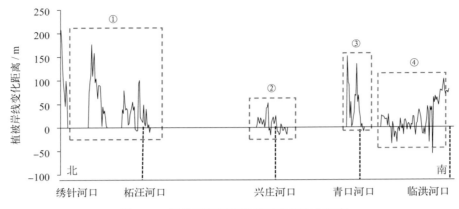

图 8.44　赣榆区典型岸段植被岸线变化距离

①柘汪河口北；②兴庄河口；③青口河口；④临洪河口北

表 8.25　2014—2015 年赣榆区典型岸段植被岸线变化情况

区域	年平均变化速率（m/a）	最大变化距离（m）	变化状态
柘汪河口北	34.29	207.19	向海推进
兴庄河口	7.54	52.65	向海推进
青口河口	45.98	150.88	向海推进
临洪河口北	21.79	102.65	向海推进

连云区

遥感监测结果显示，连云区的植被岸线仅在临洪河口南侧和埒子口北侧岸段有少量分布，如图 8.45 所示，表 8.26 列出了对应的典型岸段植被岸线变化结果。2014—2015 年连云区植被岸线整体平均向海推进速率 8.48 m/a，植被岸线最大向海推进距离 193.17 m。全区植被岸线变化明显的区域主要有两处，分别在临洪河口南和埒子口北，如图 8.43(d) 和图 8.46 所示。

表 8.26　2014—2015 年连云区典型岸段植被岸线变化情况

区域	年平均变化速率（m/a）	最大变化距离（m）	变化状态
临洪河口南	48.86	193.17	向海推进
埒子口北	43.68	71.33	向海推进

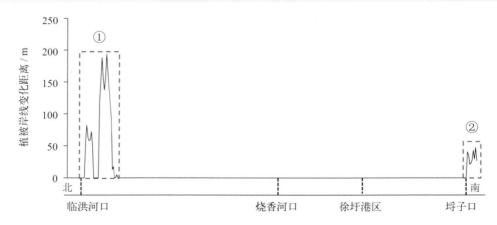

图 8.45　连云区典型岸段植被岸线变化距离

①临洪河口南；②埒子口北

图 8.46 埒子口岸段植被岸线分布与变化

灌云县、灌南县

灌云县的植被岸线主要分布于埒子口南侧和灌河口，如图 8.47 所示。灌云县植被岸线整体呈向海推进趋势，根据表 8.27 统计的灌云县典型岸段植被岸线变化情况，2014—2015 年植被岸线平均推进速率 21.64 m/a，最大向海推进距离约 152.88 m。

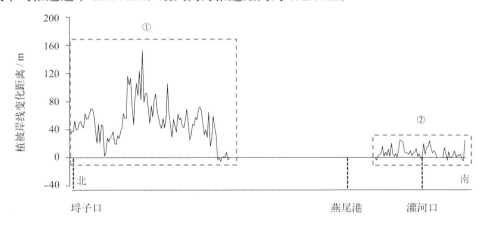

图 8.47 灌云县典型岸段植被岸线变化距离

①埒子口南；②灌河口

表 8.27 2014—2015 年灌云县典型岸段植被岸线变化情况

区域	年平均变化速率（m/a）	最大变化距离（m）	变化状态
埒子口南	50.04	152.88	向海推进
灌河口	6.83	24.94	向海推进

灌南县的植被岸线主要分布在灌河口附近，如图 8.48 所示。2014—2015 年，灌南县的植被岸线基本保持稳定，平均向海推进速率 1.10 m/a。

图 8.48　灌河口岸段植被岸线分布与变化

响水县

响水县的植被岸线主要分布在灌河口南侧和中山河口北侧岸段，如图 8.48、图 8.49 所示。灌河口南侧的植被岸线部分向海推进，部分向陆后退，表现出振荡变化的趋势，但是振荡幅度不大。2014—2015 年植被岸线整体以向海推进为主，平均推进速率为 2.58 m/a，具体统计如表 8.28 所示。

表 8.28　2014—2015 年响水县典型岸段植被岸线变化情况

区域	年平均变化速率（m/a）	最大变化距离（m）	变化状态
灌河口南	3.98	35.52	向海推进
中山河口北	9.12	24.84	向海推进

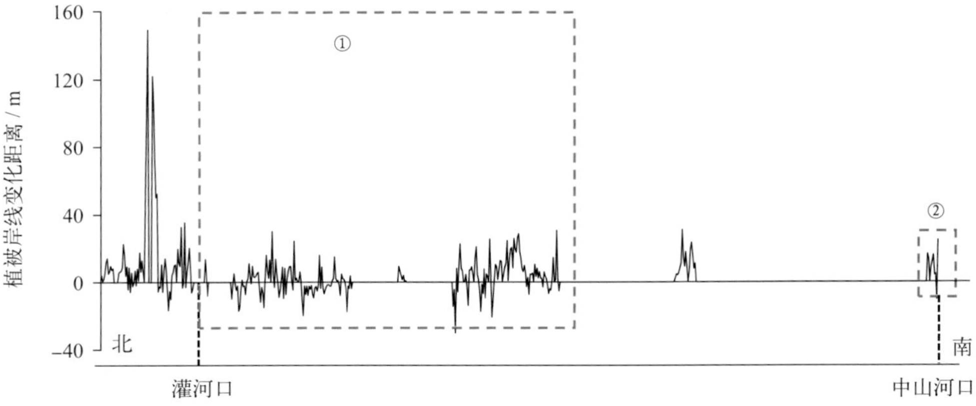

图 8.49　响水县典型岸段植被岸线变化距离
①灌河口南；②中山河口北

滨海县

滨海县自然海岸侵蚀，潮滩面积不断减小，宽度不断变窄，导致堤外植被不断减少或消失，现有植被岸线重点分布在入海河口附近，变化明显的区域主要有3处，如图8.50、图8.51所示，分别位于中山河口南侧、南八滩闸以及扁担河口。2014—2015年，全县植被岸线变化规律以向岸后退为主，最大后退区域在南八滩闸北侧，最大后退距离40 m，年平均后退速率25.99 m/a，具体统计如表8.29所示。

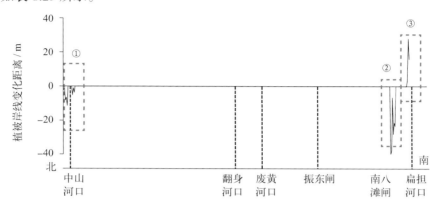

图8.50 滨海县典型岸段植被岸线变化距离
①中山河口南侧；②南八滩闸；③扁担河口

表8.29 2014—2015年滨海县典型岸段植被岸线变化情况

区域	年平均变化速率（m/a）	最大变化距离（m）	变化状态
中山河口南侧	−4.22	−11	保持稳定
南八滩闸	−25.99	−40	向岸后退
扁担河口	16.02	28	向海推进

（a）中山河口岸段　　　　　　　　　　（b）南八滩闸—扁担河口岸段

图8.51 滨海县典型岸段植被岸线分布与变化

射阳县

射阳县的潮滩植被以米草为主，部分岸段有芦苇分布，植被岸线进退变化规律较复杂，典型变化岸段如图 8.52、图 8.53 所示，表 8.30 列出了植被岸线变化的统计结果。总体来看，2014—2015 年，射阳县的植被岸线呈振荡变化的态势，以向岸后退的岸段居多。其中，射阳县北部扁担河口以南至双洋河口北侧岸段植被岸线相对比较稳定，变化较小。双洋河口—运粮河口岸段处于大幅后退状态，平均后退速率 60 m/a，最大后退宽度 160 m。运粮河口—射阳河口北的较长范围内植被岸线有进有退，总体趋于稳定，变化幅度大多小于 20 m。射阳河口两侧由于河口双导堤对水流和沉积物沿岸输运的制约，潮滩在导堤两侧淤长，植被快速向海推进，平均增长速率 115.22 m/a，最大推进宽度约 240 m。射阳河南—新洋河口北岸段的植被岸线主要处于后退状态，平均后退速率约 35 m/a，最大后退宽度 136 m。

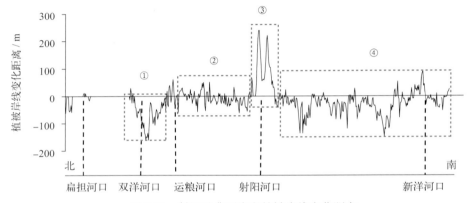

图 8.52　射阳县典型岸段植被岸线变化距离

①双洋河口—运粮河口；②运粮河口—射阳河口北；③射阳河口两侧；④射阳河口南—新洋河口北

（a）双洋河口—运粮河口岸段

（b）射阳河口岸段

图 8.53　射阳县典型岸段植被岸线分布与变化

（c）新洋河口岸段

图 8.53　射阳县典型岸段植被岸线分布与变化（续）

表 8.30　2014—2015 年射阳县典型岸段植被岸线变化情况

区域	年平均变化速率（m/a）	最大变化距离（m）	变化状态
双洋河口—运粮河口	−59.99	−160	快速向岸后退
运粮河口—射阳河口北	−4.27	−57	保持稳定
射阳河口两侧	115.22	239	大幅向海推进
射阳河口南—新洋河口北	−34.77	−136	向岸后退

大丰区

大丰区的植被岸线除了斗龙港北侧部分区域有所后退外，其他区域整体以向海推进为主，2014—2015 年植被岸线平均向海推进速率 33.57 m/a，最大向海推进距离 316 m，位于王港闸南侧。大丰区的植被岸线变化与大丰海岸潮滩向岸淤积速率较快有关，加之大丰沿海的先锋植被为互花米草，具有较强的生长适应能力，在该地区不断向海扩张，使得大丰区的植被岸线向海推进明显。图 8.54 显示了大丰区 4 个主要的植被岸线变化区域，分别位于斗龙港北侧、四卯西河口—大丰港北岸段、王港河口—竹港岸段以及川东港两侧，表 8.31 显示了对应的植被岸线变化统计结果。

表 8.31　2014—2015 年大丰区典型岸段植被岸线变化情况

区域	年平均变化速率（m/a）	最大变化距离（m）	变化状态
斗龙港北侧	−11.29	−53	小幅向陆后退
四卯西河口—大丰港北	20.30	177	小幅向海推进
王港河口—竹港	69.23	316	大幅向海推进
川东港两侧	54.91	313	大幅向海推进

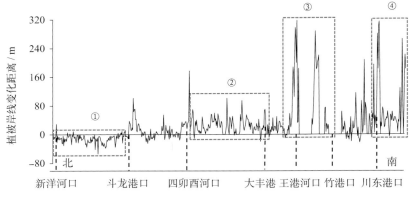

图 8.54 大丰区典型岸段植被岸线变化距离

①斗龙港北侧；②四卯酉河口—大丰港北；③王港河口—竹港；④川东港两侧

斗龙港北侧岸段的植被岸线后退区域主要位于斗龙港入海河口北侧，由于河道向西北摆动，导致沿岸植被小幅向陆后退，平均后退速率11.29 m/a，最大后退宽度约53 m。四卯酉河至大丰港北岸段的植被岸线不断小幅向海推进，植被岸线分布比较顺直，向海推进幅度相对均匀，推进宽度大体在50 m以内，最大推进宽度约177 m，平均推进速率为20.30 m/a，植被岸线基本保持稳定。

在大丰港区一期与二期工程之间，靠近二期工程一侧的滩涂，植被向海推进明显，从2014年和2015年的高分辨率遥感影像上能明显看出植被边缘向海扩张的痕迹，可能的原因是大丰港建设导致区域内水动力条件减弱，潮滩有机质含量增加，有利于互花米草的生长与扩张。此外，在王港河口附近，由于2015年王港河口新建了建设围堤岸线，使得围堤外无植被分布，但王港河口南—竹港北岸段新生长了大量植被，且分布明显，如图8.55(a)所示。据统计，2014—2015年，王港河口—竹港岸段植被岸线大幅向海推进，平均向海推进速率69.23 m/a，最大推进距离316 m。川东港两侧岸段植被总体向海扩张，植被岸线破碎化程度减小，如图8.55(b)所示。河口北侧植被向海推进幅度较大，最大向海推进313 m，这也有利于该区域的岸滩快速向海淤积；河口南侧植被岸线顺直，均匀向海扩张，植被岸线形态与潮滩上的大型潮沟分布密切相关。

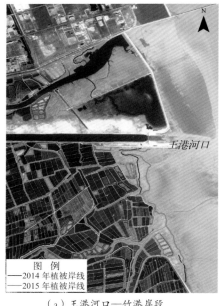
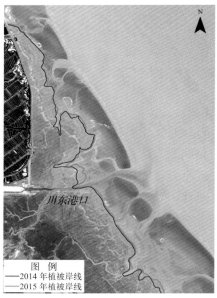

（a）王港河口—竹港岸段　　　　（b）川东港岸段

图 8.55 大丰区典型岸段植被岸线分布与变化

东台市

东台市的潮滩植被主要分布在东台河口北侧、东台河口—梁垛河口岸段以及方塘河口两侧。梁垛河口至方塘河口之间由于条子泥围垦工程建设，该岸段堤外暂时没有形成大规模成片的植被分布。总体来看，东台市的植被岸线进退变化趋势清晰，除了在方塘河口由于入海河道的摆动，有小部分岸段植被岸线向陆后退以外，其他岸段均为向海推进。图 8.56 显示了东台市的典型岸段植被岸线变化情况，表 8.32 列出了对应的植被岸线变化速率和变化幅度。

表 8.32　2014—2015 年东台市典型岸段植被岸线变化情况

区域	年平均变化速率（m/a）	最大变化距离（m）	变化状态
东台河口北侧	107.00	300	快速向海推进
东台河口—梁垛河口	35.17	266	稳定向海推进
方塘河口两侧	168.70	596	快速向海推进

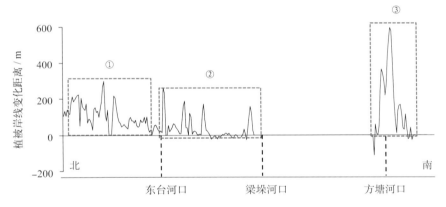

图 8.56　东台市典型岸段植被岸线变化距离
①东台河口北侧；②东台河口—梁垛河口；③方塘河口两侧

东台河口北侧岸段滩外潮汐水动力环境稳定，滩涂宽广，且高程较高，植被生长环境不易受到影响，因此植被生长旺盛。2014—2015 年，该岸段植被岸线向海快速扩张，最大推进距离约为 300 m，平均向海推进速率 107 m/a。2015 年，该岸段的中间部分滩涂被围垦成盐养围堤，植被岸线长度有所缩短，如图 8.57(a) 所示。东台河口—梁垛河口岸段受高涂围海养殖影响，滩涂逐年被盐养围堤所匡围。可以看到，在东台河口南侧、梁垛河口北侧岸滩向海匡围速度较快，而两河口中间的部分岸段匡围速度较慢，因此该岸段植被岸线被养殖区取水河道分割，植被岸线分布较为破碎，但是岸线变化相对稳定，总体向海推进，推进距离大多在50 m 以内，最大推进距离 266 m，平均推进距离 35.17 m/a。在 2015 年的高分辨率卫星遥感影像上，能明显看到东台河口与梁垛河口盐养围堤外侧新生长了大片植被，如图 8.57(b) 所示。方塘河口南侧岸段潮滩宽阔，利于植被生长，植被快速向海扩张，平均向海推进速率约 168 m/a，最大增加幅度 596 m，如图 8.57(c) 所示。

（a）东台河口北侧岸段

（b）东台河口—梁垛河口岸段

（c）方塘河口岸段

图 8.57　东台市典型岸段植被岸线分布与变化

如东县

如东县海岸受岸外辐射沙脊群的掩护，海岸处于风浪较小的淤积环境。如东县植被岸线变化明显的区域主要有两处，一处在北凌河口—小洋口岸段，另一处在东凌港口—东安闸岸段，如图 8.58 所示。

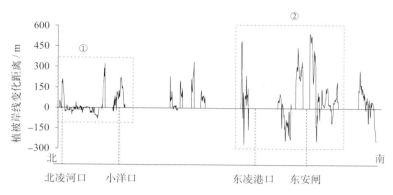

图 8.58 如东县典型岸段植被岸线变化距离

①小洋口；②东凌港口—东安闸

　　北凌河口—小洋口岸段植被岸线有进有退，总体向海推进，但是扩张速度较慢，2014—2015 年平均向海推进速率为 19.85 m/a，最大推进距离约 321.17 m，如图 8.59(a) 所示。东凌港口—东安闸岸段植被岸线向海推进较快，特别是在东凌港口北侧潮滩和东安闸南侧潮滩，明显可以看到米草快速扩张，最大推进距离 544.33 m，平均向海推进速率为 56.82 m/a，如图 8.59(b) 所示。因此，总体来看，2014—2015 年如东县植被岸线整体呈向海推进趋势，平均推进速率为 27.35 m/a，具体统计如表 8.33 所示。

表 8.33　2014—2015 年如东县典型岸段植被岸线变化情况

区域	年平均变化速率（m/a）	最大变化距离（m）	变化状态
小洋口	19.85	321.17	向海推进
东凌港口—东安闸	56.82	544.33	向海推进

（a）北凌河口—小洋口岸段　　　　　　　（b）东凌港口—东安闸岸段

图 8.59　如东县典型岸段植被岸线分布与变化

通州湾示范区、海门市

通州湾示范区的植被岸线主要分布于遥望港两侧、新中闸南侧和新开河港北侧潮滩，如图 8.60 所示。遥望港北侧潮滩植被岸线向陆后退，局部岸段植被岸线消失，南侧岸段的植被岸线向海推进，平均推进速率 39.79 m/a。新中闸南侧潮滩植被岸线整体向海推进，潮滩淤宽。新开河港北侧岸段由于 2015 年清理新开河港入海口河道淤泥，开挖拓宽河道，植被岸线后退，最大后退距离 135 m。

海门市沿海均为人工岸线，岸外植被岸线稀少，少量的植被岸线分布于新开河港南侧。2014—2015 年海门市的植被岸线基本保持稳定，总体表现为微弱的后退趋势，平均后退速率 2.28 m/a。

图 8.60　通州湾示范区—海门市典型岸段植被岸线分布与变化

启东市

启东市海岸处于隐性侵蚀向显性侵蚀的过渡阶段。启东市在沿海开展高涂围垦、港口建设等的同时，为防止海岸侵蚀，在沿海建设了大量海堤，堤外植被稀少。从高分辨率遥感影像上看，只有在蒿枝港至塘芦港岸段、协兴河口南侧岸段和圆陀角北侧岸段有零星的植被岸线分布，如图 8.61 所示。

蒿枝港口—塘芦港口岸段在 2014—2015 年植被岸线振荡变化，如图 8.62(a) 所示，最大向海扩张 93.73 m，最大向陆后退 102.37 m，总体呈微弱向海推进趋势，平均向海推进速率为 7.01 m/a。协兴河口南侧岸段植被岸线向海推进，平均向海推进速率为 8.75 m/a，最大变化距离为 30.62 m。圆陀角北侧岸段植被岸线总体以向陆后退为主，如图 8.62(b) 所示，平均向陆后退速率为 7.86 m/a，最大后退距离 38.40 m。表 8.34 列出了各典型岸段的植被岸线变化情况。

综合各岸段的植被岸线变化结果可以看出，2014—2015 年，启东市植被岸线整体稳定，呈微弱的向海推进趋势，平均向海推进速率 1.91 m/a。

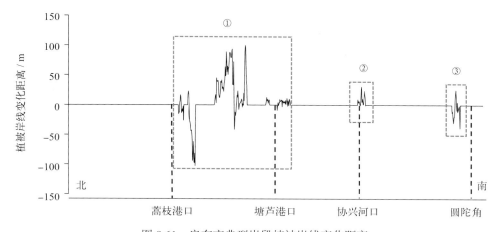

图 8.61 启东市典型岸段植被岸线变化距离

①蒿枝港口—塘芦港口；②协兴河口南侧；③圆陀角北

表 8.34 2014—2015 年启东市典型岸段植被岸线变化情况

区域	年平均变化速率（m/a）	最大变化距离（m）	变化状态
蒿枝港口—塘芦港口	7.01	−102.37	振荡变化
协兴河口南侧	8.75	30.62	向海推进
圆陀角北	−7.86	−38.40	向陆后退

（a）蒿枝港口—塘芦港口岸段 （b）圆陀角北侧岸段

图 8.62 启东市典型岸段植被岸线分布与变化

8.5　本章小结

　　本章详细介绍了江苏省、沿海三市、沿海市县区三级 2014—2016 年岸线岸滩的时空动态变化特征。利用基线法和面积法，计算了海岸线的冲淤速率，统计了稳定岸线、淤长岸线和侵蚀岸线的长度及比例，从潮间带面积、宽度、体积及冲淤厚度出发分析了岸滩的冲淤变化特征，描述了江苏省典型岸段的断面坡度形态。最后统计并分析了江苏省植被岸线的变化规律。

第9章　海岸线变化趋势预测

海岸线的演变是自然因素和人类活动综合作用的结果。由于海洋动力环境的改变以及泥沙供给关系的变化，淤泥质海岸总体上发生着缓慢而持续的淤进或蚀退变化，引起海岸线的向海推进或向陆后退。到了近现代，在自然条件基础上，科学技术推动和政策因素诱导下，以经济效益为导向，以人类活动和自然因素反馈为主要驱动方式，海岸线的变化有加快、加剧的趋势（陈路遥等，2008）。研究海岸线的变迁，掌握影响海岸线变化的因素，并预测其变化趋势，不仅可以展示海岸线近期的轮廓变化，使海洋管理部门对海岸带的变化有一个宏观的认识，而且可以为入海河口治理、滩涂围垦规划、岸线整治修复等提供实际的指导，从而为提升海岸带的开发效率、推进海岸带空间资源的可持续利用提供科学依据。

由于引起海岸线变化的原因多、海岸线变化规律复杂，目前国内外对海岸线变化的研究主要集中在利用已有的海岸线数据总结分析海岸线的变化特征上，对海岸线变化趋势预测的研究相对较少，没有给出海岸线变化趋势的明确、量化的预测结果。尹明泉等（2006）对黄河三角洲河口地区 1986—2004 年遥感图像进行比较分析，发现海岸线位置的原始数据间存在近似的二元一次线性相关关系，据此建立了回归模型，对 2005—2010 年河口地区的海岸线形态进行了演变预测。预测后认为，海岸线的演化是多种因素共同作用的结果，预测的可靠性与预测时限的长短密切相关，预测的时间越远，预测值的可靠性就越低，因此认为对 2005 年、2007 年海岸线的预测应该是合理的，对 2010 年海岸线的预测结果可供参考。盛辉等（2011）假定黄河来水来沙条件稳定，海洋动力作用每年变化趋势相近，提出利用二维元胞自动机模型 CA（Cellular Automata），从分析往年海岸线变化情况来寻找海岸线变化规律，对黄河三角洲海岸线的变化趋势进行了预测。

陈路遥等（2008）把遥感解译的 5 期海岸线作为数据源，设置原点和若干侧线，提取出用于海岸线变化分析的原始数据序列，利用灰色模型 GM（Grey Model）计算得到预测点，平滑连接得到预测海岸线，预测了辽河三角洲的海岸线变化趋势，该工作结果表明利用 GM 模型进行海岸线预测是合理可靠的。林爱华等（2009）进一步将遥感影像海岸线边缘提取与矢量化、海岸线相关因子计算（变化速率与分维度）和海岸线变化趋势预测模型 GM(1,1)相结合，设计和开发出基于 RS 和 GIS 的海岸线变化趋势预测系统，实现了海岸线预测的量化和自动化。余威等（2012）也利用 GM（1,1）模型对珠江口内伶仃洋海区的局部海岸线变化趋势进行了相对量化的预测，结合 MATLAB 强大的矩阵计算能力和数值计算能力，解决灰色预测模型中矩阵和白化方程的复杂计算问题。预测结果认为，珠江口地区海岸线形态总体上是随时间做递增变化的，符合灰色数列预测的基本要求，因此海岸线变化过程是一种在一定时空范围内变化的灰色过程。

因此，从已有的海岸线变化趋势模型来看，主要有线性回归模型、CA 模型、GM 模型等，根据已有的海岸线位置原始数据的变化规律来预测未来海岸线的变化趋势，其中又以 GM 模型预测应用居多。

9.1 海岸线变化趋势预测方法

9.1.1 灰色系统理论

灰色系统指相对于一定的认识层次，系统内部的信息部分已知、部分未知，即信息不完全的系统。灰色系统理论认为，各种环境因素对系统的影响，使得表现系统行为特征的离散数据呈现出离乱，但是这一无规则的离散数列是潜在的有规则序列的一种表现，系统总是有其整体功能，也就必然蕴含着某种内在规律。因而任何随机过程都可看作是在一定时空区间变化的灰色过程，随机量可看作是灰色量，通过生成变换将无规序列变成有规序列（邓聚龙，1990）。灰色系统理论自诞生以来，发展迅速。由于它所需因素少，模型简单，在我国农业、水利等领域都得到了广泛应用（宋立松，2004）。灰色系统在很多研究领域有着广泛的应用前景，特别是对于因素空间难以穷尽，运行机制尚不明确，又缺乏建立确定关系的信息系统，灰色系统理论及方法提供了新的解决思路（余威等，2012）。

海岸线中自然岸线的变化过程可以看作是在一定时空范围内变化的灰色过程，原因在于：①自然岸线形态的变化表现为岸滩冲刷或淤积引起的岸线后退或淤进，从平面形态上来看，可以看作是以某一基准岸线为依据，岸滩宽度的增加或减小，而岸滩宽度的变化总体上是随时间做递增或递减变化的；②海岸线形态的变化是河流径流、泥沙、海洋动力作用等众多因素综合作用的结果，不易用明确的或白化的数学模型来表达。因此，用自制的离散的白化数据（遥感影像提取的海岸线位置数据）组成原始数据序列，利用灰色系统预测模型，可以研究海岸线的演变趋势。

灰色系统预测模型有以下 3 个特点：①建模所需的信息较少，通常只要有 4 个以上的数据即可建模；②不必知道原始数据分布的先验特征，对无规则或不服从任何分布的任意光滑离散的原始序列，通过有限次的生成，即可转化为有规序列；③建模精度较高，既可保持原系统的特征，又能够较好地反映系统的实际状况。

9.1.2 灰色系统预测模型

灰色系统预测模型 GM（1,1）预测海岸线变化趋势的基本原理是依据系统中已知的时间序列海岸线位置资料，将其按微分方程拟合去逼近上述时间序列所描述的动态过程，进而外推，达到预测的目的。这种拟合得到的模型是时间序列的一阶微分方程，其离散时间的响应函数近似呈指数规律变化。

GM（1,1）模型建模流程如图 9.1 所示。

设一阶变量 $x_{(0)}$ 的原始非负时间序列为：

$$x_{(0)} = \left\{ x_{(0)}(1), x_{(0)}(2), \cdots, x_{(0)}(k) \right\} \tag{9.1}$$

为了减小系统的不确定性，用累加生成运算（Accumulated Generating Operation, AGO）生成序列一次累加和，构成累加生成序列，表示为：

$$x_{(1)} = \left\{ x_{(1)}(1), x_{(1)}(2), \cdots, x_{(1)}(k) \right\} \tag{9.2}$$

其中，

$$x_{(1)}(k) = \sum_{j=1}^{k} x_{(0)}(j) \tag{9.3}$$

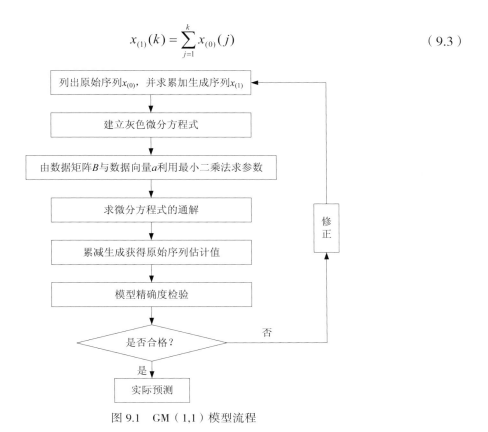

图 9.1 GM（1,1）模型流程

GM（1,1）模型的一阶白化微分方程为：

$$\frac{\mathrm{d}x_{(1)}}{\mathrm{d}t} + a x_{(1)} = b \tag{9.4}$$

式中，a 为待辨识参数，也称为发展系数；b 为待辨识内生变量，也称为灰作用量。a、b 为待定系数，可用向量 $\hat{a} = [a, b]^T$ 来表示，并利用最小二乘法原理求解如下：

$$\hat{a} = \left[B^T B \right]^{-1} B^T y \tag{9.5}$$

$$B = \begin{vmatrix} -\frac{1}{2}(x_{(1)}(1) + x_{(1)}(2)) & 1 \\ -\frac{1}{2}(x_{(1)}(2) + x_{(1)}(3)) & 1 \\ \vdots & \vdots \\ -\frac{1}{2}(x_{(1)}(k-1) + x_{(1)}(k)) & 1 \end{vmatrix} \tag{9.6}$$

$$y = \begin{vmatrix} (x_{(0)}(2)) \\ (x_{(0)}(3)) \\ \vdots \\ (x_{(0)}(k)) \end{vmatrix} \tag{9.7}$$

于是可得到灰色预测的离散时间响应函数为：

$$x_{(1)}(k+1) = \left[x_{(0)}(1) - \frac{b}{a} \right] e^{-ak} + \frac{b}{a} \tag{9.8}$$

由于计算得到的是累加后的数据序列，因此计算结果必须通过累减还原成原序列：

$$f(x) = \begin{cases} x_{(0)}(1), & i = 1 \\ x_{(1)}(i) - x_{(1)}(i-1), & i \geq 2 \end{cases} \quad\quad (9.9)$$

计算得到的 $x_{(0)}(k+1)$ 即为未来的海岸线位置数据变化结果。

9.2 海岸线变化预测模型应用

9.2.1 预测流程

利用 GM（1,1）灰色系统预测模型，分析海岸线未来的变化趋势，预测流程如下。

1）海岸线分割与离散

海岸线分割与离散的目的是取得在同一岸滩剖面上的时序离散海岸线位置点的坐标，形成海岸线变化分析的原始数据序列。流程主要包括分割基线确定、分割基线的分段处理、分割基线段的中垂线生成和海岸线离散点生成。

（1）分割基线确定。将不同年份的海岸线统一转换为大地坐标系，然后把海岸线图层叠置在一起，依据画外包络线的方法，在所有海岸线的外侧（海水一侧）做一条与岸线、岸滩走向基本平行的平行线，以此作为海岸线的分割基线。

（2）分割基线的分段处理。由于沿基线走向方向的岸滩冲淤变化不会特别剧烈，可取 500 m 作为海岸线分割基线的分割距离。在编辑状态下，选中基线对象，利用 ArcGIS 的 Divide 工具，进行分割基线的分段处理。

（3）侧线生成。在编辑状态下，对每个基线段选择线段的中点（Midpoint），做基线段的中垂线，形成基线段的中垂线集，中垂线集称为侧线集。注意以下要点：①侧线的长度能够保证与所有的海岸线相交；②如果基线段与前后的线段一起近似直线，那么直接做基线段的中垂线，得到的侧线之间基本互相平行分布；③如果基线段与前后的线段一起形成折线，或者弯曲，特别是在河口或者潮沟入海口附近，那么中垂线可能相互交叉，这时需要根据分割基线的具体弯曲情况，在基线上适当添加节点，减小节点间的间距，同时对中垂线作调整，使得最终得到的各侧线或其延长线尽量交于一点且基本与岸滩相垂直，此时侧线基本呈放射状分布。

（4）海岸线离散点生成。利用 GIS 的空间拓扑分析功能，进行线打断处理，得到海岸线与侧线集的交点。将交点的 x、y 坐标输出，得到所需要的海岸线离散点。

2）海岸线变化预测

海岸线变化预测步骤如下：

（1）根据得到的海岸线离散点位置数据序列，建立灰色模型，计算各年份海岸线至分割基线的距离值，组成每条分割线对应的原始数据序列；

（2）对 1 号分割线的原始数据序列 $x_{(0)}$，作 1–AGO 序列；

（3）取相邻两项的平均值，构建 $x_{(1)}$ 的一阶微分方程，求取待定系数 a 和 b，求解 $x_{(1)}(k+1)$；

（4）利用此模型求出预测值，并按照累减方法，还原原始序列值，进行模拟精度检验，得到 $x_{(0)}(k+1)(1)$，即为 1 号分割线的海岸线预测结果；

（5）重复（2）~（4），分别建立每条分割线 i 的原始数据 GM 模型，求得 $x_{(0)}(k+1)(i)$；

（6）将所有分割线预测值连接成折线后再平滑，得到预测的海岸线。

9.2.2　预测结果检验

海岸线预测结果的检验采用后验差检验法，具体如下。

1）求原始数列的方差 s_1^2 与标准差 s_1

$$s_1^2 = \frac{1}{n-1} \sum_{t=1}^{n} \left[x_{(0)}(t) - \overline{x}_{(0)} \right]^2, \quad s_1 = \sqrt{s_1^2} \tag{9.10}$$

其中，

$$\overline{x}_{(0)} = \frac{1}{n} \sum_{t=1}^{n} x_{(0)}(t) \tag{9.11}$$

2）构建残差数列 $\varepsilon_{(0)}(t)$

$$\varepsilon_{(0)}(t) = x_{(0)}(t) - \hat{x}_{(0)}(t) \tag{9.12}$$

式中，$t = 1, 2, \cdots, n$。利用公式（9.10）、（9.11）求出残差的方差与标准差 s_2。

3）求后验差比值 C 与小误差概率 P

$$C = \frac{s_2}{s_1} \tag{9.13}$$

$$P = P\{ |\varepsilon_{(0)} - \overline{\varepsilon}_{(0)}| < 0.674\,5 s_1 \} \tag{9.14}$$

如果满足 $\left| \varepsilon_{(0)}(t) - \overline{\varepsilon}_0 \right| < 0.674\,5 s_1, (t = 1, 2, \cdots, n)$ 条件的 $\varepsilon_{(0)}$ 的个数为 r，则

$$P = \frac{r}{n} \tag{9.15}$$

4）预测标准

当 $C \leqslant 0.35$，且 $P \geqslant 0.95$ 时，预测模型精度为一级（好）；当 $0.35 < C \leqslant 0.5$，并且 $0.8 \leqslant P < 0.95$ 时，预测模型精度为二级（合格）。

将所有分割线的灰色预测模型计算值还原计算后，作残差检验，如果所得的相对误差值较小，即可认为各个模型是合理的。

利用基于灰色系统理论的 GM（1,1）模型预测海岸线变化趋势时，侧线的多少会影响预测结果的精确程度。侧线数越多，预测结果越精确，但相应的运算量也会增大。因此在进行海岸线预测时，对于岸线曲折、变化明显的区域，应选取较多的侧线；对于岸线变化较小的区域，可选取较少的侧线。但是随着预测时间的增加，被忽略的影响岸线变化的自然因素和人为因素会增多，会使预测值的可靠性降低。因此 GM（1,1）模型适用于中短期的海岸线形态变化预测。

9.2.3　盐城湿地珍禽国家级自然保护区海岸线变化预测

海岸线的变化是在一定时空范围内变化的灰色过程。根据灰色系统理论预测法，选择人

工干预影响最小的盐城湿地珍禽国家级自然保护区所在的新洋河口至斗龙港岸段进行岸线变化趋势预测，研究范围如图 9.2 所示。

图 9.2　海岸线预测研究区示意图

利用遥感提取的 2010—2016 年共计 7 年的海岸线，以其分割的离散点为灰色预测模型的驱动数据，建立海岸线变化灰色预测模型。其中，以 2010—2015 年的数据为基础，预测 2016 年的海岸线位置，并以遥感提取的 2016 年海岸线来评价预测海岸线的位置精度。

在研究区内侧绘制基线，基于基线制作了 38 条侧线，并根据海岸线的走向对侧线进行手动调整，结果如图 9.3 所示。在 ArcGIS 中构建拓扑关系，得到各年度的海岸线至基线的距离。以靠近新洋河口的 1 号侧线为例，对 1 号侧线的原始序列 $X_{(0)}$ = {5 099，5 059，4 968，5 020，4 967，4 858} 作 1–AGO 序列，并取相邻两项的平均值，构建 $X_{(1)}$ 的一阶微分方程，求取出待定系数 a 和 b，求解得到 $X_{(1)}(k+1)$，可得到预测值 4 855。同理对每条侧线的原始数据分别建立 GM（1,1）灰色模型，求解得到 $X_{(i)}(k+1)$，即 2016 年海岸线预测值。将预测值所在的点连成线，形成 2016 年预测海岸线。2017 年海岸线预测方法同理。

表 9.1 列出了海岸线的预测结果和误差统计结果。利用 2016 年的遥感提取海岸线对预测海岸线位置结果进行精度评价，平均绝对误差 32.95 m，残差 95% 的置信区间为 –15.74 ~ 10.30 m。图 9.4 显示了预测的海岸线和遥感提取海岸线的对比，两者分布基本一致，认为预测结果合理有效，可用于对未来的海岸线进行预测。

图 9.5 显示了预测得到的 2017 年海岸线。利用 2017 年预测海岸线与 2016 年遥感提取海岸线分析，得到盐城湿地珍禽国家级自然保护区的海岸冲淤状况如图 9.6 所示。可以看到，

预计 2017 年盐城湿地珍禽国家级自然保护区的海岸线处于冲刷后退趋势，平均后退速率约为
40 m/a。新洋河口至中路港岸段的冲刷主要受双洋河口摆动的影响，下坝岸段的冲刷受下坝
潮沟摆动的影响。而斗龙港北侧出现局部淤积，岸线向海推进 5 ~ 10 m，主要是斗龙港向南
摆动，导致河口北侧岸滩淤长。

表 9.1 海岸线计算结果序列表 （单位：m）

侧线号	遥感测量值							2016 年预测值	2017 年预测值	绝对误差	相对误差（%）
	2010 年	2011 年	2012 年	2013 年	2014 年	2015 年	2016 年				
1	5 099	5 059	4 968	5 020	4 967	4 858	4 943	4 855	4 873	−88	−1.807
2	5 259	5 216	5 109	5 184	5 106	5 061	5 061	5 042	5 024	−19	−0.369
3	5 360	5 361	5 230	5 310	5 211	5 162	5 138	5 131	5 095	−8	−0.148
4	5 503	5 449	5 317	5 381	5 291	5 247	5 237	5 210	5 186	−28	−0.532
5	5 562	5 503	5 346	5 422	5 329	5 270	5 250	5 230	5 196	−20	−0.376
6	5 620	5 551	5 448	5 511	5 384	5 311	5 325	5 280	5 257	−45	−0.849
7	5 617	5 605	5 493	5 579	5 463	5 346	5 413	5 336	5 333	−77	−1.445
8	5 682	5 672	5 593	5 652	5 555	5 468	5 537	5 456	5 466	−82	−1.495
9	5 756	5 725	5 618	5 692	5 573	5 452	5 527	5 438	5 439	−90	−1.654
10	5 777	5 752	5 657	5 704	5 623	5 482	5 481	5 475	5 423	−6	−0.112
11	5 605	5 647	5 619	5 697	5 556	5 403	5 400	5 422	5 355	22	0.401
12	5 586	5 574	5 658	5 720	5 560	5 482	5 458	5 516	5 451	58	1.054
13	5 716	5 731	5 759	5 754	5 673	5 620	5 570	5 616	5 555	46	0.819
14	5 508	5 586	5 585	5 672	5 543	5 480	5 425	5 498	5 425	72	1.316
15	5 641	5 672	5 683	5 762	5 591	5 545	5 515	5 548	5 493	34	0.608
16	5 649	5 676	5 685	5 844	5 622	5 572	5 555	5 600	5 544	44	0.788
17	5 674	5 709	5 694	5 933	5 628	5 598	5 599	5 627	5 580	29	0.507
18	5 772	5 815	5 802	6 035	5 717	5 627	5 617	5 664	5 589	48	0.840
19	5 914	5 909	5 898	6 017	5 791	5 724	5 709	5 727	5 670	18	0.311
20	5 931	5 926	5 956	6 041	5 887	5 795	5 795	5 824	5 773	28	0.484
21	5 913	5 908	5 967	6 035	5 828	5 787	5 757	5 792	5 732	35	0.600
22	5 948	5 949	5 992	6 055	5 832	5 800	5 800	5 791	5 753	−10	−0.168
23	5 864	5 914	6 020	6 138	5 807	5 735	5 743	5 756	5 693	13	0.222
24	5 960	6 008	6 104	6 207	5 915	5 837	5 842	5 859	5 797	17	0.292
25	6 162	6 196	6 204	6 231	6 057	6 041	6 024	6 010	5 975	−14	−0.225

侧线号	遥感测量值							2016年预测值	2017年预测值	绝对误差	相对误差（%）
	2010年	2011年	2012年	2013年	2014年	2015年	2016年				
26	6 164	6 164	6 156	6 138	6 057	6 013	5 977	5 987	5 941	10	0.171
27	6 235	6 216	6 174	6 185	6 061	6 034	6 013	5 993	5 959	−20	−0.337
28	6 311	6 269	6 251	6 244	6 158	6 144	6 108	6 111	6 075	3	0.046
29	6 019	6 056	6 167	6 240	5 946	5 910	5 883	5 913	5 845	30	0.507
30	6 581	6 626	6 610	6 691	6 500	6 435	6 463	6 427	6 403	−36	−0.567
31	6 779	6 765	6 743	6 784	6 604	6 490	6 469	6 474	6 405	6	0.087
32	6 713	6 668	6 600	6 599	6 495	6 473	6 454	6 419	6 394	−35	−0.543
33	6 492	6 439	6 390	6 335	6 271	6 245	6 223	6 185	6 160	−38	−0.611
34	6 334	6 274	6 226	6 169	6 097	6 093	6 077	6 025	6 011	−52	−0.865
35	6 102	6 071	6 044	6 017	5 965	5 967	5 939	5 927	5 906	−12	−0.204
36	5 871	5 955	5 975	6 004	5 868	5 866	5 840	5 849	5 815	9	0.146
37	5 648	5 730	5 734	5 808	5 698	5 669	5 648	5 681	5 643	33	0.574
38	5 445	5 529	5 596	5 675	5 552	5 543	5 553	5 575	5 559	22	0.389

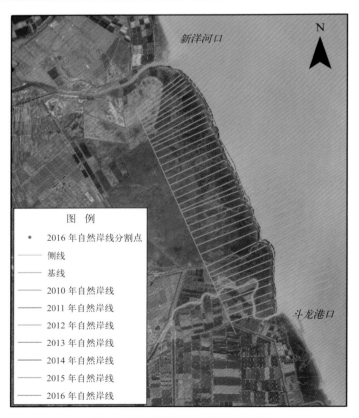

图 9.3　遥感海岸线与侧线示意图

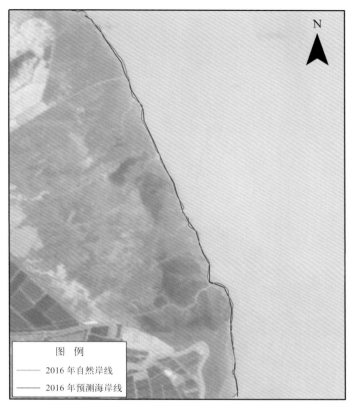

图 9.4　2016 年预测海岸线与遥感海岸线的对比

图 9.5　灰色理论模型预测的 2017 年盐城湿地珍禽国家级自然保护区海岸线位置

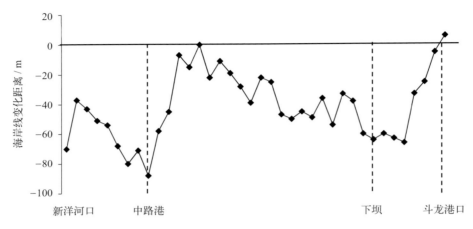

图 9.6　盐城湿地珍禽国家级自然保护区海岸线变化预测

9.3　本章小结

　　本章回顾了进行海岸线变化趋势预测的常用方法，重点介绍了其中的灰色系统理论和
GM（1,1）灰色系统预测模型，并利用 GM（1,1）模型在盐城湿地珍禽国家级自然保护区进
行了海岸线预测，探讨了海岸线变化趋势及其变化原因。

参考文献

陈路遥, 蒋卫国, 陈云浩, 等, 2008. 基于灰色模型 GM(1,1) 的海岸线变化趋势预测——以辽河口三角洲
　　地区为例 [J]. 应用基础与工程科学学报, 16(4):511–517.
邓聚龙, 1990. 灰色系统理论教程 [M]. 武汉 : 华中理工大学出版社 .
林爱华, 岳建伟, 陈路遥, 2009. 海岸线变化趋势预测方法研究与系统实现 [J]. 测绘科学, 34(4): 109–110.
盛辉, 王兵兵, 程义洁, 等, 2011. 基于 CA 的黄河三角洲海岸线演变预测 [J]. 人民黄河, 33(10): 128–130.
宋立松, 2004. 钱塘江河口稳定性的灰色突变分析 [J]. 泥沙研究, (6):1–3.
尹明泉, 李采, 2006. 黄河三角洲河口段海岸线动态及演变预测 [J]. 海洋地质与第四纪地质, 26(6): 35–40.
余威, 吴自银, 傅斌, 2012. 基于 Matlab 和灰色模型 GM(1,1) 预测海岸线变化 [J]. 海洋通报, 31(4):
　　404–408.

第 10 章　岸线岸滩资源保护对策

10.1　管理建议

经历了 21 世纪初的海岸带快速开发后，利用不同时相海岸线的位置对比，能够明显监测到江苏省大陆岸线岸滩的动态变化，这些变化也影响到江苏省沿海的动力环境和生态环境。为了合理利用滩涂资源，优先保护海洋生态环境，加强海岸线保护与利用管理，实现自然岸线保有率管控，构建科学合理的自然岸线格局（国家海洋局，2017），国家和江苏省提出了岸线岸滩资源保护和利用的新的要求。为了更好地贯彻保护自然资源、生态优先的国家战略，在海岸带开发管理方面，提出以下 5 点针对性建议措施。

1）加大现有自然岸线的保护

保护好赣榆区柘汪河口至龙王河口之间的原生砂质海岸，局部区域可采用修筑丁坝结合人工补沙等工程措施，减缓海滩坡度，逐步恢复砂质海岸的原有形态。对西墅附近的砂质海岸，要减少近岸开放式养殖，防止沙滩泥质化。射阳河口至四卯酉河口岸段连续分布的淤泥质海岸岸线有向陆后退的趋势，要加强该岸段的现场断面地形监测，监控泥沙运移的规律，分析引起泥沙运移的原因，必要时采用一些海岸工程措施，减少自然岸线的侵蚀。大型入海河口如临洪河口、埒子口、灌河口、扁担河口、川东港口、梁垛河口、方塘河口、北凌河口、小洋口等河口淤泥质海岸，注意做好湿地生态保护，尽量减少或不规划养殖用海。对现有的自然岸线，严格限制建设项目占用，确需占用自然岸线的建设项目要严格进行论证和审批，海域使用论证报告应明确提出占用自然岸线的必要性与合理性结论。

2）加快侵蚀岸段的整治修复

滨海县振东闸至射阳县双洋河口的强侵蚀岸段，潮流动力强，现有的近岸围海养殖围堤水毁倒坎严重。根据遥感监测，该岸滩狭窄，坡度逐年陡化，是目前全省岸滩坡度最陡的岸段。可修筑高标准人工海堤，进行岸滩整治修复，通过修复受损岸线，保护岸线资源，减少渔民损失。

3）推进淤泥质海岸现有人工海堤外侧的自然岸线恢复

射阳河口以南至连兴河口岸段，以淤长岸段和围垦岸段为主，虽然修建了人工海堤，但是在人工海堤外侧，利用遥感监测到有米草等植被带分布。要减少对植被带的破坏，充分利用米草固滩和促淤的作用，促进人工海堤外侧滩涂的向海推进，形成原有的淤泥质海岸形态特征和生态功能，逐步恢复自然岸线，在此基础上落实和保障江苏省自然岸线保有率不低于35% 的管控目标。

4）加强人工岸线的集约节约和优化利用，提高岸线利用效率

由于潮间带面积逐年减少，岸滩平均宽度减小，全省淤长岸段长度变短，平均淤长速率下降，潮间带空间资源呈逐渐减少的趋势。因此对现有的淤泥质滩涂资源，需要科学规划滩涂围垦和围海造地。对斗龙港口至梁垛河口的淤泥质岸段，要尽量减少低标准围海养殖用海；对全省现有的区域建设用海内形成的人工岸线，特别是南通市管辖范围内的人工岸线，需要加强规划和集约利用，加大现有人工岸线的使用力度，严格控制占用岸线长度，提高投资强

度和利用效率，优化海岸线开发利用格局，节约岸线岸滩资源。

5）评估现有滨海湿地资源与健康状况，预测滩涂资源的变化趋势

江苏省拥有丰富的滩涂滨海湿地资源，契合全国生态用海建设的需求，利用遥感技术监测现有滨海湿地、河口湿地的资源量，评估湿地的健康状况，预测潮滩资源的变化趋势，结合水动力数值模拟手段，分析江苏省沿海的泥沙运移规律，了解滩涂空间资源变化特征，解释滩涂冲淤变化的动力机制，可以为合理开发和利用现有的潮滩资源提供科学依据。

10.2　技术展望

在技术层面，需要加强研究，重点提高海岸线认定、识别和提取的精度，为岸线岸滩动态变化趋势分析提供高质量的基础数据。

1）制定海岸线分类标准

从已有的研究来看，对于海岸线认定，有的以人工岸线作为海岸线，有的以高潮时的水边线作为海岸线，有的以耐盐植被分界线作为海岸线，有的以等深线作为海岸线，诸如此类，不一而足。多样的分类标准对于监测数据的延续性以及分析结果的科学性、可比性是不利的，需要及早制定自然岸线、人工岸线、海岸线的分类标准，规定规范的岸线提取技术方法，在统一的规则下，更好地开展海岸线变迁分析。

2）加强海岸带地物波谱机制研究，提高水边线提取精度

除几何校正、大气校正误差以及天气原因外，影响海岸线提取精度的主要因素是海岸线周围地物对比度的差异，这些差异主要与影像的空间分辨率、波谱分辨率、岸滩地形、底质、近岸海水悬浮泥沙浓度、滩面积水状况等有关（张明等，2008）。在基岩海岸和砂质海岸，水体与陆地的光谱差异明显，海岸线清晰，海岸线提取的精度较高；而在淤泥质海岸，近岸湿地、植被以及露滩后潮滩表层残留水的光谱特征与海水相似，水陆边界模糊，水边线区分比较困难。这种前期光谱的不易区分性造成的海岸线位置偏差往往经过卫星成像系统向高层传导，使得后期结果不能真实反映地理空间内的地物信息（图10.1）。因此必须加强海岸带地物光谱特征分析以及遥感成像机理研究，通过图像增强处理，突出水陆差异，扩大水陆地物目标类别之间的波谱差异性，提高海岸线（水边线）提取的精度。

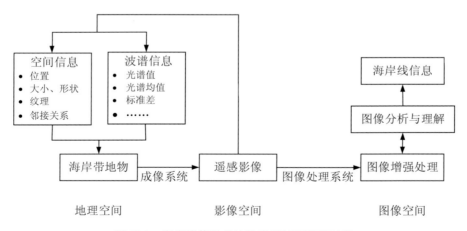

图 10.1　海岸线信息的地物光谱特征传递过程

3）采用面向对象分类方法，改善水体分类效果

海岸线提取不仅是灰度值变化的图像分析过程，也应考虑水体、滩涂等的大小、形状、纹理等地学特征，从而实现滩涂或水体的图像分割。基于面向对象的遥感信息提取不再是以像元为基础，而是首先针对地物的光谱、形状特征选择合适的分割尺度实现地物的多尺度图像分割，然后以分割和合并处理后的图像斑块为分类对象进行目标的分析和判别。这样通过将图像处理的基本理论与地学知识相结合，并根据不同海岸类型选择最优的提取方法，来进一步提高海岸线提取的准确率。

4）发展潮汐计算与预报模型，提高潮位预报精度

利用数值模拟手段进行潮位计算和预报，准确获得遥感影像成像时刻的潮位值，完成水边线的潮位赋值，是进行海岸线推算的重要依据。在淤泥质海岸，岸滩平均坡度为 1‰ ~ 3‰，10 cm 的潮位误差就可能带来几十米至上百米的海岸线平面位置误差。因此，发展高精度近海潮汐计算与预报模型，进一步提高潮位预报效率，对海岸线的推算具有重要意义。

5）充分结合计算机自动解译与目视解译，提高海岸线的连续性

计算机自动提取遥感影像中的水边线是实现海岸线自动分类提取的前提。目前的研究集中在采用边缘检测算法进行水陆边界自动提取，不同的方法有不同的提取效果，主要问题包括对图像复杂程度、边缘清晰程度、噪声情况等图像自身特征的依赖，部分算法计算效率低下，计算代价高等，因此需要对算法本身进行改进和完善，提高方法的适用性。另外，采用计算机自动解译提取时，难免产生一些明显的假边缘点和丢失一些真实边缘的细节部分，导致提取的海岸线不连续以及产生提取结果错误，可以在自动提取的基础上结合目视解译修正，以自动解译为主，辅以局部的人工修正，提高海岸线提取的精度。

6）开展数据融合及应用研究，采用复合手段提高准确率

由于光学遥感、微波遥感、激光雷达等技术在海岸线调查中都存在各自的优势与不足，同时不同海岸地貌的海岸线在影像上的解译标志与提取方法都各有特点，或对应特定的遥感数据，或对应海岸线提取的某一阶段，或对应某一特定的岸线类型，因此需要弄清各自的特点。其中：高空间分辨率的卫星图像更加清晰，是简化海岸线提取算法并提高测绘精度的关键；多波段的卫星图像可以区分更多地物特征，能够完成不同类型的海岸线解译；SAR 卫星具有全天候观测功能，为海岸线遥感解译提供了更多的图像数据来源；新数学算法的出现推动着数字图像处理技术的发展，为遥感图像中的海岸线分析解译提供了必要的技术支持（马小峰等，2007）。因此需要集中多源遥感的技术优势，加强多源、多模式、多时相的数据融合及应用研究，充分挖掘各种岸线提取方法和各种遥感数据的特点，取长补短，采用复合手段提高海岸线提取准确率，这将是未来海岸线调查的发展方向（李雪红等，2016）。

参考文献

国家海洋局 . 海岸线保护与利用管理办法 [EB/OL]. http://www.soa.gov.cn/zwgk/zcgh/hygl/ 201703/t20170331_ 55433.html, 2017.3.31.

李雪红 , 赵莹 , 2016. 基于遥感影像的海岸线提取技术研究进展 [J]. 海洋测绘 , 36(4): 67–71.

马小峰 , 赵冬至 , 张丰收 , 等 , 2007. 海岸线卫星遥感提取方法研究进展 [J]. 遥感技术与应用 , 22(4): 575– 580.

张明 , 蒋雪中 , 张俊儒 , 等 , 2008. 遥感影像海岸线特征提取研究进展 [J]. 人民黄河 , 30(6): 7–9.